本书为

国家社会科学基金项目（批准号10BGJ004）

研究成果

基于南海主权战略的海洋行政管理创新

安应民　江红义　沈德理　张　晶　◎著
吴朝阳　张礼祥　周　伟　于　营

Marine Administration Innovation based on
the South China Sea
Sovereignty Strategy

中国经济出版社
CHINA ECONOMIC PUBLISHING HOUSE
北 京

图书在版编目（CIP）数据

基于南海主权战略的海洋行政管理创新／安应民等著.
北京：中国经济出版社，2015.8
ISBN 978-7-5136-3905-7

Ⅰ.①基… Ⅱ.①安… Ⅲ.①南海—主权—海洋战略—研究 ②海洋—行政
管理—研究—中国 Ⅳ.①D993.5②P7

中国版本图书馆 CIP 数据核字（2015）第 170936 号

责任编辑　郭国玺
责任审读　霍宏涛
责任印制　马小宾
封面设计　久品轩工作室

出版发行　中国经济出版社
印　刷　者　北京力信诚印刷有限公司
经　销　者　各地新华书店
开　　　本　710mm×1000mm　1/16
印　　　张　19.5
字　　　数　266 千字
版　　　次　2015 年 8 月第 1 版
印　　　次　2016 年 6 月第 2 次
定　　　价　68.00 元

广告经营许可证　京西工商广字第 8179 号

中国经济出版社 网址 www.economyph.com 杜址 北京市西城区百万庄北街 3 号 邮编 100037
本版图书如存在印装质量问题，请与本社发行中心联系调换（联系电话：010-68330607）

序 言
PREFACE

  南中国海（the South China Sea）简称南海，毗邻越南、菲律宾、马来西亚、印度尼西亚和文莱等国，海洋总面积大约353.7万平方公里，其中由海南省管辖的海域面积达220多万平方公里。由于南海丰富的石油和天然气资源陆续被发现，尤其是南海海域所具有的重要战略地位日益凸显，因而周边各国对我国南海的争夺也越来越激烈，越南、菲律宾、马来西亚、文莱等国纷纷宣布对南海有关岛礁和海域拥有主权，并派军队占领岛礁，在岛上大兴土木，进行大规模的石油勘探与开发。特别严重的是，越南和菲律宾甚至还在抢占的南沙岛礁上建立行政机构，搞国会选举和旅游开发，妄图对抢占的我国南海海域行使实际管辖权，直接挑战我国对南中国海的海洋权益和主权。因此，我国如何通过强化南海的海洋行政管理、维护对南海的主权就成为亟待研究的一个重大问题。正是基于这样的考虑，2010年初我们设计申报了"我国南海主权战略的海洋行政管理对策研究"这一课题，并最终获得了国家社科基金批准立项。

  当初，本课题设计时主要准备研究以下五个方面的问题：

  一是关于南海主权战略的科学定位与基本内涵研究。南海问题是由南海周边一些国家否认我国南海"U形"断续线内的主权权益，非法占据部分岛礁和海域，并大肆开发海洋资源而引发的主权与海洋权益争议问题，涉及六个国家和多个双边关系，并受到美日等国亚太政策的影响，所以已成为亚太地区的热点问题。因此，必须在对南海问题进行全面分析的基础上，剖析各方主张的本质与企图，把握南海问题的发展走向和特点，研究提出我国南海主权战略的科学定位、基本架构和战略内涵。

二是关于实施南海主权战略与强化海洋行政管理的战略思考与实现形式研究。从目前南海问题的走向看，我国正日益明显地面临着四大挑战：首先是中国海洋战略发展与南海主权争议迟迟未能解决之间的矛盾；其次是"搁置争议、共同开发"与有关国家不予遵守之间的矛盾；再次是"与邻为善，与邻为伴"方针与南海周边国家对我国崛起产生的潜在"担忧"之间的矛盾；最后是主权争议留待未来解决与周边有关国家都在相继争夺资源、时不我待之间的矛盾。因此，我国海洋主权战略的制定以及海洋主权战略的实现，都离不开海洋行政管理职能的有效履行和实现；只有通过海洋行政管理职能的不断强化，才能有效保障海洋主权战略的实现。

三是关于强化南海海洋行政管理的基本思路与主要对策。从目前我国南海主权被侵占的情况看，南海大大小小 400 多个岛礁中我国实际控制的没有多少，而有近 50 多个岛礁被菲律宾、越南、马来西亚、文莱等国侵占。南海海域面积中周边等国占领和实际控制的海域要占到南海总面积的近三分之二，周边国家并通过立法以及修筑岛上防御设施，试图通过实际占领和有效管理获得国际法的主权归属认可。我国南海主权被侵占的情况之所以如此惊人，其中一个重要原因就在于我国对南海主权拥有与维护的方式研究不够、创新不够，尤其是缺乏有效的南海海洋行政管理体系以及有效的管理方式和管理措施，因而，必须认真研究如何强化南海海洋行政管理的基本思路与主要对策。

四是关于如何强化海南省在南海海洋行政管理中的地位、作用和管理职能。海南省管辖下的南海西沙、南沙、中沙三个群岛及其周围海域的面积已达 220 多万平方公里，接近中国陆地领土面积的四分之一。长期以来，由于西沙、南沙、中沙群岛及其周围海域所处的特殊地理位置，一直处于军事化管理状态，海南省下设的南海海洋行政管理机构——西南中沙办事处以及西南中沙工委，事实上，难以对西沙、南沙、中沙群岛及其海域实施有效的管理，难以适应南海形势发展的要求。因此，在我国强化南海海洋行政管理的同时，必须进一步强化海南省地方政府在南海海洋行政管理中的地位和作用，制定行之有效的管理制度和措施办法。

五是维护南海主权与强化海洋行政管理应该注意的一些重要的策略问题。对我国来说，维护南海主权与强化海域行政管理的难点在外部，需要在微观与宏观背景上找到一个合理的结合点与平衡点。从宏观上看，我国作为地区间正在崛起的大国，必须从与美国互动的角度来审视维护南海主权的战略问题；如何从争取东南亚国家的宏观战略上，而不是一时一地的得失上来看待南海主权争端，这应该成为我国的一个新的战略视角。从微观上看，维护南海主权与强化海洋行政管理既有一个与周边相关国家各自利益平衡的问题，也有一个内部各种管理职能相互协调的管理机制构建和部（区）际的有效合作问题。

十分凑巧的是，课题一开始就恰逢海南大学"211 工程"重点学科建设项目的启动，并得到了学校重点学科建设项目经费的支持，从而才使得该课题能够按照当初的设计进行有效实施，并取得了预期的研究成果。回顾课题组的研究历程，我们可以将研究成果概括为四个方面。第一，课题组发起召开了两次全国性有关南海安全战略与强化海洋行政管理的会议。2011 年 7 月，与中国社会科学院亚太所合作召开了第一次"南海安全战略与强化海洋行政管理高层论坛"，2012 年 7 月又与中国社会科学院亚太所合作召开了"第二次南海安全战略与强化海洋行政管理研讨会"。两次会议的参会代表均在 40 多人，汇聚了一批国内知名的专家学者，提高了本课题组在南海问题研究上的知名度，促进了课题研究的不断深入。第二，出版了一部阶段性研究专著《南海安全战略与强化海洋行政管理研究》，并以课题组成员为主体编辑出版了一部研究文集《南海区域问题研究》。这两部著作的出版，不仅提升了本课题组在南海问题研究中的知名度，而且推进了全社会对南海问题的关注和研究工作的不断深入。第三，课题组成员围绕课题研究公开发表了 30 多篇相关的阶段性研究论文，其中发表在 CSSCI 核心期刊以上的论文超过一半，这也从另一个角度反映了课题组成员的研究实力。根据知网数据统计（2015 年 4 月 20 日），这些论文中已被引用达 50 多次，被下载超过 6000 次。第四，培养和形成了一个良好的研究团队，尤其是一批年轻教师得到了锻炼和成长。这一点也是作为课题组牵头人的我感到最为欣慰的地方。

那么，作为本课题最终研究成果的这部书稿，到底有哪些值得一提的地方呢？我认为起码有以下四点：

一是明确提出了中国的南海主权战略。国家利益是国家主权战略选择的基本依据，因此，我国的南海主权战略应从维护最核心的国家利益出发，铸就维护南海主权的可靠战略能力，最终确保南海主权安全。因此，南海主权战略就是指以维护我国南海主权为目标而实施的一系列长期性、综合性的政策方针和措施体系。面对当前中国南海主权现状，中国必须立足现实，超越理想主义的战略构想，构建一套以现实主义为基础的灵活务实的南海主权战略。通过有效协调大国关系，为南海的稳定和平消除外部障碍；通过综合应用硬实力、软实力和巧实力，分清主次矛盾，明确南海战略重点，以及合理使用军事威慑手段等，形成一整套相互支撑、有效协调、适应性强的长期性、综合性的政策方针和措施体系。

二是研究提出了如何加强南海海洋行政管理组织载体和行政建制创新、建立南海特别行政区的构想。我们认为，设立三沙市还难以遏制南海周边国家觊觎我国南海主权的野心和日益严峻的海洋权益争夺的现实，我国需要进一步提升对南海权益维护的战略定位和实施新的组织载体创新。三沙市作为一般法意义上的地方行政建制，与其所处的特殊地理位置、维护南海主权面临的挑战、解决争议岛屿与海域的要求、强化海洋行政管理的需要、发展海洋经济和南海区域有序开发的战略，以及面临协调复杂的周边关系的使命等是难以适应的。因为南海是我国目前行政建制中除香港、澳门之外最为特殊的一个行政区域，需要进一步思考对南海这片特殊蓝色国土的行政建制进行新视角的探讨，所以才提出了设立"南海特别行政区"的构想，并研究了相关的法律基础、制度基础、现实依据和特殊需要。

三是研究提出了完善南海海洋综合管理的基本路径，认为国家管辖海域内的海洋权益构成了国家海洋行政管理的前提和基础，而海洋综合管理是政府对特定海域涉海事务进行管理的高层次形态。我国要强化南海海洋行政管理，就必须改革我国现行的海洋行政管理体制，逐步将海洋综合管理运用于我国管辖的南海海域，从而有效地维护南海主权与海洋权益。因此，要在综合性海洋政策中强化南海因素，完善南海"断续线"内海域的法律制度建设，理顺南海综合性海洋管理体制，组建南海综合性监视执法队伍，制定和实施海洋发展战略，切实提高海洋开发、控制、综合管理能力。

四是明确提出了一些重要的研究结论和建议。如"搁置争议，共同开发"的前提是"主权归我"，中国在领土完整和主权独立的原则立场不能妥协，但要不断创新"搁置争议，共同开发"的内涵，及时调整我国的海洋战略和实施策略；政府的海洋行政管理行为是行使国家主权的基本途径，必须完善我国对南海海洋行政管理的职能形式和实现形式的创新，使我国行政管理的触角深入到我国的每一寸土地和每一片海域；构建我国南海海洋行政管理的新体制和新机制，强化中央政府对南海的海洋行政管理职能，重视南海海洋行政管理支撑体系的建设，不断创新南海区域行政建制，提升海南特区为南海特别行政区，等等。

但是，尽管课题研究的目标是明确的，研究思路和重点问题也是比较清晰的，但由于我们的研究能力和水平所限，加之南海问题的复杂性及其相关问题的研究还是一个发展中的动态的重大理论和实践问题，该研究成果可能还存在许多缺陷和不足，特别是研究成果中的疏漏和错误肯定不少，我们热诚期望各位专家学者和广大读者给予批评指正。需要说明的是，本研究成果在研究和写作过程中，曾引用和参考了国内外许多专家学者的研究成果，有的加了注释，有的作为参考文献附录于后，有的也可能还没有来得及注明，恳请各位见谅！同时，课题组对海南大学重点学科建设办公室、海南大学科研处的热情帮助和支持，在此一并深表诚挚的谢意！

安应民

2015 年 4 月 28 日于北京

目 录
CONTENTS

第一章　中国的南海主权战略

近年来，伴随着中国综合国力的快速增长，中国在国际舞台上的重要性日益突出。一方面，通过自身的积极作为，参与国际事务，维护世界和平和促进共同发展；另一方面，也在越来越大的范围内维护本国日益广泛的国家利益。其中既有领土领海争端，也包括日益广泛的经济利益，还包括政治军事文化生态等诸多方面的现实利益，而所有的这些共同构成了当代中国的主权利益。为了应对日益复杂的主权利益冲突，必须有相应的主权战略准备，尤其是在南海区域错综复杂的形势下，必须进一步思考国家应该采取什么样的主权战略，才有利于更好地维护我国在南海的主权和利益。

一、中国的南海主权战略及其发展

（一）主权战略及其制约因素

1. 主权与主权战略

在现代国家的政治生活中，主权无疑是一个极为重要的概念。实际上，主权是近代民族国家成为基本的国际行为主体以来逐步确立起来的国际关系的价值基点和国际法运行的基本准则，从那时开始，主权概念一直充满着争议，有人认为主权是一个"令人厌烦的概念"；甚至还有人主张，由于主权是一个缺乏一致性无法达成共识的概念，因而应该把它抛弃。① 但英国学者霍夫曼还是认为："主权概念已经在公众争论的领域中得到复

---

① ［英］约翰·霍夫曼. 主权［M］. 陆斌，译. 吉林：吉林人民出版社，2005：1.

1

兴，它已成为冷战后全球政治发展分析的核心概念"①。在国际法理论上，主权往往被区分为对内主权和对外主权。其中，对外主权则被解释为国家在国际社会里的独立自主性，强调的是国际基本主体之间相互独立的关系状态。这种独立自主性也就成为国家主体身份建构的基本要素，它说明主权首先是一个界定和表征着主体间相互关系的范畴，而不是一种具体的或基本的权力（能力）范畴。芝加哥政治学派代表人物梅里亚姆认为："主权还被看作是一国与其他国家之间的关系。在此意义上，该词意味着一个政治社会相对于所有其他政治社会的独立性或自主性，从这一点来看，主权可以被界定为国际上的自主或独立性"②。

而主权战略是指一个国家在一定的时代背景下，为捍卫国家主权利益所采取的一系列长期性、综合性的政策方针和措施。可见，主权战略是一个全方位多层次的综合性概念。其主要内容包括战略指导思想、战略方针、战略对策和措施等。作为一种整体性战略，主权战略的确立必然受到多种因素的影响，具体到南海主权战略，则是指以维护我国南海主权为目标而实施的一系列长期性、综合性的政策方针和措施。

2. 制约我国南海主权战略的因素

影响主权战略的因素非常复杂，总体而言，主权战略的制约因素可以分为内部制约因素和外部制约因素两类。

（1）制约南海主权战略的外部因素

第一，和平与发展的时代主题决定了我国南海主权战略的总体方向。

在影响一个国家发展的外部制约因素中，最为重要的因素首先是国际环境，不同时期国际环境的特点往往是通过时代主题的变化来体现的，这种时代主题的变化也会制约着各个主权国家的主权战略选择。根据时代主题的发展变化，一般把20世纪分为两个时代。上半期被称为帝国主义和无

---

① [英] 约翰·霍夫曼. 主权 [M]. 陆斌，译. 吉林：吉林人民出版社，2005：1.
② [美] 小查尔斯·爱德华·梅里亚姆. 卢梭以来的主权学说史 [M]. 北京：法律出版社，2006：186.

产阶级革命时代。这个阶段的时代主题或基本特征是战争与革命，所以通常又称为战争与革命时代。列宁就常把帝国主义与战争联系在一起，又称帝国主义是无产阶级革命的前夜。毛泽东在《新民主主义论》中更直截了当地说，"现在的世界，是处在革命和战争的新时代。"① 这种战争与革命的时代主题为整个国际环境打上了一个对抗与冲突的背景色，世界一直被时急时缓的战争阴云所笼罩，世界各国在制定主权战略时也不得不主要立足于战争的准备，这种局面一直到二十世纪八十年代才逐渐发生改变。伴随着世界力量的此消彼长，战争与革命的主题逐渐被和平与发展的时代主题所取代。中国改革开放之初，在国际格局剧烈变动的复杂背景下，邓小平就独具慧眼，在 1985 年 3 月的一次谈话中，他敏锐地指出："总起来说，世界和平的力量在发展，战争的危险还存在。……从政治的角度说，中国的发展对世界、对亚太地区的和平和稳定都是有利的。……再从经济角度来说，现在世界上真正大的问题，带全球性的战略问题，一个是和平问题，一个是经济问题或者说是发展问题。"② 邓小平之后的中共历代领导人，也都一直始终坚持牢牢把握"和平与发展"的时代主题。2012 年 10 月召开的中共十八大上，胡锦涛仍然再次重申：当今世界正在发生着深刻复杂的变化，和平与发展仍然是时代主题。

客观地说，自从邓小平提出和平与发展是当今世界的两大主题以来，迄今已近三十年，尽管世界局势已经发生了翻天覆地的巨大变化，美苏争霸的两极格局早已解体，世界正在从"一超多强"向多极化方向发展，霸权主义与强权政治的阴影仍然挥之不去，但中国的崛起作为一支制约战争的力量，无疑在世界战略的天平上增加了一个重重的和平筹码。

当代中国仍然面临着一个难得的可以有所作为的战略机遇，尽管已经历了三十多年的快速发展，但今天的中国依然面临着极为繁重的发展任

---

① 毛泽东．毛泽东选集（第二卷）［M］．北京：人民出版社，1991：680.
② 邓小平．邓小平文选（第三卷）［M］．北京：人民出版社，1993：154.

务，改革正在进入攻坚阶段。中华民族的崛起依然既面临着有利的机遇，也面临着严峻的挑战，因此，要继续维护世界的和平与发展，为中国的改革开放创造有利的外部环境，所以中共十八大才郑重指出：中国将继续高举和平、发展、合作、共赢的旗帜，坚定不移地致力于维护世界和平、促进共同发展。无疑，维护和平与发展的国际环境是中国南海主权战略的基础和方向。

第二，区域政治环境是决定我国南海主权战略的直接现实因素。

如果说和平与发展的国际格局是中国主权战略面临的宏观的总体环境的话，那么，包括南海周边各国在内的区域政治环境则是决定我国主权战略选择的直接现实因素。区域政治环境首先表现为一种地缘政治因素，按照《简明大不列颠百科全书》的定义：地缘政治是"关于国际政治中地理位置对各国政治相互关系如何发生影响的分析研究。地缘政治指出了某些因素对决定国家政策的重要性，诸如在获得国家利益，控制海上交通线，据有战略要地等"①。当然，区域政治环境当然也是基于区域内国家的地理位置这一客观因素而形成的。

尽管从总体上说，区域政治环境也会受到全球政治格局的影响和制约，但区域政治环境也有其自身的特点和相对的独立性。这种独立性主要体现在两个方面：首先，区域内国家由于各自国内政治需求的变化而导致其主权战略发生变化，从而影响周边国家关系，并引起区域政治环境变化，这是区域政治环境发展的内因。其次，区域外国家主要是一些具有全球性影响力的大国，会根据其国家战略利益调整国家主权战略，这种调整引发了处于某些区域政治环境中的同盟国或者伙伴国的主权战略的相应调整和变化，从而引起了该区域政治环境的变化，这是区域政治环境变化的外因。在这两种因素中，对区域政治环境起根本作用的当然是区域内国家国内政治的发展需求，当然，也不能忽视在某些特定时期区域外大国对区

---

① 叶自成. 地缘政治与中国外交［M］. 北京：北京出版社，1998：4.

域政治环境造成的重大冲击和影响，无疑这种影响归根到底还是要通过区域内国家来产生作用。因此，区域政治环境的变化对区域内国家构成了一个直接的地缘政治因素，也会对相关国家的主权战略带来直接的外部影响。

第三，大国力量消长牵动南海主权战略的相对性调整。

某种战略格局的形成是一定时期各相关国家通过实力博弈而逐渐形成某种战略均衡的结果，但这种战略均衡是动态的，随着各国力量的此消彼长，尤其是大国力量的消长，这种战略均衡也会随之发生变化，然后再经过新的一轮的力量博弈形成新的战略均衡，中国在南海的主权战略事实上也一直经历着这种变化。中国自身综合国力的增强，必然带来整体战略利益需求的增长，这种增长也必然反映到南海问题上；美日等域外大国基于自身国家实力的变化，也会不断调整战略目标，并进而调整对南海的战略投入，这也会引发南海区域战略形势的剧烈变化，从而引起包括中国在内的南海区域内各国进行新的一轮战略调整。

（2）制约南海主权战略的内部因素

内部因素在主权战略的制定中发挥着基础的和决定性的作用。制约我国南海主权战略的内部因素主要有以下几个方面：

第一，国家利益决定着南海主权战略的根本目标。

国家利益是国家主权安全战略的出发点和归宿。中国对国家利益概念及其内涵的认识经历了一个曲折的历史演变过程，国家利益内涵丰富，可以分为核心利益、主要利益和一般利益三个层次。核心利益指对国家生存、安全和发展产生决定性影响的因素，包括国家主权、统一和领土完整，政治制度稳定和经济可持续发展，以及核武器等大规模杀伤性武器的预防和遏制，是最高层次的国家利益，同时具有长远利益的性质，并很大程度上决定着其他利益能否实现[1]。就此而言，南海主权理所当然应该作

---

① 王桂芳. 国家利益与中国安全战略选择［J］. 中国军事科学, 2006（1）.

为中国的核心利益来对待。

国家利益是国家主权战略选择的基本依据，因此，我国的南海主权战略应从维护最核心的国家利益出发，铸就维护南海主权的可靠战略能力，最终确保南海主权安全。南海的主权安全当然首先是领土和领海的安全，但又不限于此，还包括更广泛的军事防御、贸易通道、资源保护等各种利益的安全。学者张文木就指出，"安全不能只理解为国土不被侵犯，而应理解为利益不被侵犯。你的利益走多远，你的安全前沿就应该有多远。""中国未来新安全概念应分为两部分，一个是边界安全即本土安全；另一个是安全边界即利益边界。边界安全是有限的，而安全边界则应当是无限的。仅就国与国的关系而言，安全边界越远，你本土安全系数就越大。如果你边界安全和安全边界两线重合的话，国家的安全系数就到了底线。"①

第二，改革开放的发展政策决定着主权战略的基本方向。

三十多年的改革开放政策已经给中国带来了翻天覆地的变化，但作为一个最大的发展中国家，中国仍然面临着极为繁重的发展任务。进入二十一世纪以来，中国面临的国内外局势日益复杂，改革进入攻坚阶段，遇到的困难和挑战都超过以往任何时，但总体上看，中国仍然处在一个极为难得的战略机遇。深化改革，扩大开放，减少发展进程中的障碍、阻力和摩擦，实现民族的崛起、国家的富强和民生的改善，仍然是我国现阶段的首要任务。国家的对外战略，包括南海主权战略在内，也理应服从于改革开放的大局，服从战略机遇期的维护。因此，我国制定南海战略必须首先从改革开放的大局着眼，维护改革开放的良好局面，努力为改革开放创造良好的区域环境。

第三，和平崛起的国家发展道路决定南海主权战略的根本性质。

不论是国际环境，还是区域政治环境，本质上都属于主权战略的外部因素，国家采取什么样的发展道路才是决定主权战略的关键性因素，它从

---

① 张文木. 全球化进程中的中国国家利益［J］. 战略与管理, 2002（1）.

根本上决定着主权战略的根本属性。一个国家，尤其是崛起中的大国，在发展过程中是采取和平发展的道路，还是走上一条对外扩张的道路，会决定着一个国家主权战略的性质。从世界历史发展的规律来看，一个新兴大国的崛起往往会引起国际格局的深刻变化，引发国际社会深刻的利益关系调整。因此，崛起的新兴大国采取什么样的发展道路，也往往会引起世界各国的密切关注。从历史上看，大国崛起所引发的国际格局的转变往往都伴随着战争，因此，国际社会也似乎形成了某种思维定式，往往用一种警惕的目光审视着即将崛起的新兴大国，毫无疑问，按照当代中国的发展态势，中国就是那个已经改变并将继续改变世界格局的新兴大国。尤其中国还是在意识形态和发展道路上具有异质性的新兴大国，考虑到这种因素，国际社会对中国的普遍怀疑和警惕，乃至各种版本的"中国威胁论"的出台都不应该感到奇怪了。

中国历届政府一直把和平发展作为坚定不移的发展道路，并为之进行了坚持不懈的努力。邓小平曾经指出："从政治角度说，中国现在是维护世界和平和稳定的力量，不是破坏力量。中国发展得越强大，世界和平越靠得住。"① 中共十八大也指出：和平发展是中国特色社会主义的必然选择。要坚持开放的发展、合作的发展、共赢的发展，通过争取和平国际环境发展自己，又以自身发展维护和促进世界和平，扩大同各方利益汇合点，推动建设持久和平、共同繁荣的和谐世界。同时，中国还利用本国在几千年的历史发展中所形成的和合文化，来为本国的和平崛起提供一种深层的文明史证明。但这些似乎仍然不能抵消国际社会对中国和平崛起的疑虑，尤其是在那些和中国存在直接的领土领海争端的区域内国家，这种疑虑表现得就更为直接。

第四，战略文化是制约南海主权战略的重要思想因素。

李际均认为："战略文化是指在一定的历史和民族文化传统的基础上

---

① 邓小平. 邓小平文选（第三卷）［M］. 北京：人民出版社，1993：104.

形成的战略思想和战略理论，并以这种思想和理论指导战略行为和影响社会文化和思潮。它具有观念形态、历史继承性、国体与区域特征等属性，它是制定现实战略的潜在意识和历史文化情结。"① 宫玉振则认为："所谓战略文化，是指国家在运用战略手段实现战略目标的过程中所表现出来的持久性的、相对稳定的价值取向与习惯性的行为模式。"② 在讨论战略文化的成因时，宫玉振认为："战略文化的形成首先与文明的不同特性密切相关。从世界历史的范围来看，游牧文明与航海文明往往表现出扩张尚武的战略文化倾向，而农耕文明则往往表现出内向、和平的战略文化倾向"③。其实，这种差异就是与不同文明的生存模式联系在一起的。

中国几千年历史最突出的特点就是其农耕文明的属性，这种农耕文明塑造了一种以追求安定和平统一为特色的防御性战略文化。中国古代战略文化基于"天人合一"的哲学思想，追求人与自然、人与人的整体和谐。这一哲学思想的内容极为丰富，如果用最简洁的语言来概括，就是：和平、统一、防御；知兵非好战；表现为文字创造上的"止戈为武"；道德观念上的"和为贵""仇必和而解"；政治上的"兼爱""非攻""以战止战"；军事上的"不战而屈人之兵""全胜不斗，大兵无创"等④。这些传统文化形成了一种深刻的历史传承，千百年来塑造着历代王朝的对外战略，逐渐形成了一种以防御为主要特点的中国传统战略文化。正如孙中山先生在《对外宣言书》中所说："盖吾中华民族和平守法，根于天性，非出于自卫之不得已，决不肯轻启战争。"⑤ 中国战略文化的防御性质是得到世界公认的。美国著名学者费正清说："中国的决策人历来强调防御性的地面战争……与欧洲帝国主义行动中所显示的商业扩张主义的进攻理论截

---

① 李际均. 论战略文化 [J]. 中国军事科学，1997（1）.
② 宫玉振. 中国战略文化解析 [M]. 北京：军事科学出版社，2002：10－11.
③ Ibid；11－12.
④ 李际均. 论战略文化 [J]. 中国军事科学，1997（1）.
⑤ 孙中山. 孙中山全集（第2卷）[M]. 北京：中华书局，1982：8.

然不同。"迈克尔·洛伊认为，汉朝的君主除汉武帝外，基本上都采取一种固守防御以对付北部和西北边界的匈奴蛮夷。即便发起进攻战也是讨伐性的，其主要目的是威慑和安抚而不是歼敌；所采取的战略历来是防御性的，"不让敌人进入中国的城市和农田。"① 另一位美国学者马克·曼考说："中国对自己文明的认识没有那种侵略性的使命。"托马斯·克利瑞也说："中国将武力的使用限于防御目的，是受道家和儒家道德思想的影响。战争只是不得已的手段，而且必须有正当的理由，这通常是指防御战争，但不排除惩罚性战争，以制止以强凌弱的行为。"②这种追求和平、防御为主的战略文化，在中国历史的大部分时间里，为中国人民带来了内部的繁荣和对外的睦邻友好关系。但是，这种战略文化也有其保守性的一面，尤其是到了明清以后，王朝往往实行闭关锁国的政策，消极防御，封边禁海，放弃海疆，导致王朝国力日衰，最终酿成晚清的屈辱败局。

当代中国吸取了历史的经验教训，在以对外开放取代闭关锁国的同时，又继承了热爱和平、防御为主的传统战略文化。江泽民多次强调："不论现在还是将来，中国都是维护世界和平的坚定力量。中国的国防政策是防御性的。"③ 中共十八大报告也指出："中国奉行防御性的国防政策，加强国防建设的目的是维护国家主权、安全、领土完整，保障国家和平发展。中国军队始终是维护世界和平的坚定力量，将一如既往地同各国加强军事合作，增进军事互信，参与地区和国际安全事务，在国际政治和安全领域发挥积极作用。"胡锦涛同志也曾指出，中国将坚定不移地走和平发展道路，这是中国政府和人民秉承中华民族优秀文化传统和一贯的"以和为贵"的和平理念，并根据时代发展潮流和自身根本利益做出的战略抉择，这条发展道路决定了中国必然坚持防御性的国防政策。不论现在还是

---

① 阿拉斯泰尔·约翰斯顿. 浅谈西方对中国传统战略思想的解释 [J]. 军事历史，1993 (3).
② 李际均. 论战略文化 [J]. 中国军事科学，1997 (1).
③ 中共中央文献办公室. 十五大以来重要文献选编（上）[M]. 北京：人民出版社，2003：65–66.

将来，不论发展到什么程度，中国都永远不称霸，不搞军事扩张和军备竞赛，不会对任何国家构成军事威胁，包括中国人民解放军海军在内的中国军队，永远是维护世界和平、促进共同发展的重要力量①。

近年来，中国一方面致力于本国的和谐社会建设，另一方面，在国际范围内倡导和谐世界的理念。2005 年 4 月，胡锦涛主席参加雅加达亚非峰会时在讲话中提出，亚非国家应"推动不同文明友好相处、平等对话、发展繁荣，共同构建一个和谐世界"。同年 7 月，胡锦涛出访俄罗斯，"和谐世界"被写入《中俄关于 21 世纪国际秩序的联合声明》。"和谐世界"第一次被确认为国与国之间的共识，标志着这一全新理念逐渐进入国际社会的视野。同年 9 月，胡锦涛在联合国总部发表演讲，全面阐述了"和谐世界"的深刻内涵②。2009 年，在中国海军建军 60 周年之际，中国又提出了建设"和谐海洋"的目标。时任海军司令吴胜利在题为"同心协力共建和谐海洋"的演讲中指出："二十一世纪是海洋世纪。海洋和谐是世界各国人民共同的价值观念和美好追求。……中国海军始终致力于同世界各国海军发展友好关系，是一支维护世界和平、促进海洋和谐的坚定力量。……和谐世界离不开和谐的海洋，我们这个蓝色星球如果没有海洋和谐，就不可能有世界和谐。"③ 这种追求和平、和谐、合作的防御性战略文化，也已经深深地融入当代中国的海洋战略之中，也必然会对中国南海主权战略带来深刻的影响。

（二）中国南海主权战略的发展

新中国成立以来，中国一直致力于维护南海主权，但随着国内国际以及区域形势的变化，这种维护主权的战略经历了几次调整，大概可以分成

---

① 胡锦涛. 不论现在还是将来中国永远不称霸［EB/OL］. http：//news. qq. com/a/20090423/001135. htm.

② 新华社记者. 和谐世界［EB/OL］. http：//news. xinhuanet. com/ziliao/2006 - 08/24/content_ 5000866. htm.

③ 周兆军. 海军司令称构建和谐海洋，应当让海洋远离战争［EB/OL］. http：//news. qq. com/a/20090421/001112. htm.

以下四个阶段：

1. 新中国成立后到 20 世纪 70 年代以前：南海主权的法理维护阶段

这一时期，新中国刚刚成立，百废待兴，外患频仍。在极为困难的情况下，中国仍然通过多种途径维护了南海主权。第一是发表主权声明，申明我国对南海享有主权。新中国成立后，中国政府在不同时期不同场合多次重申对南海的主权。第二是抗议侵略、维护主权。新中国成立以后，针对一些周边国家不断侵犯我南海主权，我国政府多次发表严正声明，驳斥相关国家对我南海主权的非法诉求，反复重申中国对南海海域和南海诸岛拥有不可置疑的主权。同时，也积极通过政治、外交、军事等各种手段抗议外国侵略，维护我国南海主权。第三是设置管理南海及其诸岛的行政机构。1959 年 3 月 24 日，中国广东省海南行政区公署在西沙群岛的永兴岛设立西沙、南沙、中沙群岛办事处，李生玉任办事处主任，履行对南海诸岛的行政管辖权。第四是在南海海域进行军事巡逻。1959 年 3 月 17 日，解放军海军南海舰队南宁号护卫舰（172 舰）和泸州号猎潜艇（153 艇）首次赴西沙海区巡逻。中国南海舰队所执行的西沙巡逻活动，从 1959 年至 1974 年收复永乐群岛后停止，其间共进行 77 次，参加巡逻的舰艇达 170 艘次。第五是在中国控制的南海岛屿加强基础设施建设。1955 年和 1956 年，广东省和海南行政区组织西沙群岛、南沙群岛水产资源调查队，在永兴岛设立中心站，驻岛 200 多人并在岛上设立供销社、卫生所、俱乐部和发电站。1957 年 7 月中国从各省抽调气象工作人员，建立西沙群岛气象站，后改称为西沙海洋水文气象服务台。第六是进行全方位的经营开发。1954 年 8 月 11 日，《新海南报》报道，海南积极恢复远洋渔业生产，渔船远出东京湾、七洲洋、榆林海，也经常远航到西沙、南沙群岛一带海域作业，时间和次数比过去大大增多，6 个月来捕捞各种鱼类 60 万担。1955 年 11 月海南鸟肥公司成立，并派出生产、保卫、统计、医务人员等 10 多名干部，带领生产和基建工人 80 余人，赴西沙开采磷肥。① 1958 年，海南琼海县政府成立开发南沙西沙公司。1959 年冬至 1960 年 4 月，海南行政区水产局成立海南区西沙渔业生产指挥部，组织东部沿海各县渔船到南海诸岛海域进行生产。②

总体而言，这一时期鉴于我国经济实力有限，海军发展刚刚起步，中国未能对南海及其附属岛屿实现直接的全面控制，这在客观上为其他国家侵害中国南海主权提供了机会。然而，尽管周边某些国家在南海问题上也不时有挑战中国南海主权的行动，但南海区域各国对中国在南海的主权并无根本的异议。中国政府通过在国际舞台和多边外交场合对南海主权的宣示，也取得了国际社会多数国家的认同，从外交和法理上维护了我国主权，使中国对南海诸岛拥有的主权在国际法上具有了连续的以及充足的法理依据，为我国保护南海主权提供了坚实的法理基础。

2. 20 世纪 70 年代初期到 80 年代末期： 中国对南海主权的武力捍卫和法理保护并重的阶段

这一时期，世界格局发生深刻变化，美苏冷战陷入胶着状态。在美苏两个超级大国的先后支持下，南越当局和统一后的越南开始大肆侵占中国南海诸岛，持续不断挑战中国的南海主权，越南成为这一时期南海主权争端的焦点。面对越南不断掀起的反华浪潮，中国政府和人民在再三忍耐克制之下，最终不得不奋起反击，先后于 1974 年进行了中越西沙海战，1979 年展开了对越自卫反击战，1988 年进行了中越南沙海战。尽管 1974 年的西沙海战和 1988 年的南沙海战的规模并不算很大，但英勇的中国军队仍然给侵略者以沉重打击，有力地捍卫了中国的南海主权。两场战争收复了西沙全部和南沙的部分岛屿，夺回了广阔的海洋疆土，为中国在南海建立了初步的安全屏障，为开发南海资源提供了陆基保障和法理依据。尽管这两

---

① 中共海南省委党史研究室. 南海诸岛大事记 [EB/OL]. 海南史志网，http://www.hnszw.org.cn/data/news/2009/06/43674/.

② 李金明. 中国南海疆域研究 [M]. 福州：福建人民出版社，1999：203.

场战争仍没有从根本上扭转中国大量岛礁被他国侵占的不利局面，但至少保证了中国对整个西沙群岛和南沙群岛部分沙礁的控制，为进一步实现中国对南海主权的全面控制提供了重要的战略基地。

除了通过军事手段捍卫南海主权外，这一时期中国继续加强对南海的主权宣示。第一，针对越南政府 1979 年 9 月炮制的《越南对于黄沙和长沙群岛的主权》的白皮书，中国外交部于 1980 年 1 月 30 日专门发表了《中国对西沙群岛和南沙群岛的主权无可争辩》文件，驳斥了越南政府编造的谎言及其无理要求。第二，为了配合对南海资源的进一步开发，中国还加强了对南海的科学调查。1980 年 3 月至 6 月，中国科学院海洋研究所一行 13 人，在西沙群岛海域进行海藻考察，提出利用西沙礁盘发展海藻养殖业的报告。1983 年 4 月 3 日，经国务院批准，国家海洋局组织海洋工作者对南海中部海域环境资源进行综合调查。1987 年根据联合国教科文组织海委会第 14 次会议的决议，中国于 1988 年初在南沙永暑礁建立海平面观测站，同时进驻赤瓜礁等五礁。第三是在国内政策层面，为加强对南海的行政管辖，中国政府先后于 1982 年设立海南行政区，1988 年改设海南省，将西沙群岛、南沙群岛、中沙群岛的岛礁及附近海域纳入其管辖范围。第四是进一步加强南海诸岛的基础设施建设。1984 年 9 月 15 日，西沙群岛最南端的中建岛至珊瑚岛的海底电缆铺设完毕，并开始通话。1988 年 8 月，永暑礁海洋观察站落成，建成了 1 个小型码头和房屋。1989 年 8 月，赤瓜礁、华阳礁、南熏礁、渚碧礁、东门礁等礁盘高脚屋和主权石碑落成①。第五是为推动南海问题和平解决，1984 年 10 月邓小平明确指出："南沙群岛，历来世界地图是划到中国，属中国。现在除台湾占了一个岛以外，菲律宾占了几个岛，越南占据了几个岛，马来西亚占了几个，将来怎么办？一个办法是我们用武力统统把这些收回来；一个办法是把主权搁置起来，共同开发，这就可以消除多年积累下来的问题。这个问题迟早要解决，世

---

① 李金明. 中国南海疆域研究［M］. 福州：福建人民出版社，1999：202 – 220.

界上这类争端还不少。我们中国人民是主张和平的，希望用和平方式解决争端。"① 邓小平同志提出的"搁置争议，共同开发"的思想已经成为中国政府南海主权战略的基础，同时，也为中国与相关国家和平解决南海主权争端提供了广阔的战略回旋空间，体现了一种灵活务实的战略智慧。

3. 20 世纪 90 年代到 21 世纪第一个十年： 在"搁置争议，共同开发"的基础上稳步推进南海主权战略的发展

20 世纪 90 年代以后，南海问题进入一个新的发展阶段。一方面，南海岛礁基本分占完毕，围绕岛礁的武力争夺暂时告一段落。这在客观上使诱发南海军事冲突的可能大大降低。当然必须指出，这一时期的南海和平局面是以中国南海主权的损害为前提，以中国政府和人民的克制和忍耐为基础的。另一方面，中越关系也实现了正常化，这使南海的战略形势总体趋于和缓。在这一阶段，中国主要通过完善立法的形式强化南海主权。1992 年 2 月 25 日，七届全国人大常委会第 24 次会议通过的《领海及毗连区法》规定："中华人民共和国的陆地领土包括……东沙群岛、西沙群岛、中沙群岛、南沙群岛"。1996 年 5 月 15 日，中国政府宣布了大陆领海的部分基线和西沙群岛的领海基线，将南海诸岛中在中国实际控制之下的西沙群岛的主权权利法律化。全国人大在《关于批准〈联合国海洋法公约〉的决定》中指出：中华人民共和国重申 1992 年 6 月 26 日九届全国人大常委会第三次会议通过的《中华人民共和国专属经济区和大陆架法》，以国内立法的形式确定了《联合国海洋法公约》中对专属经济区和大陆架的规定②。

这一时期，维护南海区域的和平，为亚太地区的和平与发展创造一个良好的局面，符合南海各方的共同利益。为此，中国与南海争端各方在"搁置争议，共同开发"的基础上，积极推进南海问题的和平解决。一方

---

① 邓小平. 邓小平文选（第三卷）［M］. 北京：人民出版社，1993：87.
② 刘中民. 当代中国南海政策的历史嬗变［N］. 东方早报，2012－05－17.

面，中国积极倡导和谐世界的发展理念，致力于推动睦邻、安邻、富邻的战略思想。2003 年 10 月 7 日，温家宝总理在印尼巴厘岛首届"东盟商业与投资峰会"上发表了题为《中国的发展和亚洲的振兴》的演讲。在演讲中，温家宝总理提出了"睦邻""安邻"和"富邻"的外交理念，并详细阐述了"睦邻""安邻"和"富邻"政策的具体内涵，极大丰富和扩展了中国一贯坚持的睦邻友好的外交政策①。另一方面，中国也和相关各方积极探索解决南海问题的有效机制，在各方的努力下，2002 年 11 月 4 日，东盟与中国签署了《南海各方行为宣言》，宣言重申中国与东盟各国致力于加强睦邻互信伙伴关系，共同维护南海地区的和平与稳定；强调通过友好协商和谈判，以和平方式解决南海有关争议；在争议解决之前，各方承诺保持克制，不采取使争议复杂化和扩大化的行动，并本着合作与谅解的精神，寻求建立相互信任的途径，包括开展海洋环保、搜寻与求助、打击跨国犯罪等合作。有学者认为，宣言的签署化解了中国与东盟之间的许多怀疑和误解，增进了双方的互相信任，规范了南中国海地区国家的行为，营造了和平稳定的环境，在区域安全机制的构建上迈出了重要的一步②，为和平解决南海争端提供了一个基本的对话平台和合作机制。2011 年 7 月 20 日，中国与东盟各方在印度尼西亚巴厘岛就落实《宣言》指针案文达成一致，并就今后工作达成一系列重要共识，为推动落实《宣言》进程、推进南海务实合作铺平了道路，这也可以视为是中国"搁置争议，共同开发"战略取得的积极成果。

与此同时，在看到南海问题获得积极进展的时候，也要看到，中国为和平解决南海问题所付出的努力并未能获得应有的回报，甚至也未能从根本上改变南海局势日渐复杂化的趋势。一方面，越南菲律宾等国不顾中国的一再忍耐，仍然不时在南海区域制造摩擦，抓我渔民，撞我渔船，大肆

---

① 韩锋. 中国"睦邻、安邻和富邻"政策解读［EB/OL］. http：//world. people. com. cn/GB/8212/33244/44187/11563571. html.

② 刘中民. 当代中国南海政策的历史嬗变［N］. 东方早报，2012 – 05 – 17.

掠夺南海海洋资源，侵犯中国的南海主权。另一方面，在菲律宾、越南等国的不断推动下，东盟内部不时出现抱团对华的倾向。1992 年 7 月，针对中国的万安北石油区块事项，东盟通过了《关于南中国海宣言》，首次联手抱团对华。2002 年，东盟与中国签署了《南海各方行为宣言》后，部分国家不顾南海主权现实，不断向中国施压，试图将宣言尽快演变成行为准则。此外，随着冷战的结束，美国、日本、印度等区域外大国出于各自的利益考虑，开始对南海地区进行渗透和介入，力度不断加大。尤其是美国，随着其重返亚太战略的提出，逐步深度介入南海事务，频繁与东盟国家之间在南海举行的年度联合军演。美国还直接介入南海事务，派出军事侦察飞机和船只对我进行高强度的抵近侦察活动等，这些区外大国的介入无疑使南海问题更趋复杂化。这些问题的出现，某种程度上使中国提出的"搁置争议、共同开发"的主权战略面临被架空的可能。

4. 2012 年开始的新阶段： 中国的南海战略逐渐转向在 "主权属我， 搁置争议， 共同开发" 的战略基础上有所作为

面对中国在南海主权战略上相对被动的局面，2012 年以来，以中菲黄岩岛争端为契机，中国逐渐调整南海主权战略，2013 年 7 月 30 日，中共中央政治局就建设海洋强国进行第八次集体学习。习近平指出，要维护国家海洋权益，着力推动海洋维权向统筹兼顾型转变。我们爱好和平，坚持走和平发展道路，但决不能放弃正当权益，更不能牺牲国家核心利益。要统筹维稳和维权两个大局，坚持维护国家主权、安全、发展利益相统一，维护海洋权益和提升综合国力相匹配；要坚持用和平方式、谈判方式解决争端，努力维护和平稳定；要做好应对各种复杂局面的准备，提高海洋维权能力，坚决维护我国海洋权益；要坚持"主权属我，搁置争议，共同开发"的方针，推进互利友好合作，寻求和扩大共同利益的汇合点①。

----

① 习近平. 进一步关心海洋认识海洋经略海洋，推动海洋强国建设不断取得新成就［EB/OL］. http：//cpc. people. com. cn/n/2013/0731/c64094 - 22399483. html.

表面上看，习近平所提出的"主权属我，搁置争议，共同开发"本来就是"搁置争议，共同开发"战略的题中应有之义，但习近平此时提出则仍然颇有新意。此举正是对此前由于相关国家阳奉阴违的两面手法，从而导致这一战略事实上陷入纸上谈兵的尴尬。虽然现在我们仍然不能断言中国的南海主权战略正发生着根本性的转变，但可以看出，2012 年黄岩岛事件以来，中国迅速抓住这一机遇，开始对包括南海主权战略在内的中国海洋主权战略进行深刻的调整。2012 年 4 月 10 日，12 艘中国渔船在黄岩岛潟湖内正常作业时遭菲律宾军舰干扰，菲方一度企图抓扣中国渔民，但该行为被赶来的两艘中国海监船阻止，随后双方开始在当地对峙。2013 年 1 月 21 日，菲律宾外交部部长表示，中国已经"实际上控制了"黄岩岛，菲船已不能进驻。2013 年 6 月 6 日菲律宾媒体报道，菲律宾军方一名高级官员透露，中国已开始在黄岩岛进行工程建设，依照目前进度判断，建筑工程将在数周内完工①。2012 年 6 月 21 日，民政部公告宣布，国务院正式批准，撤销西沙群岛、南沙群岛、中沙群岛办事处，建立地级三沙市，政府驻西沙永兴岛。2013 年 11 月 23 日，中华人民共和国国防部宣布：中华人民共和国政府根据一九九七年三月十四日《中华人民共和国国防法》、一九九五年十月三十日《中华人民共和国民用航空法》和二〇〇一年七月二十七日《中华人民共和国飞行基本规则》，宣布划设中华人民共和国东海防空识别区。2013 年 11 月 28 日国防部发言人杨宇军证实，我国将在完成相关准备工作后，适时设立其他防空识别区②。这里所说的其他防空识别区，理所当然应该包括南海区域。2013 年 11 月 26 日上午，中国第一艘航空母舰"辽宁"号从青岛某军港解缆起航，在驱逐舰"沈阳"号、"石家庄"号和护卫舰"烟台"号、"潍坊"号的伴随下开赴南海，并将在南

---

① 靖恒. 中国正在黄岩岛修造建筑，数周内完工［EB/OL］. http：//www. guancha. cn/local/2013_ 06_ 07_ 149791. shtml.

② 杨宇军. 国防部证实：中国还将划设其他防空识别区［DB/OL］. http：//club. news. sohu. com/zz2158/thread/1xwc6s4dba9.

海附近海域开展科研试验和军事训练活动①。

以上事实都说明，在南海问题上，只要愿意，中国不是没有力量采取强硬的措施加以控制的，但为了南海区域的稳定大局，中国事实上一直在艰难地寻求和平合作之路。即便如此，中国在南海的和平努力不应该成为独角戏，应该也必须得到相关国家的积极回应。那种误解中国的努力和付出，把中国当成冤大头，指望通过"挑衅—回应"模式攫取中国南海利益的现象将越来越不现实，中国被动地跟着相关国家出牌的时代一去不返了。中国固然追求南海区域的和平与稳定，但这绝不意味着中国会一味地迁就软弱、任人宰割。相关国家必须认清这一现实，真正回到"搁置争议，共同开发"的道路上来，只有这样，南海区域的和平稳定与发展才有真正的保障。

二、越南与菲律宾的南海主权战略

在长期的历史发展中，南海其实一直都是和平之海、友谊之海、交流之海。南海既是中国历代人民走出陆地走向海洋的生存之海，也是中国人民穿越海洋、开通遥远的洲际交流的商贸之海，也是中华文明与其他文明的文化沟通之海。而所有的这些都是建立在中国历代中央王朝对南海有效行使主权的基础之上的，这一点是早已公认的历史事实。这些历史事实既有中国历代的大量历史文献的证明，其实也有周边各国自身的历史文献的证明，更得到了世界各国历史文献的佐证。南海区域大量的历史遗迹也为中国在这一地区所拥有的主权提供了无声的铁的实证。但到了20世纪，尤其是20世纪70年代以来，一些周边国家不顾大量的历史事实，任意扭曲和混淆南海主权的真正归属，甚至不惜用强硬的手段非法侵占中国南海的岛屿和领海。目前和中国（包括中国台湾）在南海问题上存在岛屿和领海

---

① 陶慕剑. 中国航母编队冬季赴南海或成为惯例［EB/OL］. http：//news. ifeng. com/mil/forum/duanping/detail_ 2013_ 11/27/31599053_ 0. shtml.

争端的主要国家有越南、菲律宾等六个国家，其中又以越南和菲律宾与我国的争端最为突出。由于这六个国家各自在与中国南海争端中所处位置和矛盾程度的差异，他们各自也对中国采取了不同的主权战略，其中与中国围绕南海主权争端表现最突出的无疑还是越南和菲律宾。

（一）越南的南海主权战略

在南海主权争端涉及的各个国家和地区中，越南与中国的主权争议无疑是最广泛的，也是最复杂的。越南对全部南沙群岛和西沙群岛都提出了主权要求，并声称拥有充分的"历史依据"，是与我国争议最大、最激烈的国家，也是南海争端中的最大获益者。越南国土狭长，缺乏战略纵深，南海对其具有重要的安全和经济利益。在争夺南沙的过程中，越南表现得最积极，也最有规划作为先导。从 20 世纪 70 年代开始，越南就声称对南沙群岛拥有全部"主权"，它不仅发表相关的声明宣称对其拥有合法性，而且采取了实际行动，不断出动舰船和军队、武装平民，侵占岛屿。1978年，越南正式声明对我国西沙群岛和南沙群岛拥有主权，将西沙群岛、南沙群岛称为越南的"黄沙群岛"和"长沙群岛"。事实上，根据我国学者的研究，越南所称的黄沙和长沙，只是越南近海的一些岛礁，与我国所指的东海与南海并不具有完全对应的关系。迄今为止，越南占据了南沙 29 个岛礁，是侵占我国南沙岛礁最多的国家。

为了最大限度地获得南海主权战略利益，越南政府和民间可谓处心积虑，不遗余力，百般算计。即便从越南统一算起，其从中国南海区域所获取的利益就已经颇为可观。仅仅从石油开发来看，越南本身并非是一个石油资源很丰富的国家，但近年来，越南通过从中国南海开采石油，摇身一变成为一个石油出口国。南海石油是该国第一大经济支柱，占其国民生产总值的 30%，这不仅赚取了大笔外汇，也支撑着越南每年 7% 的 GDP 增长。20 世纪 80 年代，越南国家石油与天然气公司 PetroVietnam 和苏联石油公司 Zarubezhneft 成立合资公司 Vietsovpetro，合作开发白虎油田。白虎油田至今仍是越南第一大油田，一度占越南原油产量的一半。2004 年，越南石油产量达到峰值，日产超过 40 万桶，之后一直徘徊于日产 30 多万桶上下。2009 年，越南原油的净出口为每日 5.3 万桶，其中一半出口美国。① 2012 年越南石油出口激增，平均每天出口 18.5 万桶原油。② 越南在南海主权战略的"成功"甚至引起了日本的称赞。日本《产经新闻》曾经刊发该报驻中国总局局长山本勋的署名文章。文章称，在南海主权问题上，越南对中国施展了软硬兼施、多方位外交的角逐策略，而日本也应效仿之，以应对与中国的主权争端。③

1. 越南的南海主权战略的发展历程

历史上，越南在中国的版图内达 1000 多年，直至公元 968 年越南独立，但仍是中国的藩属国。直到 1885 年，越南沦为法国的殖民地，才结束了约 1000 年的中国藩属国的历史。在这个漫长的历史过程中，尽管存在这样那样的历史纠葛，但中国对于南海的主权事实一直是受到越南的承认和尊重的，两国在南海问题上并未产生严重的矛盾和分歧。追溯起来，越南政府对我国南海的觊觎大约始于 20 世纪 30 年代，1933 年法国殖民主义者不顾此前对南海主权归属中国的表态，公然强占南沙九小岛并派遣少数越南宪兵进驻，后来法国撤离越南时，从 1950 年 10 月 14 日开始，陆续将部分西沙群岛非法移交给南越政府，这为日后中越的南海之争埋下了伏笔。

从历史发展来看，越南政府在不同历史时期，对于南海主权问题采取的战略存在明显的差异。总体来看，可以把越南独立以来的南海战略分为四个时期：

---

① 越南在南海疯狂采油，中国迟迟不敢动 [EB/OL]. http://www.aisixiang.com/data/42160.html.

② 越南炼厂影响亚洲石油贸易格局 [EB/OL]. http://www.99qh.com/s/gzqh20131115161916000.shtml.

③ 醒尘. 日媒：日本应学越南对华搞"软硬两手" [EB/OL]. http://www.21ccom.net/articles/qqsw/zlwj/article_2012072864647.html.

（1）越南海洋主权战略的分裂时期（1945—1975）

1945 年 9 月 2 日，胡志明领导的越南独立同盟会在河内建立越南民主共和国（简称北越）。1955 年 10 月，吴庭艳在西贡建立越南共和国（简称南越），自任总统，由此奠定了越南的南北分治格局。在复杂的国内国际局势下，这一时期越南南北双方在南海问题上采取了截然不同的主权战略。

面对冷战时代极为凶险的国际局面，一方面，中越同处社会主义阵营，有着共同的意识形态追求，也存在着较多的共同战略利益；另一方面，北越为追求民族独立和国家解放，先后进行了长期的抗法抗美战争，这些都离不开中国在各方面的大力支持和帮助。因此，北越政府对于中国在南海的合法主权，不仅没有提出异议，反而明确表示了支持。1956 年 6 月 15 日越南民主共和国外交部副部长雍文谦接见中国驻越南大使馆临时代办李志民时郑重表示："根据越南方面的资料，从历史上看，西沙群岛和南沙群岛应当属于中国领土。"当时在座的越南外交部亚洲司代司长黎禄进一步具体介绍了越南方面的材料，指出"从历史上看，西沙群岛和南沙群岛早在宋朝时就已经属于中国了"。[1] 1958 年 9 月 6 日，越南劳动党中央机关报《人民报》在第一版以显著位置报道了中国政府 9 月 4 日的声明，并称："1958 年 9 月 4 日，中华人民共和政府发表了关于领海问题的声明声明规定："中国领海的宽度为十二海里（约二十公里多）"。这项规定适用于中华人民共和国的一切领土，包括中国大陆及其沿海岛屿和台湾及周围各岛、澎湖、东沙、西沙、中沙、南沙各群岛，以及其他中国大陆和远离中国沿海岛屿的属于中国的岛屿。"越南《人民报》还于同年 9 月 7 日和 9 日就中国政府领海声明发表评论，表示支持。[2] 9 月 14 日北越总理范文同照会中国总理周恩来，表示"越南民主共和国承认和赞同中华人民共

① 陈荆和．西沙群岛与南沙群岛——历史的回顾［J］．创大亚洲研究，1989：53.
② 林金枝，吴凤斌．祖国的南疆：南海诸岛［M］．上海：上海人民出版社，1988：117 - 118.

和国一九五八年九月四日关于领海决定的声明"，"越南民主共和国政府尊重这项决定，并将指示负有职责的国家机关，凡在海面上和中华人民共和国发生关系时，要严格尊重中国领海宽度为 12 海里的规定。"① 这些都表明，北越政府对于中国在南海的合法主权是明确承认和支持的。

与之同时，南越政权建立后却一直不断侵犯中国的南海主权，这主要因为南越政府一方面为了自身的政治利益，通过侵犯中国南海主权激活民族主义情绪，提升自身的政治合法性；另一方面，也是为了通过迎合美国遏制中国的战略需求，进一步获得美国的援助和支持。出于这种战略需要，南越以接管法国主权为由，从 1956 年 3 月到 8 月，陆续侵占珊瑚岛、琛航岛、甘泉岛、南威岛等岛屿。同年 6 月 1 日，南越发表声明，声称"拥有"南沙主权。1960 年至 1973 年间，南越又先后多次入侵甚至非法占领我十几处岛礁，捣毁岛上中国石碑和建筑物，建立南越"主权碑"，同时，还把我西沙群岛部分岛屿非法列入其行政区划。除了占领中国的南海岛屿外，南越海军还在西沙等海域不断疯狂地驱赶、冲撞和抓捕中国渔民，有恃无恐地制造事端。对南越政府的肆意侵略行径，中国政府多次发表声明和提出严正交涉，并最终在反复交涉无效的情况下，不得不奋起还击。1974 年 1 月，中国海军南海舰队与陆军分队、民兵协同作战，对入侵西沙永乐群岛海域的南越军队进行了自卫反击。②

（2）越南统一后南海主权战略的建立和探索时期（1975—1991）

1975 年 7 月越南实现了南北统一。随后，由于实行了一系列的错误政策，越南陷入了内外交困。长期战争耗费了大量的国力，与中国交恶加之受西方国家的制裁，使其国际环境空前孤立。1986 年 6 月，越共"六大"总结接受了统一以来党在经济工作中的经验教训，否定了过去的错误路线，做出了把党的中心工作转移到经济建设上来的战略决策。自此，越南

---

① 中华人民共和国外交部. 越南范文同总理致中国国务院总理周恩来的照会［N］. 人民日报，1958 - 09 - 22：3.

② 李金明. 中国南海疆域研究［M］. 福州：福建人民出版社，1999：200 - 208.

步入了全面革新开放的新阶段。

在此阶段，越南在南海主权问题上一反过去北越的南海主权主张，否认中国对南沙和西沙群岛的主权，继承并强化了南越对西沙、南沙群岛的海权主张。在继承南越政权对南海岛屿的非法侵占后，进而对中国南海提出全面的主权要求，并在 1975—1978 年间、1987—1988 年间先后占领了南沙 20 余个岛礁。在历经多年的战略博弈和舆论对抗之后，1988 年 3 月 14 日，中越双方在赤瓜礁附近海域发生武装冲突，成为迄今为止中越南沙争端最为激烈的事件。1979 年 9 月 28 日，越南外交部发表题为《越南对于黄沙和长沙两群岛的主权》的白皮书，"将它对南沙群岛的主权要求公之于世，故意将争端扩大化"。为了服务越南南海主权战略的需要，军事上越南开始积极发展海军。经济上积极进行海上石油勘探和开发，并于 1984 年在苏联帮助下建成了第一个海上油田——白虎油田。在开发油气资源的同时，越南还大力发展海洋渔业。

总体上看，这一阶段由于越南经济技术落后，国力有限，在对海洋有所认识的基础上，越南海洋主权战略的重点是实际占据有争议的岛屿，维护海岛主权，建立海洋法律框架和依靠他国力量进行海洋科学调查。[①]

（3）越南南海主权战略的全面发展时期（1991—2006）

革新开放后，越南逐步改善了与中国的关系，并于 1991 年实现了两国关系正常化，这极大改善了越南的外部环境。但中越关系的正常化并没有阻止越南对南海主权的战略追求，相反，越南在实行革新开放之后，伴随着经济发展和资源消耗的不断增加，更加大了越南对海洋石油能源和海洋渔业等资源的需求，同时也加强了对国防安全的需求。这些都使得越南对南海的依赖不是减弱了，而是进一步加深了。因此，越南更加重视南海主权战略的研究制定与有效实施。

进入 20 世纪 90 年代，部分越南官员和学者不断呼吁国家重视制订海

---

① 于向东. 越南全面海洋战略的形成述略 ［J］. 当代亚太, 2008（5）.

洋战略。在此背景下，1990 年越南国家科学技术委员会战略研究院编制了《海洋战略（草案）》。1992 年，越南成立了由副总理牵头，包括政府部门负责人、经济学家、科学家和军事研究工作者等在内的东海和长沙问题指导委员会，协调海洋战略的制订和实施，指导发展海洋事业。1993 年 5 月 6 日，越共七届中央发出《关于近期发展海洋经济的若干任务》的决定，明确提出成为一个海洋强国的战略目标。之后，越南又先后制定了《越南海岛、沿海地区海洋经济发展总体规划》《VCOP Ⅱ 方案框架内的越南大陆架小组海洋战略（草案）》，各产业部门也制定了一系列的产业发展战略，如《至 2010 年水产业发展战略》《至 2010 年旅游业发展战略》《交通运输（海运）发展战略》等。① 为了更好地制定南海海洋战略，越南还加大对南海问题的学术研究，为南海战略的制订和实施提供理论与人才支持。此外，政府通过大量舆论宣传与实践活动的开展，使海洋意识融入强烈的民族意识之中，使南海海洋战略从部门的单项战略，逐步上升为国家的全面海洋发展战略。②

（4）越南南海主权战略的进一步深化时期（2007 至今）

2007 年 1 月，越共十届四中全会讨论并通过了《至 2020 年海洋战略规划》，这是越南海洋战略的最新发展。越共中央全会将海洋战略作为主要内容进行专题研究，表明《战略规划》的制定已不再是国家有关机构、部门的行为，也不再是局限于海洋经济范畴的具体战略，而是成为体现越南国家意志，面向海洋、面向未来的重大的全面的发展战略，使越南实施海洋强国的战略目标更加明确。③ 学者成平汉也认为，《至 2020 年越南海洋战略》是一个重要的分水岭。④

2012 年 6 月 21 日，越南第 13 届国会第 3 次会议通过酝酿已久的《越

---

① 于向东. 越南全面海洋战略的形成述略［J］. 当代亚太，2008（5）.
② Ibid.
③ Ibid.
④ 成汉平. 越南海洋安全战略构想及我对策思考［J］. 世界经济与政治论坛，2011，5（3）.

南海洋法》。该法由越南国会主席阮生雄于 6 月 29 日签署后正式对外公布，2013 年 1 月 1 日正式生效。该法是对《至 2020 年海洋战略》主要精神的进一步落实，是越南南海主权战略形成的重要标志。越南学者阮洪滔也认为，《越南海洋法》是新形势下落实海洋战略的重要工具。① 笔者认为，《至 2020 年海洋战略规划》和《越南海洋法》的通过，标志着越南的南海主权战略走向成熟。但同时，该法企图使越南对南海岛屿的非法控制"合法"化，也严重侵犯了中国的南海主权和海洋权益。事实上，《越南海洋法》为中越解决南海主权争端设置了更大的法律障碍，不利于南海问题的和平解决。

2. 越南南海主权战略的主要内容

经过多年的历史发展，越南已经形成了一个系统的南海主权战略，这个系统包括以下主要的内容。

（1）越南南海主权战略的目标

尽管主权战略的目标是多元化的，但就越南南海主权战略而言，其目标主要体现在以下几个方面：

首先是维护越南国家主权安全。这种主权安全又包括两个层次，一是作为整体的越南国家主权安全，一是作为部分的被越南视为自己主权范围的南海主权安全。越南认为：南海主权安全是越南国家安全的重要保障，这和越南独特的地形是相关的。越南地形狭长，呈 S 形，从最北的河江省同文县弄顾村到最南边的金瓯省金瓯角历头村南北长约 1640 公里，从广宁省芒街到莱州省的阿巴寨东西宽约 600 公里，中部广平省从海滨城市洞海到越老边界的戈龙村最窄处仅 48 公里，缺乏必要的战略纵深。学者苏浩认为："对越南来说，（南海斗争）可能争夺的是整体国家发展的命运。越南是一个海陆相间的国家，特别是狭长的陆地，缺乏战略纵深，它需要海洋

---

① ［越］阮洪滔. 越南海洋法：新形势下落实海洋战略的重要工具［J］. 南洋问题研究，2012（1）.

经济推动整个经济的发展。海洋经济是越南国内经济的命脉，它把海洋作为自己的生存空间，关乎国家未来的命运。"① 历史上，日本、法国、美国等都曾经取道海上入侵越南。为避免历史重演，越南认为必须要建立连接白龙尾岛、西沙群岛、南沙群岛、昆仑岛和土珠岛的外围远海防线，形成一条御敌于远海之上的"战略边界"。为达此目的，越南必须通过开拓海洋疆土来扩大战略纵深，从而使海洋成为保卫越南国家安全的屏障。因此，占领南海诸岛，拥有南海疆域，获得南海主权就成为越南保障国家主权安全战略的一个重要环节。

其次是扩展越南国际生存空间。近代以来，独特的地缘位置使越南一直在大国角力的夹缝中生存。学者褚浩认为，近代越南的成长是一部战争史。② 这些频繁发生的战争也造就了越南在国家生存问题上有深刻的危机意识，也造成了越南在国家主权安全问题上极大的敏感性。曾任越南外交部部长助理的刘文利在其著作《越南：陆地、海洋、天空》中这样说，"哪怕是再小的一块领土，也是个根本问题，一个在原则和法理上不可回避的神圣问题。没有任何大局问题能够允许无视对领土的侵犯。即使是中越关系正常化的过程中，也必须以适当方式，包括采取武装保卫领土的方式做出反应。反应必须及时并有一定密度，而不必惧怕对方（中国）做出更强硬的反应或担心影响两国关系，因为一般不至于引起战争"。③ 从另外一个角度看，与中国争夺南海主权，也有利于提升越南在国际政治舞台上的战略地位，越南可以凭借其在南海主权争端中的战略地位来换取其所需的其他战略资源。

第三是获取南海资源，促进经济发展。进入革新开放新时期以来，随

---

① 醒尘. 软硬越南：越南"东海"策略剖析［DB/OL］. http：//www. 21ccom. net/articles/qqsw/zlwj/article_ 2012072864647. html.

② 乌元春. 专家看越南：从越南国家性格看中越南海争端［DB/OL］. http：//www. qstheory. cn/special/5625/5675/201108/t20110804_ 99875. htm.

③ Ibid.

着越南的经济发展，工业化、现代化水平的不断提升，其人口与陆地资源环境的矛盾也日益突出，南海海洋资源对于越南国家生存的保障作用日益凸显，这使越南越来越深刻地认识到南海海洋资源对于越南未来发展的重大意义。越共十届四中全会强调：在保卫和建设我们祖国的事业中，海洋具有十分重要的地位和作用，与祖国经济社会发展、国防安全保障和环境保护有着密切联系，影响巨大。① 进入 21 世纪以来，越共九大进一步强调了海洋经济战略的重要性，提出要制订海洋和海岛经济发展战略，发挥百万平方公里大陆架的特殊优势，加强基础调查，为发展海洋经济奠定基础。"发展海洋经济"已经成为越南的国家蓝图和战略宗旨。这一战略宗旨强调：如要促进经济、社会、人民生活有更大的发展空间，在陆地资源被超负荷开发和严重损耗之前，就必须向大海发展，大力发展海洋经济，用海洋来养活陆地，用海洋来补充陆地资源的消耗。因此，越共十届四中全会明确提出：至 2020 年要使海洋经济产值占 GDP 的 53% ~55%，出口额占总出口额的 55% ~60%，妥善解决海洋区域和沿海地区的各种社会问题，明显改善这些区域的人民生活状况。②

（2）越南南海主权安全战略的主要表现

为了实现南海主权战略目标，越南采取了非常灵活高效的南海主权安全战略。

第一，灵活务实的现实主义策略是越南南海主权战略中最鲜明的特色。

学者褚浩认为，南海问题上越南的频频动作是其国家利益为先——"现实主义"的充分表现。③ 在南海主权安全战略问题上，越南往往充分利用其独特的地缘政治优势，采取现实主义的主权战略在各种国际力量之间

---

① 越共十届中央委员会四中全会公报［N］. 越南《人民报》，2007 - 01 - 25.
② Ibid.
③ 乌元春. 专家看越南：从越南国家性格看中越南海争端［EB/OL］. http: //
www. qstheory. cn/special/5625/5675/201108/t20110804_ 99875. htm.

纵横捭阖。这方面主要表现在以下几个方面：

首先，在与中国的关系上，围绕南海主权争端，越南充分表现其现实主义主权战略的灵活性。作为一个社会主义国家，尽管越南也在革新开放之后强调走有本国特色的社会主义道路，在意识形态问题上对中国多有借重，但在涉及本国主权利益问题上，则是锱铢必较，寸土必争。从历史与现实的恩怨纠葛来看，越南对中国有着极为矛盾复杂的心态。一方面，在长期的历史发展中，越南在民族文化、政治制度、经济发展、地缘政治等各方面对中国都有深刻的依赖性，尤其是今天，在面对一个蓬勃发展不断崛起的中国时，越南极其渴望分享中国快速发展的红利。而从客观上看，中越之间巨大的实力差距，也决定了明智的越南并不愿主动把中国作为其直接的对手来看待。但另一方面，越南在国家发展中，无论是国防安全还是经济利益方面，都对南海有着越来越大的依赖。这种依赖使其不惜违背禁止反言的国际外交原则，侵犯中国南海主权利益，进而走上与中国在南海问题上展开对抗和竞争的不归路。在南海主权战略问题上，人们可以看到越南现实主义外交的鲜明特点：一方面，尽可能地扩张南海权益，大肆地进行南海主权扩张，并明确宣布对南海拥有全部主权；另一方面，为了避免因南海问题恶化对华关系，越南又在政治外交层面，发展和中国的良好关系，以此缓和在南海的紧张关系。正像学者薛理泰所言：越南"要避免与一个军事强大的邻国爆发冲突，又要从这个邻国取得巨大的经济助力，至少要在表面上多做一些工夫。"[①]

其次，越南在利用域外大国尤其是美国和日本时，也体现出其务实灵活的一面。在与美日的交往中，越南也充分吸取了历史的经验和教训，因此，一方面，越南借助于美日对南海问题的关切，获取美日对其的战略支持；另一方面，越南又对美日保持着一定的警觉，防止其对本国政治的渗

---

① 薛理泰. 越南对南海五条政策底线 [DB/OL]. http：//news. ifeng. com/opinion/zhuanlan/xuelitai/detail_ 2011_ 10/24/10095358_ 0. shtml。

透和干扰，影响本国的政局稳定。总体上，越南对域外大国的利用是一种阶段性和局部性的战略。

再次，越南在南海主权的策略上也是灵活多变的。表现为在争夺主权基础上采取实利优先的策略：一方面，积极和中国展开主权归属的竞争，无论是在法理还是在国际承认方面；另一方面，则是在南海主权归属争端未定的总体格局下，越南坚持实利优先的策略原则。利用中国对南海主权控制不力的局面，首先是直接出兵占领南海20余个岛礁；并且不顾中国的反对，设立"长沙县"和"黄沙县"管理其侵占的南沙和西沙群岛。同时，在南海进行大规模的油气资源勘探和开采，依靠南海油气资源开发，越南已经从一个油气资源相对贫乏的国家，转变成一个石油出口国。另外，进行渔业资源的开发和捕捞。越南海洋渔业对于越南国家具有经济发展和保卫国防或扩张海域的双重功能，是越南海洋战略的发展重点。早在1990年，越南国家计划委员会在编制2000年规划时就提出："要使水产经营结构与各种经济成分、社会经济布局结合起来，经济技术目标与社会经济、保卫海防、保卫祖国结合起来。"① 通过这些措施，越南在南海获得了巨大的实利。

第二，全面推动南海主权争端的国际化和多边化。

越南为了本国的利益，对南海主权提出了全部的要求，但在南海主权争端中，无论是在法理上，还是在国家实力上，越南都没有能力单独面对中国。于是，将南海问题国际化，便成为越南与中国抗衡或讨价还价的最佳策略。为此，越南一方面千方百计拉拢域外大国介入南海争端，近些年来，随着中国在亚洲的和平崛起，美国实施亚太再平衡战略，日本也将其战略重心回归亚洲，这给了越南借助美国和日本实现自己南海战略目标的机会。近年来，越南围绕南海问题不断推进与美日的战略合作关系，并以

① 寒日．越南的南海战略［DB/OL］．http：//gming1983.blog.163.com/blog/static/111390122018102191530&/.

保障南海航道安全为借口，多次举行联合军事演习。此外，越南还通过军事采购强化与俄罗斯的外交关系。同时，通过招标外国公司开发南海油气资源的办法，使包括印度、俄罗斯、英国、法国在内的多个国家的企业进入南海地区，如今在越南的沿海和大陆架，聚集了世界上几乎所有著名的石油公司。学者于向东认为："近年来越南发展油气业，并非仅为获取经济利益，……越南有意利用油气问题争取战略利益：一是利用油气资源来发展外交关系，争取国际援助；二是利用油气的勘探、开采使其与中国的南沙群岛主权争端国际化。"① 越南这种刻意使南海问题更加国际化、复杂化的做法，客观上使中国在处理南海问题上投鼠忌器，增加了南海问题的变数。但需要指出的是，越南对美国等区域外大国的战略利用是有双重性的。根据越共制定的《至 2020 年越南海洋战略》，越南军事发展事实上有两个战略对象，其基本作战目标是将美国作为其全球范围的潜在敌人，坚决抵制以美国为首的西方"和平演变"手段，以保卫领土主权完整和社会主义制度为基本战略目标。其长期战略对象是以"对越南构成威胁的周边国家"为地区主要作战对象，将应付海上突发事件和局部战争作为作战重点，重点加强中部地区和越占岛屿的兵力部署。越南的这种战略格局决定了其不可能完全在主权战略上倒向美国，而只能是一种阶段性和局部性的战略借力。另一方面，就是联合各南海声索国共同对抗中国，构筑在南海问题上围堵中国的统一战线，试图使南海问题多边化、复杂化。为此，在东盟峰会和东盟地区论坛以及其他多边对话平台上，越南多次联合菲律宾等国，试图相互借重，取得在南海问题上的战略主动权，但最后都因受到各方抵制而未能得逞。可以肯定，基于中越两国在南海的战略态势和力量对比，越南的这一国际化和多边化战略绝不会轻言放弃，而是会长期坚持的。

第三，加大对南海主权的法律保障。

---

① 于向东. 越南全面海洋战略的形成述略［J］. 当代亚太, 2008（5）.

为了加强对南海主权的争夺，越南一直非常重视加强涉及海洋疆域、海岛主权和海洋管辖权的立法，占据中国南海一些岛屿之后，越南就开始了"主权法制化"的进程。1977 年 5 月，越南发表《关于领海、毗连区、专属经济区及大陆架的声明》；1982 年 11 月 12 日，发表《关于确定领海宽度基线的声明》，写入了有关黄沙和长沙海域领海基线的内容，旨在对中国西沙和南沙群岛的主权要求提供进一步的法理基础。1994 年 6 月 23 日，越南通过《关于批准 1982 年联合国海洋法公约的决议》，强调要根据 1982 年《联合国海洋法公约》的原则解决有关东海分歧和黄沙、长沙群岛争端问题。在《至 2020 年海洋战略》的基础上，越南国会于 2012 年 6 月中旬通过了酝酿已久的《越南海洋法》，2013 年 1 月 1 日该法正式生效。该法公然将我国南沙群岛和西沙群岛纳入其主权范围之中，违背了南海周边各国在《南海各方行动宣言》中所作出的承诺，企图使越南对南海岛屿的非法控制"合法"化，严重侵犯了中国的国家主权和海洋权利。越南的这种意图是不可能得到中国和国际社会的接受和认同的，正像《新加坡联合早报》所指出的，越南意在通过《越南海洋法》，以国际法中的有效控制规则，争夺西沙和南沙群岛的主权。但有效控制规则仅仅适用于无法确定争议领土的所有者的情况，中国根据传统国际法中的先占取得规则，早已取得西沙群岛和南沙群岛的主权，并且中国的这种主权要求是得到了包括越南在内的国际社会的认可的。因此，越南此次立法规定西沙和南沙群岛为越南领土，其出尔反尔的行为，由于违反了禁止反言原则，在国际法上是无效的。①

第四，加强对国民的南海主权意识培养。

在南海主权问题上，除了动用政府的力量，越南还非常重视发挥民间力量对维护南海主权安全的作用，为此，越南千方百计加强对国民的南海

---

① 黄瑶．联合早报：《越南海洋法》作用有限［DB/OL］．http：//news. xinhuanet. com/world/2012 - 07/06/c_ 123377519. htm.

主权意识的培养。越共中央委员、中央思想文化部部长何登在《发展海洋经济和保卫祖国海域、海岛中的若干思想工作问题》一文中指出:"成为一个海洋强国是我国的战略目标,它是从建设和保卫祖国事业的要求和客观条件出发的。这一观点必须在各级、各行、各业及每一个干部、党员和群众中成为潜意识、决心和意向。"①

首先,为培养国民的南海主权意识,越南通过各种途径加强对南海主权的宣传,充分利用各种媒体刊发关于南海主权的宣传报道。为增加国民对南海主权的重要性的认同,越南媒体还非常注重对海洋改变国家命运的宣传,尤其强调宣传南海对越南国防和国家完全的重大意义。在与中国围绕南海争端的对抗中,越南也经常利用民众的游行示威向中国表达所谓的抗议。2011年7月,越南就曾发生针对中国南海执法行为的小规模民众抗议活动但这种抗议活动,往往会产生复杂的内部政治反应,往往具有由对外示威向对内进行政治抗议转化的可能,具有明显的政治风险,因此,越南政府对此是持谨慎态度的。②

其次,越南还把对南海主权意识的培养与民生问题结合在一起,增加国民对南海问题的现实关切。越南政府在《至2020年越南海洋战略》的引言部分就直截了当地提到了海洋战略与国内民生的关系。引言说:"以海洋战略来不断改善民生、提高人民生活水平是我党和我国政府所考虑的出发点之一。"③越南政府还不断宣传南海问题在自身发展经济、改善民生、扩大就业、提高福利、保持社会稳定等方面所具有的巨大作用。

再次,为巩固对中国南海主权的非法侵占成果,越南还千方百计鼓励民众移居被其非法侵占的南海诸岛。据越南官方资料显示,这些岛屿

---

① 霍默静. 越南到底在南海获得了多少石油?[DB/OL]. http://news.cntv.cn/special/uncommon/11/0617/index.shtml.

② lfmoh. 越南政府禁止民众游行抗议中国 [DB/OL]. http://article.yeeyan.org/view/169837/208071.

③ 成汉平. 越南战略谋划与越美互动 [DB/OL]. http://www.qstheory.cn/special/5625/5771/201107/t20110713_92889.htm.

（礁）根本就不具备居住和生活的条件，但多年来，越南官方一直鼓励居民移居这些"新开拓的疆土"。据越南《青年报》报道，如今这些岛屿的所谓居民主要是渔民和一些"劳改人员"。从 2005 年以来，越南边防军和各种兵种的退役人员开始大量移居，并享受着越南政府的巨额财政补贴。学者程崇仁认为："越南方面的如意算盘是通过大量的移民以造成既成事实的效果，并逼迫中国政府最终承认越南在这些争议岛屿的权益。"为了假戏真做，越南还在这些荒凉的岛屿上进行所谓的民意代表选举。① 此外，越南还直接利用民间力量参与到对南海主权的实际保护和争夺之中，用越共中央委员、中央思想文化部部长何登的话来说，越南的海洋战略就是："发展海上'全民国防''人民战争'阵式的综合力量，发展经济，捍卫海上领土主权。这些力量包括：用于开拓海洋经济的力量，捕捞海产的力量，运输力量，为石油天然气及航海服务的力量，水文气象、灯塔、码头、科研、民用工程建设等方面的科技力量，保卫和管理海域的力量。最后一种力量包括各人民武装力量即民兵及海上、岛上和沿海的自卫队、海军部队、边防部队、沿海各地方部队、岛上和沿海人民，其中海军部队是核心。"回顾 20 年越南蚕食南沙群岛的过程，我们不能小视越南宣传动员全民关注海洋的作用。正是越南渔民和船民的积极参与，才使越南军队在当时困难的条件下，完成了对南沙群岛 20 多个岛、礁、滩的占领。②

第五，增强军事实力保障南海主权安全。

越南政府充分认识到，建成海洋强国是一个全方位的战略，海洋经济与海军建设均不可偏废，军事实力尤其是海军实力是其保护南海权益的基础和条件，具有极其关键的意义。因此，近年来，越南不断加大对军事尤其是海军建设的投入。在国家经济实力有限的情况下，2008 年至 2011 年

---

① 越南加速军费投入：越军高官扬言陆军能完胜中国［DB/OL］. http://junshi. xilu. com/2011/0519/news_ 44_ 159165_ 2. html.

② 越南海洋战略析评，http://gming1983. blog. 163. com/blog/static/11139012201181021915308/。

间，越南军费仍然激增 90%。① 越南政府认定，未来随着中国国力的不断增强，中国对南海的主权要求将会越来越坚决，中国的海军现代化进程对越南构成了最大的威胁。同时，面对中国国家实力的快速增长，越南也清楚自己与中国在军事实力上存在的差距。因此，越南政府和军方认为，未来的南海及其附近海域将是大国潜艇角逐的场所，为此，必须发展有特别针对性的军事力量，以形成自己在海上军事局部的优势，即一种"非对称优势"，从而对对方产生威慑作用，以使自己在较量中不完全处于下风。为了形成局部优势，越南加快了其海空军武装力量现代化的进程。近年来，越南同俄罗斯签署了一系列购买水面舰艇和潜艇的合同，包括 2005 年购买了 12 艘重型快艇，2006 年购买了 2 艘"猎豹"型护卫舰。2009 年俄越两国又签署 18 亿美元合同，越南将从俄罗斯购买 6 艘 K 级柴油动力 636型"基洛"潜艇，第一艘潜艇已于 2013 年交付给越南，最后一艘预计在2018 年交付。目前，越南海军正在建造 30 - 40 艘 400 吨级的军舰，并计划投入 38 亿美元，并在越南东北部建造一座占地 3000 公顷的大型军港。据估计，这个军港一旦建成，"就将越南军队战斗保障能力提高到一个新水平"②。除了潜艇，越南也在抓紧部署和装备反舰巡航导弹、弹道导弹以及超音速导弹等，其针对性也很明确。目前，越南军方已部署了射程 300公里足以打击中国海军海南军事基地的 SS - N - 26 反舰巡航导弹，下一步，还将会部署射程在 260 公里的 SS - 26 伊斯坎德尔 - E 弹道导弹。③

为了使海军能够完成所承担的任务和加快海军建设，在财政无力向海军倾斜的情况下，越南采取了"两条腿走路"的方针。首先，为了解决海军兵力不足，但又要完成抢占南沙群岛和海上防卫任务的问题，越南在 20

---

① 越南菲律宾军费过去三年分别增长 90% 和 80%，http：//news. stnn. cc/glb＿military/201207/t20120712＿1761523. html。

② 越南加速军费投入：越军高官扬言陆军能完胜中国，http：//junshi. xilu. com/2011/0519/news＿44＿159165＿2. html。

③ 成汉平：越南战略谋划与越美互动，http：//www. qstheory. cn/special/5625/5771/201107/t20110713＿92889. htm。

世纪 70 年代末就着手建立了海上民兵自卫队。海上民兵自卫队的建立是很有战略意义的，它不仅弥补了越南海军力量不足的缺陷，其亦兵亦民的特点也为抢占南沙群岛提供了更多的便利条件，同时还增强了越南人民的海洋意识。其次，大规模裁减陆军优先发展海、空军。最后，在国有企业被兼并、合并和私有化、国家财政困难的情况下，越南政府大力支持军队办企业、办公司、办银行。国家对军队企业大量投资，军队企业则向政府上缴利税，提供军费，试图由此使军队现代化。① 这些举措，在国家经济实力相对有限的情况下，使越南海军获得了某种超常规的发展，极大提升了海军的实力。

　　总体而言，越南的南海主权战略是其国家发展战略的一个有机组成部分，因此，其对南海主权的争夺，必然服务于越南国家发展的大局。就此而言，虽然海洋利益涉及国家核心利益，但对于尚处在黄金机遇期的越南来说，实施海洋战略当会慎重权衡利弊得失，把握海洋利益与国家整体利益的关系，妥善处理海洋争端，发展与中国和其他相关国家的友好关系。② 中越两国政府于 2011 年 10 月 11 日在北京共同签署《关于指导解决越南和中国海上问题基本原则协议》，明确了其中的各项原则，为在国际法的前提下，在照顾有关各方利益的基础上，和平解决南海争端指明了方向。③ 这一方面应该是中越南海主权战略博弈的主流，但另一方面，也要看到越南的南海主权战略是一个以南海主权扩张为基础，以海洋经济为先导，以海军发展为武力保障，以党政军民全力投入为主体，充分利用其他国际力量，实现海洋强国为目标的灵活务实的国家主权战略。这一战略的实施，无疑会对他国利益和地区安全产生影响。中国作为主要的利益相关方之一，不能不提高警惕，保持应有的警觉。2012 年，面对中越围绕南海争端一度出现的紧张局面，时任中国国家副主席的习近平在同越南总理阮晋勇

---

① 越南海洋战略析评, http://gming1983.blog.163.com/blog/static/11139012201181021915308/。
② 于向东. 越南全面海洋战略的形成述略 [J]. 当代亚太, 2008 (5).
③ 邓应文. 2011 年越南政治、经济与外交综述 [J]. 东南亚研究, 2012 (2).

的会晤中就指出：南海问题虽不是中越关系的全部，但处理不当也会影响到两国关系的全局发展。①

（二）菲律宾的南海主权战略

菲律宾与越南在南海主权战略问题上有很多相似的一面。主要表现在以下两个方面：一是菲、越双方都坚持实利优先的现实主义主权战略。在与中国进行南海主权争夺的同时，大规模攫取南海油气渔业等资源，在主权争端的掩护下，积极地进行南海开发，谋取实际利益。二是菲、越双方都谋求推动南海问题的国际化和多边化。尽管菲、越之间在南海主权问题上也存在矛盾和冲突，但双方都把主要战略矛头指向中国，且由于各自国力有限，双方都避免单独直接面对中国，而是竭力使南海问题在国际化和多边化的框架中加以解决。

除了上述共同点，由于国情的不同，菲律宾在南海主权战略上也有其自身的特点，这主要体现在以下几点：

首先，强调基于"邻近原则"和"国家安全原则"而拥有南海主权的合法性，以争取国际社会的支持。与越南更强调其南海主权的历史性依据相比，菲律宾更愿意强调其与南海主权的现实关联。② 菲律宾政府在其解释对南沙群岛主权主张的法理原则时，提出了许多法理依据，如安全原则、发现原则、占领原则、历史原则、大陆架原则、群岛原则、地理原则等。在这些法理支持中，最先提出的和影响较大的就是所谓的邻近原则。学者程爱勤认为，安全原则、大陆架原则、群岛原则、地理原则甚至于历史原则，本质上也还是以邻近原则为法理基础的。③ 1950 年 5 月 17 日，时任菲律宾总统季里诺在记者招待会上说：团沙群岛（即南沙群岛）"如果

---

① 徐松，董振国. 习近平会见出席中国—东盟博览会的东盟国家领导人 [N]. 中国新闻网，2012 - 09 - 20.

② 越南的所谓依据其实都是站不住脚的，对此，中国学者已经用大量可靠的历史资料提出了反驳。

③ 程爱勤. 解析菲律宾在南沙群岛主权归属上的"邻近原则" [J]. 中国边疆史地研究，2002（4）.

在敌人手里，将威胁我们国家的安全。""根据国际公法，该群岛应该辖属于最邻近的国家，而距离团沙群岛最近的国家就是菲律宾。"① 1956 年 5 月 19 日，时任菲律宾副总统的加西亚更明确地表达了这一观点："南中国海上包括太平岛和南威岛在内的群岛，'理应'属于菲律宾，理由是它们距离菲律宾最近。"② 针对此借口，中国政府随后就发表声明予以驳斥，声明说："南中国海上的上述太平岛和南威岛，以及它们附近的一些小岛，统称南沙群岛，这些岛屿向来是中国领土的一部分。中华人民共和国对这些岛屿具有无可争辩的合法主权……菲律宾政府为了企图侵占中国的领土南沙群岛而提出的借口，是根本站不住脚的……中国对于南沙群岛的合法主权，绝不允许任何国家以任何借口和采取任何方式加以侵犯。"③ 从国际法角度看，菲律宾的这种"邻近原则"根本是站不住脚的。早在 1928 年 4 月 4 日，海牙国际法庭仲裁法院在裁定英国和荷兰关于帕尔马斯岛领土归属问题时就指出："因位置邻近而视其为领土主权的依据，这在国际法中是没有依据的。"④ 至于其强调的国家安全原则，在国际法上更缺少依据。学者程爱勤指出："'国家安全原则'是一个有限自我保护原则，不可无限扩大，更不可以保护自己的安全为由损害他国的安全。'国家安全原则'从来不是，现在更不应该是一国对另一国领土提出主权要求的理由。……菲律宾的所谓保卫'国家安全理论'正是在损害他方的利益基础之上，是现行国际法所明确表示不允许的。"⑤

其次，虽然菲律宾和越南都重视推动南海问题的国际化，利用区域外大国的力量对抗中国，但越南对域外大国的借力表现为既利用又防范的双

① 李金明. 中国南海疆域研究 [M]. 福州：福建人民出版社，1999：197 – 198.
② 中华人民共和国外交部发言人声明：中国南沙群岛的主权不容侵犯，《人民日报》1956年 5 月 29 日。
③ 同注释③。
④ 吴士存. 南沙争端的起源与发展 [M]. 北京：中国经济出版社，2010：138.
⑤ 程爱勤. 解析菲律宾在南沙群岛主权归属上的"国家安全原则" [J]. 河南师范大学学报（哲学社会科学版），2006，33（5）.

重性，而菲律宾则主动充当美国重返亚洲、平衡亚太战略的马前卒。就菲美关系而言，菲律宾一直将中国视为阻碍其实现南海利益的最大威胁，而美国在近年来也加快了重返亚洲的进程，双方在现阶段的战略目标有较高的契合度。因此，2010 年 3 月，当亲美的阿基诺三世当选菲律宾总统后，菲美关系就成为菲律宾外交政策的主要基础，美国也在这一时期开始加强与菲律宾的全方位关系，通过包括直接的经济和军事援助在内的一系列措施，大幅度提升了美菲合作的水平，到 2011 年美国更是把菲律宾纳入其"全球合作伙伴计划"。在美国的强力支持下，菲律宾也投桃报李，主动迎合美国的亚太战略需求，并寄希望于在美国的支持下，可以实现本国在南海的主权诉求和战略利益。除了配合美国"重返亚太战略"之外，为了制衡中国，菲律宾政府竟然不惜拉拢日本联合军演和支持日本修改《和平宪法》，全然忘记了几十年前他们还备受日本军国主义侵略之苦，死亡人数达到上百万。菲律宾政府没有选择倡导和平、共同开发的近邻，恶化南海局势于自己、于他国都有害而无益。①

第三，与越南相比，菲律宾的南海主权战略更激进、更极端。虽然越南也致力于获取南海主权，甚至提出了比菲律宾更大的主权要求，但由于身处大国争夺的复杂的地缘政治环境中，长期战争带来的教训使越南的主权战略呈现出更强的大国平衡色彩。早在 1986 年的越共六大上，在确立以经济建设为中心的发展战略的同时，越南就制定了"广交友，少树敌，创造有利的国际环境，为国内经济建设服务"的外交总方针。2006 年的越共十大更进一步提出："实行一贯的独立、和平、合作和发展的路线，实行全方位、多样化、扩大对外关系的外交政策。……使越南成为国际社会中值得信任的朋友和合作伙伴……。"② 越共十一大报告再次明确提出，越南要"成为国际社会的朋友，信任的合作伙伴和负责任的成员"；党的外交、

---

① 苏铃. 中方回应菲律宾寻求南海争议国际仲裁：主权无可争辩 [EB/OL]. http：//china. cnr. cn/xwwgf/201301/t20130123_ 511844278_ 1. shtml.

② 古小松. 越南国情与中越关系 [M]. 北京：世界知识出版社，2007：164.

国家的外交和人民外交要相互结合；在外交、国防和安全之间，对外政治、对外经济和对外文化之间，要互相紧密配合。① 相比较而言，菲律宾的外交政策则明显向美国倾斜。尤其是在阿基诺三世上台后，外部在美国的战略扶持和政策鼓动下，内部在本国的军方利益集团和能源利益集团的裹挟下，菲律宾逐渐被导向一条危险的激进主权战略之路。2011 年以来，菲律宾在南海主权战略上日趋主动，围绕南海主权争端不断制造与中国的摩擦和冲突。经济上，菲律宾加大了在南海争议海域进行油气资源和渔业资源开发的力度。2011 年初，菲律宾授予英国石油与矿业公司在中菲南海争议海域勘探油气资源为期两年的合约。同年 6 月 30 日，菲律宾能源部再以 15 块油气田区块为标的，启动第四轮国际能源合同招标，显示出其开发南海油气资源的野心。军事上，菲律宾一方面协同美国的战略需要，频频参与由美国主导的南海地区军事演习；另一方面为增强军力，菲律宾也不断加大其军购的力度。2011 年 9 月，菲律宾表示将在正常的国防开支外，另花费 1.18 亿美元购买一艘巡逻舰、4 架直升机以及各种军需用品；同年 11 月，菲律宾总统阿基诺三世表示菲律宾有意从韩国采购军用直升机、舰船、飞机等国防用品；2012 年 5 月，在从美国引进淘汰的"汉密尔顿"级巡逻舰之后，菲律宾又表示计划从美国购买 12 架 F - 16 战斗机，以加强国防能力。随后，又提出购买两个中队的军用喷气式飞机。② 从菲律宾军方罗列的军购清单可以看出，菲律宾是要集中财力打造一支对中国海军构成威胁的海上力量，而且项目个案的针对性极其强烈。在具体的争端解决机制上，菲律宾也表现出比南海其他争端国更为强硬激进的立场，在黄岩岛对峙问题上，拒不接受中国和平解决的理性建议，而是一味挑衅中国南海战略的政策底线。在"南海行为准则"方面，菲律宾也提出了相对于越

---

① 潘金娥. 世界社会主义跟踪研究报告（2011 - 2012）［M］. 北京：社会科学文献出版社，2012：226.

② 赵杨，左林. 专家解读菲律宾疯狂军购［EB/OL］. http：//news. qq. com/a/20120521/000616. htm.

南、印度尼西亚等国更为具体而苛刻的争端解决原则，并拟将东盟及有关
国际争端解决机制作为维护其南海利益的机制保证。同时，也寻求在南海
问题上联合越南一致应对中国。① 菲律宾的这些南海政策不但进一步激化
了中菲矛盾，也严重恶化了南海区域的安全形势。

第四，针对与中国的南海主权争端，菲律宾提出了国际仲裁的新的主
权战略。应该说，菲律宾的这种新的战略动向极具欺骗性，甚至影响了部
分国家对中菲南海主权争端的立场，对此必须给予高度的重视。新加坡
《联合早报》2013 年 2 月 15 日报道，近日在菲律宾访问的欧洲议会代表团
对中菲南海问题争议表达了看法。代表团主席蓝根表示，欧洲议会不会在
南海主权争议上站边，但支持菲方将中菲南海主权争议交付国际仲裁，认
为菲国"诉诸法律之举是一个好的步骤"，有助于和平解决南海争议。同
时，他呼吁中国参与南海主权争议的国际仲裁程序，让问题顺利获得解
决。② 2013 年 1 月，由美国众议院外交委员会主席埃德·罗伊斯率领的众
议院代表团在访问菲律宾时，也对菲律宾把南海主权争议诉诸国际仲裁之
举表示支持，并呼吁中国大陆参与仲裁程序。③ 2013 年 12 月 6 日，英国
《卫报》网站的一篇报道中，也片面指责中国不接受南海问题的国际仲裁，
并转引马尼拉方面聘请的律师保罗·赖克勒话警告说："一个国家不遵守
规则，成为国际违法者是要付出代价的。"④ 这些对中国不顾事实的指责当
然是不负责任的，从国际法上也是荒谬的。

实际上，菲律宾把南海主权争论正式诉诸国际仲裁始于 2013 年 1 月
22 日，当日菲律宾外交部发表声明称，中国在南海的"九段线"主张违反

---

① 鞠海龙. 菲律宾南海政策：利益驱动的政策选择 [J]. 当代亚太，2012（3）.
② 欧洲议会在南海主权争议上不站边 支持国际仲裁，http：//world. huanqiu. com/exclusive/
2013 – 02/3642603. html。
③ 美议员支持国际仲裁南海争端，http：//news. xinhuanet. com/world/2013 – 01/30/c_
124298089. htm。
④ 外媒：中国拒绝南海争端国际仲裁做法极不寻常，http：//military. china. com/important/
11132797/20131208/18202802. html。

了《公约》的有关条款，"侵害"了菲律宾的国家主权与领土完整。菲律宾将就南海主权争议寻求国际仲裁，将根据《联合国海洋法公约》（以下简称《公约》）的仲裁程序来解决与中国在南海问题上的纠纷。菲律宾外长罗萨里奥说，"我们希望仲裁法庭基于国际法做出如下裁决：判定中国必须尊重我们在南海的专属经济区、大陆架和毗连区的领海主权权利和管辖权，停止侵犯我们权利的非法行为。"① 2013年1月23日下午，中国外交部发言人洪磊在记者会上正式回应了菲方诉求：中国对南沙群岛及其附近海域拥有无可争辩的主权，这有着充分的历史和法理依据。中国与菲律宾在南海争端的核心和根源是菲律宾方面非法侵占中国南沙群岛部分岛礁引发的领土主权争议，中方一贯反对菲律宾方面的非法侵占，② 因此，对菲方提出的仲裁要求，中国明确表示不能接受，并退回其外交照会和所附通知。事实上，菲律宾把南海主权争议提交国际仲裁的做法是毫无意义的。正像德国波恩大学法学院国际法教授斯特凡·塔尔蒙所指出的，仲裁法庭通过程序审议会发现，菲律宾所提诉讼并不在其仲裁范围之内，因此，它会很快宣布不予受理此项诉讼，因此，菲律宾此举不具有任何法律效果，只是纯政治性的一步。③

中国之所以认为国际仲裁并不适用于南海主权问题，主要基于以下原因：

首先，就历史事实而言，中方对南海及其附属岛屿拥有无可置疑的主权。正是中国最先发现、占领和管理南海海域及其附属岛屿的，这一点不仅中方已经提出了大量的历史证据；而且中国对南海的主权的这些历史证据也是得到了国际社会的广泛认同的，这些都是符合国际法判定主权归属的最基本原则的。

---

① 菲就黄岩岛提国际仲裁 专家：领土主权争端不属仲裁范围，http：//www. hinews. cn/news/system/2013/01/24/015387018. shtml。

② 中方回应菲律宾寻求南海争议国际仲裁：主权无可争辩，http：//www. cnhuadong. net/system/2013 - 7 - 18/content_ 519066. shtml。

③ 中国享免相关国际仲裁权 菲律宾诉讼终将落空，http：//news. xinhuanet. com/world/2013 - 04/23/c_ 115510909. htm。

其次，就适用范围而言，国际仲裁并不适用于南海主权问题。根据《联合国海洋法公约》第 298 条特别规定，缔约国可以向联合国秘书长提交声明的方式，排除强制仲裁程序适用于领土归属、海洋划界、历史性所有权、军事利益等海洋争端。中国早已于 2006 年做出了上述排除性声明。2006 年 8 月 25 日，中国就在对《公约》第 298 条规定提交的一份声明中写道："中华人民共和国政府不接受《公约》第十五部分第二节提出的，在《公约》第 298 条第 1 段（a）、（b）、（c）中涉及的各种争端程序。"也就是说，在涉及领土主权、海洋划界和军事活动之类的争端解决方面，中国不接受《公约》第十五部分第二节规定的采取有约束力的强制程序。尽管菲方挖空心思试图绕过中国的排除性声明，但事实上，菲方自己也是提出过这种排除性声明的。2002 年菲律宾在签署海洋法公约的宣言中，正式提交了八段文字，声明《公约》不适用其领土声称。在第四段写道："该签署不侵害或损害菲律宾在其任何领土上行使主权，例如卡拉延群岛及其附近海域。"换言之，当涉及领土争议（例如卡拉延群岛和黄岩岛争议）时，菲方不承认海洋法公约。①

第三，就法律程序而言，菲律宾把南海主权提交仲裁也是不符合《联合国海洋法公约》中有关强制裁判程序前提条款的。《公约》第 281 条第 1 款规定："作为有关本公约的解释或适用的争端各方的缔约各国，如已协议用自行选择的和平方法来谋求解决争端，则只有在诉诸这种方法仍未得到解决以及争端各方间的协议并不排除任何其他程序的情形下，才适用本部分所规定的程序。"② 而在中菲双方都签署《南海各方行为宣言》的第四条中就指出："有关各方承诺根据公认的国际法原则，包括 1982 年《联合国海洋法公约》，由直接有关的主权国家通过友好磋商和谈判，以和平方式解决它们的领土和管辖权争议，而不诉诸武力或以武力相威胁。"③ 这说

---

① 李金明．菲律宾为何将南海问题提交国际仲裁［J］．世界知识，2013（10）．
② 《联合国海洋法公约》，http：//www. un. org/zh/law/sea/los/index. shtml。
③ 《南海各方行为宣言》，http：//bbs. tiexue. net/post2_ 5209667_ 1. html

明中菲"已协议用自行选择的和平方法"来解决南海争端。因此，菲方的国际仲裁诉求根本不适合《公约》所设定的程序前提。

最后，菲方为避开中国提出的排除性声明中"关于划定海洋边界"的《公约》第15、74、83条，把其重点放在质疑中国的南海"九段线"是否符合《公约》的问题上。但中国"九段线"的划定本身是历史问题，并不属于海洋法公约的管辖范围。"九段线"产生于1947年，而《联合国海洋法公约》1994年才正式生效，二者之间相差47年。根据法律不溯既往的原则，"一种行为的效力，如发现和先占，只能按照与之同时的法律，而不是按照争端发生或解决时的法律来确定"。这就是说，不能用47年后正式生效的《公约》来否定47年前产生的"九段线"。因此，仲裁小组根本无权对"九段线"的合法与否进行仲裁。[①]

因此，菲律宾所谓的把南海主权争端提交国际仲裁，本质上不过是一场政治秀。对其国内政治而言，菲律宾试图扮演一个捍卫主权的强硬者形象，以迎合菲国内民众的民族主义情绪。美国有线电视新闻国际公司网站2013年1月28日刊文称，菲律宾以及该地区的其他国家认为，通过武力维护"国家尊严"的代价过于昂贵，而大吵大闹却符合其国内的政治利益，有助于政党在脆弱的政治环境中维护自身利益。[②]而在国际上，菲律宾试图在国际社会面前扮演一个令人同情的受迫害者角色，借以博取国际舆论的同情和支持。一名菲律宾外交官员就直截了当地说，菲律宾也清楚仲裁结果并无任何机构可以执行，因此不具有实质效力，但菲律宾在此寻求的是"政治及法律胜利"，盼届时国际舆论将对中国造成压力。越南方面亦很关注该事态的发展，越南《青年报》2013年1月27日引述专家的话称，越南应该静观事态的发展，看中国如何反应、联合国是否受理此案及其裁决结果是否有用。"如果国际仲裁法庭做出有利于菲律宾的判决，

---

① 李金明．菲律宾为何将南海问题提交国际仲裁［J］．世界知识，2013（10）．
② 李金明．菲律宾为何将南海问题提交国际仲裁［J］．世界知识，2013（10）．

不管是否执行，都将使中国输掉这场舆论战，动摇中国对南海的主权要求"。① 事实上，菲律宾此举无论在事实还是法理层面都是站不住脚的，因而也注定是徒劳无功的。

三、新形势下中国南海主权战略的策略思考

（一）对以"搁置争议，共同开发"为原则的南海主权战略的再思考

从 1980 年邓小平提出"搁置争议，共同开发"思想以来，一直是我国解决南海主权问题的基本战略。这一战略的实施，极大地缓和了南海局势，为和平解决南海争端奠定了基础。然而 30 多年来，这一战略的实施过程并不尽如人意。只是中国在单方面地遵守，有关国家对该方案并没有真正的赞同，甚至趁机大肆掠夺中国在南海的旅游、渔业和油气资源。因而，中国的共同开发原则表面上赢得赞同，而实质上却没有真正发挥效用。其中的问题何在？对这一战略原则我们未来该怎么办？

1. 对以"搁置争议， 共同开发" 为原则的南海主权战略的反思

首先，"搁置争议，共同开发"战略原则存在内在缺陷。这一战略原则主要侧重于经济方面的合作共赢，而刻意回避了主权问题。邓小平说："这样的问题是不是可以不涉及两国的主权争议，共同开发。共同开发的无非是那个岛屿附近的海底石油之类，可以合资经营、共同得利嘛。"② 可以看出，邓小平在提出这一战略构想时，也的确是在搁置主权争议的前提下更看重经济领域的合作。这是在南海主权争端相持不下，短期内难以解决的背景下，为了维护南海区域和平而采取的一种比较现实的战略选择。对于中国而言，拿出原本属于自己的南海权益与相关各方共同分享，其实是付出了一定的战略成本和代价的。但为什么中国的这种包含自我牺牲精

---

① 李金明. 菲律宾为何将南海问题提交国际仲裁［J］. 世界知识，2013（10）.
② 邓小平. 邓小平文选（第三卷）［M］. 北京：人民出版社，1993：87.

神的主权战略反而未能取得南海相关各方的真心拥护和支持配合呢？究其原因在于，南海相关各方尤其是越南和菲律宾对于南海战略目标的追求并非仅限于海洋经济利益，而是还包含着更重要的国防安全考虑，同时也各自面临着国内民族主义的主权安全压力。澳大利亚学者卡特利和凯利阿特指出："企图占有南海群岛的目的，不仅想控制其周围的生物与非生物资源，而且有战略上的考虑。因为南沙群岛的地理特征和位置可能被用做军事基地。"夏威夷东西方中心研究员瓦伦西亚在《南沙解决仍在海上》一文中写道："争端不是为了石油，而是群岛重要的战略地位和主权声称……人们应该记住，声称者是国家，而不是石油公司，国家必须做长期和多方面的考虑，特别是涉及领土主权时。因此，声称者能否为有限的石油储量而简单地抑制其争端，值得怀疑。"[1] 因此，如果我们避开主权问题和安全问题，而仅仅把南海问题主要归结为经济和资源问题，有可能把复杂的问题简单化了。

其次，"搁置争议，共同开发"本质上是一个权宜之计，而非最终的解决方案。"搁置争议，共同开发"的前提是"主权属我"，中国政府从未放弃对南海的主权诉求。南海相关各国对此是很清楚的。因此，他们更多地认为，中国提出的这一战略原则，是在力有未逮的情况下而施展的缓兵之计，本质上是为最终完全夺回南海主权而释放的烟雾弹。《星洲日报》就曾在社论中说："要解决错综复杂的南海争议，任何企图回避主权问题的方案，事实上难免落入一厢情愿的盲点，或是为将来别有所图所施放的一道烟雾弹。"[2] 基于这种认识，南海相关各国并未真正承认和重视中国所提出的这一原则。"搁置争议、共同开发"事实上恰恰成了中国的一厢情愿，南海局势最终演化成"中国搁置争议，别国共同开

---

① 陈伟．"搁置争议，共同开发"在解决南海问题中的困境及展望［J］．经营管理者，2010（7）．

② 陈伟．"搁置争议，共同开发"在解决南海问题中的困境及展望［J］．经营管理者，2010（7）．

发"的混乱局面。

再次，"搁置争议、共同开发"原则之所以在战略上有落空之虞，还在于它一直停留在抽象的原则层面，始终缺乏有效的运行机制和实施平台。尽管在提出"搁置争议、共同开发"这一战略原则后，中国政府一直在积极推动落实，《南海各方行为宣言》某种意义上可以是这一原则的体现。但一方面《宣言》本身仍是抽象的，缺乏可供操作的具体内容。目前，各方正在商讨的《南海各方行为准则》是对《宣言》的具体落实，但无论最终出台的《南海各方行为准则》具体内容是什么，基于目前南海相关各方尖锐对立的立场，指望其能发挥很大的作用，恐怕也是不现实的。甚至有学者断言，由于《宣言》本身存在严重缺陷，只有承诺却没有违约责任，使之形同一纸空文，因而南海其他声索国很难感受到中国政府对待《宣言》的严肃态度。《宣言》的问题其实也反映了我国在南海问题上战略思路不够清晰，向相关各方传达的信息也较为模糊，这是造成中国在南海问题上难有进展的重要原因。有学者认为，我国在军事上不输于南海周边任何国家，人民海军有足够的力量来维护主权利益。问题的关键是，"搁置争议、共同开发"的原则立场并未落到实处，甚至已经失效。还有学者认为："我国对于南海的政策实际上处于模糊状态，我们对南海没有明晰的政策，我们如果连蛋糕都不知道在哪，那怎么会清楚该如何拿刀去划。南海问题一定需要政策先行。"①

最后，"搁置争议、共同开发"原则也面临着复杂的现实困境。这一原则的提出，本身并不是为了解决主权问题的，而是为了在搁置主权争议的前提下，实现南海的和平和稳定发展。但从南海的现实来看，从中国提出这一原则至今，南海虽然没有发生大规模的战争和冲突，维持了某种程度的和平与稳定。但树欲静而风不止，在中国恪守这一战略原则的同时，

---

① 于冬. 中国南海政策出于模糊状态，共同开发原则失效 [EB/OL]. http://mil. news. sina. com. cn/2009 - 07 - 01/1004557242. html.

南海相关各国对我南海利益的侵犯从来就没有真正停止过。首先是不断侵占中国的南海岛礁，并在侵占的岛礁上修筑了相当规模的军事设施，同时还向侵占岛屿上移民。1999 年 5 月，马来西亚占据了南海群岛的榆亚暗沙和簸箕礁，使其所占据的岛礁总数达到 5 个。2004 年和 2005 年越南在南沙建的南威岛机场、长沙岛机场相继完工，大批人员装备和弹药物资源源不断运抵南沙。其次是在资源的开发利用上，东南亚国家大肆与西方国家的石油公司合作，掠夺开发南海诸岛的油气资源，并对中国的勘探和开采行为进行抗议，排挤中国对南海的开发。2012 年 6 月 23 日，中国海洋石油总公司发布公告称，在南海地区对外开放 9 个海上区块，供与外国公司进行合作勘探开发。此举引发越南官方以及民间强烈反弹，2012 年 7 月 1 日，越南河内爆发游行示威，抗议中国海洋石油总公司在南海地区对外开放 9 个海上区块，供与外国公司进行合作勘探开发①。再次是相关国家频生事端，不断抓捕中国渔民，撞毁中国渔船。近些年来，越南和菲律宾频频出没于我国南海区域进行所谓的执法活动，抓捕中国渔民，损毁和没收中国渔船，严重危及我渔民的生命财产安全。

上述这些情况都说明，"搁置争议，共同开发"，无论是在理论原则层面，还是在解决现实问题层面，都面临着一系列的障碍。解决南海争端，需要对这一原则进行新的思考和探索。

2. 对 "搁置争议、共同开发" 主权战略原则的新思考

首先，中国现阶段仍需坚持"主权属我、搁置争议、共同开发"的南海主权战略原则。尽管存在这样那样的一些问题，但这一战略原则仍然是现阶段中国维护南海和平稳定的不二选择。这是因为有以下两个方面的原因：其一，这是在南海区域维护和平、避免战争和冲突的必然选择。在没有更为合理的方案出台之前，暂时搁置最为尖锐的主权争端，对包括中国

---

① 郭文静．越南举行反华示威，抗议中国在南海举行国际招标［EB/OL］．http：//world. huanqiu. com／exclusive/2012 – 07/2872186. html.

在内的南海各国仍不失为一种明智的选择。其二，尽管存在诸多的分歧，作为南海区域的共同成员，相关各方仍然存在着广泛的共同利益。尤其是近些年随着经济的快速发展，中国在国际舞台上扮演着越来越重要的角色。对南海相关各国而言，如何在适应中国迅速崛起的同时，分享中国经济发展的红利，将成为南海各国不得不面对的一个长期的共同问题。因此，在开发利用南海资源的同时实现合作共赢，使南海成为一个和平交流之海，成为连接区域各国的一个纽带。从长远来看，这是符合南海各方的根本利益的。

其次，中国应该努力构建"主权属我、搁置争议、共同开发"战略原则的实现机制。归根到底，这一原则之所以面临困境，源自于我们始终没有找到一种有效的约束机制。南海相关各方在违背这一原则侵占中国南海权益时，往往不用支付或者极少支付成本和代价。也就是说，相关方在挑战这一战略原则时感觉不到风险，也很少会遭到利益的损失，这才使他们对南海利益趋之若鹜。理解了这一点，即可对症下药。因此，这一战略原则实现的关键就在于，中国要在南海区域提高"违章成本"。必要时可以在南海实施危机管控，有意识地增加南海区域的风险，使那些不接受"搁置争议、共同开发"的国家在南海的经济活动由于风险的提升而受阻。通过这种倒逼机制，逼迫相关国家真正回归到"搁置争议、共同开发"的道路上来。

再次，中国应该努力消除"搁置争议、共同开发"战略原则的实现障碍。相关各方不仅未能搁置争议，反而争议不断，不仅未能共同开发，反而背着中国各自开发。这其中的一个重要原因就是由于各方在南海问题上信息不对称，彼此互相防范，在对抗中不断加码，从而在一定程度上形成了"囚徒困境"。按照博弈论的解释，在多方博弈中，"每个参与者通过自身的行动，努力使自己的效用达到最大化，可是他的效用却取决于另一个行动者""每个行动者都存在着不同的策略选择，并且形成不同的支付，然而，行动者的选择最终只会造成确定性支付。"① 因而，要想解决南海争端，各方必须保持一定程度的沟通和联系，尤其使各方在南海问题上的信息透明，尽可能做到不在背后搞小动作。如果各方不加强沟通，也就是各方处于信息不对称的情况下，如果南海各相关主体单方面就南海问题采取行动，就会出现对各方都不利的"囚徒困境"。另一个原因则是区域外大国的介入和挑动，对此，中国唯有展开针锋相对的斗争：一方面向南海各方释放更多的善意，并做出必要的承诺；另一方面，要采取包括政治经济文化外交和军事等多种手段，在满足区域外大国合理关切的基础上，阻止其向南海的渗透和扩张，至少使其不能在南海随意拨弄是非。

最后，构建"共同开发"的利益实现平台。搁置争议的目的是为了共同开发，因此，构建能为各方接受的合作平台就显得尤为关键。首先，要消除影响各方共同开发的障碍性因素，最重要的还是消除各方之间长期淤积的心结。通过增加政府和民间的交流，为"共同开发"营造良好的舆论氛围。其次是寻找双方合作开发的机制，近些年中国海洋开发技术上都取得了长足的进步，以蛟龙号、981 钻井平台为代表的一大批海洋开发技术逐渐涌现出来，这为"共同开发"南海提供了技术基础。最后，还要充分利用市场机制和资本的力量，如可以建立由南海各相关国家出资的股份制公司统一运作南海开发，可以成立跨主权基金来为南海开发提供资金保障，还可以建立南海区域融资平台等各种合作模式，最终使相关各国都能从南海的共同开发中分享红利。同时，也能通过这种分享不断筑牢南海各国互信互利、合作共赢的信念基础。

（二）构建以现实主义为基础的灵活务实的南海主权战略

面对当前中国南海主权现状，我们必须立足现实，超越那些理想主义的战略构想，构建一套以现实主义为基础的灵活务实的南海主权战略。

---

① 高和荣. 现代西方社会学理论述评［M］. 北京：社会科学文献出版社，2006：79.

1. 要构建以现实主义为基础的中国南海主权战略

理想主义与现实主义是国际关系中有关主权战略的两种基本理论。一般认为，国际关系学中的理想主义学派主要形成于一战结束以后，最有代表性的是时任美国总统威尔逊。面对一战的惨烈结局，不少政治家和国际关系学者把目光转向当时已经成为哲学社会科学主导思潮的乌托邦主义（或称理想主义），有的人甚至崇尚 18 世纪的启蒙主义和 19 世纪的理性主义。他们强调通过道义和精神教育来唤醒人类的良知，主张恢复国际规范，消除国际关系中的无政府状态和由此导致的连绵战祸，健全对各国具有约束力的国际法准则。他们呼吁建立超国家的机构和组织，加强国际合作，巩固战后稳定的国际社会，以避免世界大战惨剧的重演。于是，理想主义逐渐成为国际关系学的主流。① 但理想主义随着在之后的国际关系演变中，不断遭受挫折，越来越失去解释力而受到现实主义学者的批判。现实主义对理想主义的批判，最初始于卡尔的《二十年危机》，其后美国学者汉斯·摩根索发表了《科学人与强权政治之争》，系统批评了理想主义和自由主义的外交理念。1948 年，他又发表了《国际纵横策论：争强权，求和平》，系统论证了有关国家本性论、国家利益论、强权政治论和均势论等现实主义的基本原理，这些论著标志着经典现实主义外交理论的正式形成。可见，现实主义是指与理想主义相对立的一种理论模式，其核心是崇尚国家实力追求国家利益。其理论内容由一系列命题构成：其一，现实中国家的本性是追逐强权，这是支配国家对外行为的永恒法则。其二，国家追逐强权的内容构成国家利益，各国所获利益的多寡从根本上说取决于各自实力的强弱。其三，现实中的国际社会是处于无政府状态的，由于每个主权国家都有权追逐国家利益的最大化，这就可能导致不同国家之间的冲突，因此，要依靠均势体系来抑制国与国之间的竞争来促进和平。而均

---

① 倪世雄. 从理想主义到现实主义——西方国际关系理论简介之二 [J]. 国际展望, 1987 (1).

势体系是指每个国家保卫自己的安全，并通过与一些国家的防御性联盟来抵消敌对国家的敌意倾向。

自上述两种思想诞生以来，学术界对于二者关系的争论一直是国际关系学发展的一个重要主题。20世纪90年代末，中国国内也有过一次类似的争论。事实上，对一个国家的主权战略究竟是应该以理想主义为基础，还是以现实主义为主导，还是二者某种程度的结合？套用某种辩证的说法，中国的主权战略似乎应该是后者，但这种说法在中国现阶段并不适用，其原因在于长期以来理想主义的主权战略在中国影响深远。这其中既有深刻的历史传统的影响，又有新中国成立后意识形态的影响，早在先秦时期的中国传统政治文化中就有王道与霸道之分。尽管以实力和暴力为基础的霸道政治一直都是中国历史的真实体现，但以善性和德政为基础的王道政治却始终代表着中国主流政治文化的更高的追求，而霸道政治则一直受到广泛的抨击和批评。新中国成立以来，从和平共处五项原则的提出到和平与发展的时代主题概念，再到和谐世界，都可以发现传统王道政治的理想主义倾向一直是一脉相承的。新中国成立后，一度盛行的极"左"思潮，大搞意识形态外交，对这种理想主义的思想也不断地推波助澜。改革开放以来，尽管战略有很大的调整，但中国在国际交往中一贯强调的"人类利益""世界和平""普遍繁荣""共同安全"等仍然是带有鲜明的理想主义色彩的标志性关键词。这种带有理想主义色彩的主权战略为新中国在国际上化解矛盾、广交朋友，打开广阔的国际空间奠定了基础，而且对于新时期以来随着中国实力上升而产生的各种版本的"中国威胁论"，理想主义主权战略无疑也起到了较好的化解作用。但我们也要看到，一味地强调理想主义战略是远远不够的，对理想主义的过度强调反而使我们日益偏离国际社会的现实发展。如何协调现实主义和理想主义的关系？在这方面，美国给我们提供了一个生动的样板。美国当然也是重视理想主义价值的，甚至在某种意义上，这种理想主义价值构成了美国主权战略的一个非常核心的元素。推广美国的普世价值，实施人权外交成为当代美国主权战略的一个非常重要的层面。但事实上，美国所追求的这种理想主义价值，本质上是为美国的主权利益服务的。当追求价值的理想主义和追求利益的现实主义发生冲突时，理想主义很快就让位于现实主义。就像学者张睿壮所指出的："美国外交的理想主义与现实主义纠缠在一起，它的外向型的理想主义宏论虽也高唱如云，但整体而言还是以现实主义为基调的。"①

在南海主权战略上，我们之所以陷入被动局面，也是与理想主义倾向密切相关的。这首先是与我国整体主权战略的理想主义倾向有关的；其次是与南海主权战略本身的相对抽象化有关；再次是缺乏维护南海主权的具体策略和方法；最后是理想主义的战略也使我国在南海主权问题上长期处于防御态势，形成了某种被动的挑衅刺激——维权反应模式。因此，为了改变在南海主权的被动局面，我国应该构建以维护国家利益为目标的现实主义主权战略，在此基础上，制定我国的南海主权维护政策。

当然，强调现实主义战略并非不重视理想主义的价值追求，并非道义价值不重要，而是要使之与实力、实利相结合，主权战略的主轴应回到现实维度上来。要强调把主权战略的基础立足于现实之上，对主权问题不抱幻想，从最坏处着想，往最好的可能追求，才能取得真正的战略主动。正像习近平所说的：我们爱好和平，坚持走和平发展道路，但决不能放弃正当权益，更不能牺牲国家核心利益。② 尤其在当前的国际背景下，更应该强调现实主义战略的优先性，让民众感受到国家实力发展带来的主权战略的变化，也让世界知道我们的明确立场。中国追求的是与自己实力相匹配的国际地位和影响力，并希望得到相关国家的理解和尊重。

2. 协调大国关系，为南海稳定和平消除外部障碍

美国学者米尔斯海默认为：在冷战后时期，民族国家仍是最主要的国

---

① 张睿壮. 重建中国的外交哲学与价值观——南开大学国际关系学家张睿壮访谈［J］. 南风窗，2008（20）.

② 习近平. 进一步关心海洋认识海洋经略海洋 推动海洋强国建设不断取得新成就［EB/OL］. http://cpc. people. com. cn/n/2013/0731/c64094 - 22399483. html.

际行为体，而大国是最重要的，国际政治就是大国政治。"因为大国对国际政治所发生的变故影响最大。所有国家——不管是大国还是次大国——其命运都从根本上取决于那些最具有实力国家的决策和行为。"① 应该说，南海问题之所以呈现出目前的复杂局面，除了南海的相关声索国之外，主要也是与周边大国的深度介入有关。因此，我国只有协调好与相关大国的关系，在南海问题上达成某种均势和平衡，才能从根本上釜底抽薪，使南海问题不断降温。

目前，介入南海问题的世界大国主要有美国、日本、印度和俄罗斯等。其中介入最深、影响最大的无疑是美国，其次是日本。而中美之间的关系毫无疑问是当今世界最重要的、当然也是最复杂的双边关系。美国基于在政治上的连横合纵，战略上的岛链包围，经济上的石油利益，军事上的航道安全，长期以来一直保持在南海地区的实际存在，推行其优势海权战略。美国是对南海问题影响最大的区域外大国，南海问题的发展趋势与美国的介入紧密相关。"审视南海争端的发展演变，不能不把国际因素作为重要因变量加以考察，其中美国是对南海争端影响最大的域外大国。"②

众所周知，中美两国在经济上相互之间的依赖和渗透越来越深，但中美两国之间的战略互信仍然有待提高。尽管中国一直在向世界释放着和平发展的决心和信号，但美国国内某些政治力量出于根深蒂固的冷战思维以及对于中国崛起的战略忧虑，一直在想方设法对中国进行战略围堵和遏制。长久以来，美国不断对台军售、扶植"台独"势力、阻止两岸统一；扶植甚至直接培训"藏独""疆独"等民族分裂和恐怖主义势力，煽动暴乱残杀中国民众，挑起民族纷争，意图分裂和肢解中国；支持日本与我争

---

① ［美］约翰·米尔斯海默. 大国政治的悲剧［M］. 上海：上海人民出版社，2003：5.
② ［美］沃尔特·曼. 斯普拉特利群岛：美国在南中国海领导地位的挑战［N］. 菲律宾星报，2009 – 03 – 06.

夺我东海钓鱼岛，支持某些东盟国家争夺我南海。①

奥巴马上台以来，美国政府及军方先后发布了 4 份国防及国家安全战略报告，分别是 2010 年 2 月 1 日的《四年防务评估报告》、2010 年 5 月 27 日的《美国国家安全战略报告》、2011 年 2 月 8 日的《美国国家军事战略报告》，在这些报告涉及中国的部分，美国将中国定位成战略对手的思想是一以贯之的。但之前的这 3 份报告表达毕竟还是相对隐晦和克制的。而在 2012 年 1 月 5 日美国国防部发布的新军事战略报告《维持美国的全球领导地位：21 世纪国防的优先任务》中，美国对华战略思想的表述就变得明确和公开化了。其中明确谈道："从长期来看，中国作为地区强权的崛起将会从各个方面影响美国的经济和安全利益。我们两国在东亚的和平与稳定上负有责任，也都会从建立协作性双边关系中获益。但是中国军事力量的增长必须在更明确地澄清其战略意图的前提下进行，以避免引起该地区摩擦。为了有效地威慑潜在对手和阻止他们达到目的，美国必须要维持在我们行动自由受到限制地区的力量投送能力。在这些地区，对手可能会使用不对称能力，包括电子战和网络战、弹道导弹与巡航导弹、先进的防空、地雷和其他手段来影响我们的作战考虑。如中国和伊朗等某些国家将继续追求利用不对称手段来遏制我们的力量投送能力……。因此，美国军队将有针对性地投入，保证在封锁环境下有效执行行动的能力。"② 在这份报告里，中国实质上被美国明确定位为像伊朗那样的敌人和对手。为此，这份报告还提出了"虽然美国军事活动继续注重全球安全，但是我们会针对亚太地区调整战略。我们与亚洲盟友和合作伙伴之间的关系对该地区未来的稳定与发展非常重要。"③ 这

---

① 马钟成．伊朗危机与美国 2012 年新军事战略报告新态势［J］．环球财经，2012（4）．

② 2012 年美国新军事报告：《维持美国的全球领导地位：21 世纪国防优先任务》，http：//mil. sohu. com/20120109/n331638690. shtml。

③ 2012 年美国新军事报告：《维持美国的全球领导地位：21 世纪国防优先任务》，http：//mil. sohu. com/20120109/n331638690. shtml。

就是被视为美国"重返亚洲"的亚太再平衡战略。2013 年 6 月 20 日，美国负责亚太事务的候任助理国务卿丹尼·拉塞尔又提出亚太"再再平衡"战略。① 有学者认为，这实际上是美国重返亚洲的升级版，意味着美国对亚太事务将加强介入力度。很显然，要排挤中国的影响力，阻挠中国的海洋主权声索，对中国的"海洋强国"战略形成制约。"再再平衡"主张，有两层含义。一是美国在东北亚局势上获得主导权后，将在东南亚加大介入力度，对中国的南海主权声索加强制约；二是美国在亚太加强军事介入后，将在经济、能源、教育、价值观、民间交流、公共外交等领域展开攻势，收获经济上的成果，并且用软实力来影响亚洲各国，收获人心。美国的"再再平衡"，对中国带来的挑战很大。在南海问题上，美国强化对东南亚的介入，意味着将帮助自己的盟国，反对中国用武力收复主权，就是说，美国不让中国再进一步保持现状，保持中国很多岛屿和海域被越南、菲律宾等国占领、开采资源的现状。因此，"再再平衡"亚太的主张，对中国走向海洋是一种明显的战略拦截。②

中国社科院亚太与全球战略研究院 2013 年版的《亚太蓝皮书》也认为："美国亚太战略调整的核心是对美国全球战略的重心进行东移，这一东移不只是简单地把更多精力和资源投入亚太地区，而且从政治、经济、安全等领域加大了对中国战略压力的力度。它既是亚太地区重要性上升的结果，也是美国在战略上对东亚格局变化的应对。对于美国，从长期来说，根本性的问题不是美国在亚太地区安全领域中心地位不够巩固，而是美国在这一地区的经济地位受到中国崛起的冲击。如果美国不能扭转中美经济实力对比中不利于美国的长期走势，美国在这一地区的总体中心地位最终会受到根本性的冲击。从这个意义上说，进一步强化美国在军事安全

---

① 美高官提亚太"再再平衡"，欲更加重视东南亚。http：//www. chinanews. com/gj/2013/06 - 21/4955034. shtml。

② 美国升级亚洲战略，制约中国走向海洋？http：//www. s1979. com/news/world/201306/2492039324. shtml。

领域的优势地位，挤压中国的战略空间，只是美国亚太战略的一个方面。"① 对此，美国最重要的智库之一"战略与国际研究中心太平洋论坛"的负责人柯罗夫则认为："事实上，早在冷战后美国就意识到亚太地区的重要战略地位，为了我们的国家利益，美国有必要将亚太作为'关键地区'培养。而在布什执政期间，这一方向更加明确，但是'9·11'事件改变了一切。只能说，现在我们恢复到了原本的轨道。"②

据此，有学者认为，不论中国如何愿意与美国发展和平友好的国家关系，但美国都无法容忍自己的对手做大，因此，美国把遏制中国作为既定的战略目标是不会动摇的。那就是利用冷战遗留下来的旧的国际体制，采用遥遥领先的基础科研和金融工具控制世界，再加上利用文化、意识形态、价值观等工具挑战、颠覆中国。在这种局面下，美国的南海战略事实上成为其亚太再平衡战略的一部分。美国在南海投入力量的不断增强，无疑使南海问题变得更加复杂，也加大了中国解决南海问题的难度。针对这种现实，中国南海战略的前景似乎并不乐观。但我们无法回避，唯有面对这种严峻现实，采取有针对性的战略对策来迎接已经到来的挑战。

首先是求同，即寻找中国和美国在南海及其亚太利益的共同点。作为两个具有举足轻重影响力的世界性核大国，这个世界承受不起中美之间的整体性对抗和冲突。因此，不管中美之间有多少矛盾和是非，只要双方还存在最低限度的理性，为了人类的命运和世界的未来，中美都应该也必须实现求同存异。要实现求同，除了明确中国在南海的战略目标，还必须明确美国在南海的利益追求。可以说，维护美国在南海地区的利益，是美国关注南海争端的首要因素。美国在南海地区的利益主要有：一是要确保南海航道安全和航行自由。南海地区是美国的能源和贸易通道，也是其直通

① 中国社科院亚太与全球战略研究院：2013版《亚太蓝皮书》：美国亚太战略调整的核心是对美国全球战略的重心进行东移，http://www.pishu.cn/web/c_0000000600110004/d_35391.htm。
② 美国的"战略焦虑"，http://news.sohu.com/20120228/n336124317.shtml。

印度洋和波斯湾的军事及其装备运输通道。二是要保护美国在南海地区的巨大经济利益。东盟地区是美国的重要市场，同时，美国的许多石油公司在南海地区也有着重要的利益。① 就这两个方面而言，在维护中国南海主权的前提下，美国对航行自由和航道安全的合理关切，也符合中国自身的利益和需要。美国公司在南海的石油利益，如果能在互利协商的基础上与中国进行共同开发，其实也不难找到利益共同点。不论是维护航行自由和航道安全，还是油气资源开发，都离不开南海的和平与安全，因此，维护南海地区的和平与稳定符合中美双方的共同利益。

其次是存异，即承认和正视中美双方在南海问题上的战略分歧，寻找缩小和消除分歧的合理方式。从根本上说，如果美国决心执意把中国视为战略对手，那么，在南海主权问题上为中国设置障碍当然是其合理的选择。因此，美国在南海问题上支持其他声索国与中国对抗，乃至亲自出马以各种借口阻止中国对南海行使主权，也都是顺理成章的。甚至也可以说，如果围堵中国是合理的，这些行为本身就是美国的一种战略利益的表现。也就是说，在中美战略对抗的逻辑下，如果维护南海主权安全是中国的战略利益，而破坏中国的南海主权安全就是美国的战略利益，这当然是中美在南海问题上最根本的战略差异。事实上，虽然我们承认这种战略目标差异的存在是现实的，但南海问题的战略地位在中美两国战略整体中的重要性并不一样。对于中国而言，南海作为主权问题，其得失是事关国家主权领土完整的根本问题，因而它处于中国国家战略的一个基础地位和核心地位，与中国其他的主权问题处于同样重要的位置。而对于美国而言，南海问题并不涉及主权的根本层次，只是服务于其国家利益的一个战略通道和牵制工具，其得失并不直接影响国家主权安危。面对这种差异，有两种基本的解决思路，一种是带有理想主义色彩的方案，就是在尊重各自合理关切的基础上，按照国际法和国际准则通过谈判协商来解决南海问题。

---

① 何志工，安小平．南海争端中的美国因素及其影响［J］．当代亚太，2010（1）．

同时，寄希望于美国主动接受中国逐渐崛起的现实，主动调整自己的战略心态，逐步放弃遏制中国的战略企图。另一种是带有现实主义色彩的方案，一方面，中国承认美国在南海的合理存在，另一方面，随着中国国力的增强，通过增加在南海的战略力量投入，逐步增加美国在南海获取战略利益的机会成本，从而使美国逐步减少对南海问题的战略投入，使美国对南海问题的影响减少到一个合理的限度，从而最终为和平解决南海问题创造一个宽松的外部环境。

第三是在提升国家实力的基础上，强化民族的战略意志力。除了上述求同存异的基本思路外，为防止可能存在的美国对中国的战略遏制的不断升级，我国也要做好战略对抗的准备。这种情况下，尤其要重视战略意志力的作用。战略意志力是一国为实施某种战略目标所愿意投入的现实力量的精神和意志的表现。国家之间的战略竞争，当然首先取决于国家实力的竞争，但在实力相差不大的情况下，如果没有根本的战略失误，往往最终体现为战略意志的比拼。新中国成立之后，在包括朝鲜战争在内的中美多轮较量和对抗中，中国在实力相差悬殊的情况下，之所以最终不落下风，甚至能获得某种胜势，除了战略得当和超强的民族凝聚力之外，"置之死地而后生"的战略意志的比拼也起到了相当大的作用。因此，在南海战略中，我们也同样要发扬中华民族的这种意志力和凝聚力。

3. 通过灵活务实的睦邻外交为南海共同开发奠定基础

美国等外部力量固然重要，毕竟还只是南海问题的外部因素，解决南海问题最根本的还是要灵活务实地解决好与南海周边国家的关系。

（1）在南海主权战略中，要综合应用硬实力、软实力和巧实力。

美国哈佛大学教授约瑟夫·奈将综合国力分为硬实力与软实力两种形态。硬实力是指支配性实力，包括基本资源、军事力量、经济力量和科技力量等；而"软实力"是指通过吸引力而非靠强硬手段或利益引诱的方法去影响别人，来达到你所想要达到的目的之能力。"软实力"来源于一个国家的文化、政策和价值观念的吸引力。"软实力"比强制性威胁的方式更文明、也更持久。① "巧实力"一词最早是由（美国）安全与和平研究所高级研究员苏珊尼·诺瑟提出的。2004年，苏珊尼在《外交》杂志上发表题为"巧实力"的论文称，"必须实行这样一种外交政策，不仅能更有效地反击恐怖主义，而且能走得更远，通过灵巧地运用各种力量，在一个稳定的盟友、机构和框架中促进美国的利益。"② 巧实力是综合了硬实力和软实力的一个整体的战略，是力量的基地，也是要实现美国目标的"工具箱"。约瑟夫·奈也认为，"独裁和强制性的领导方式，即靠'硬实力'治理的模式，基本上已经被后工业化社会靠'软实力'治理的方式所取代，即设法吸引、激励、说服，而不是靠发号施令。然而，最有效的领导是能够将'硬实力'和'软实力'在不同的情况下按不同的比例相结合。如果能够将'软实力'和'硬实力'有效结合，就能得到'巧实力'。"③ 其实，如果不纠缠于概念名称，在中国古代的战略文化中，从来不缺少"巧实力"和"软实力"的思想。孙子《谋略篇》中就说："是故百战百胜，非善之善者，不战而屈人之兵，善之善者也。故，上兵伐谋，其次伐交，最次伐兵，最下攻城。"这里不也正蕴藏着某种"巧实力"的思想吗？

新中国成立以来，由于中国国力和军力的相对有限，对南海地区的总体战略投入是不足的，这直接导致了南海周边各国尤其是越南和菲律宾对我南海大量岛屿和领海主权的实质性侵占。改革开放以来，尽管中国的综合国力和军事实力有了突飞猛进的提高，但与发达国家的差距仍然很大，求和平谋发展的压力仍然非常巨大。因此，20世纪80年代末90年代初期，邓小平同志逐步确定了"韬光养晦，有所作为"的低调务实的极富辩证法思想的外交方针。④ 尽管也强调有所作为，但从客观上说，"韬光养

---

① 于盈，约瑟夫·奈. 从"软实力"到"巧实力"［J］. 南风窗，2009（13）.

② Suzanne Nossel. Smart Power［J］. Foreign Affairs，2004，83（2）：131.

③ 于盈，约瑟夫·奈. 从"软实力"到"巧实力"［J］. 南风窗，2009（13）.

④ 杨胜群，闫建琪. 邓小平年谱（1975－1997年）》（下）［M］. 北京：中央文献出版社，2004：1346.

晦"的地方多了一些，"有所作为"的方面少了一些，这主要还是限于国家硬实力的不足所导致的。在此基础上，尽管中国在软实力上也下了不少功夫，但由于这些"软实力"没有硬实力的支撑，也就无从体现出巧实力来。因此，在"硬实力、软实力、巧实力"三者的结合上，中国当前所缺的恰恰是硬实力的投入，只有以硬实力为基础，再辅之以软实力的结合，才能产生巧实力的整体效果。

然而，要发挥软实力，对于现阶段的中国而言，有一个重要问题值得我们关注，那就是探索经济实力向国际地位和区域影响力的转化机制。近年来，中国的综合国力快速增长，目前总体经济实力已经仅次于美国。但在世界大国尤其是安理会常任理事国中，中国面临的主权争端是最突出的。这从某个方面说明，中国的国家实力与国际地位并不相符。中国并未获得与经济实力相适应的国际地位，进而也影响和限制了中国在南海地区的区域影响力。事实上，经济实力并不会自动转化为国际地位，国家影响力也不会仅仅依靠经济的影响力。因此，我们应该思考，如何将经济实力向国际地位和地区影响力转化的内在机制。

（2）分清主次矛盾，明确南海战略重点。

首先，要分清主次国家。尽管南海五国都与中国存在着程度不同的主权争端，但就其在南海主权争端的表现来看，五国之间还是有着明显的层次差异。其中，马来西亚、印尼和文莱尽管也与中国存在南海主权争端，但整体上矛盾相对较小。越南、菲律宾与中国在南海争夺较为激烈，焦点事件频发。长期以来，两国轮番侵占南海权益，挑衅中国在南海的主权。相对而言，越南侵占的南海利益最多，菲律宾在南海的实际获利虽不及越南，但近年来在区外大国的支持下，在南海问题上不断挑战中国。中菲南海争端成为近一个时期以来南海地区的主要矛盾。但这种状况并不绝对，按照越南的南海战略，其也会随时对南海主权提出挑战，需要我们密切关注和调整。

其次，要分清主次问题，明确战略方向。南海问题是一个多重性问题，既包括主权归属，也包括安全屏障；既有经济通道，也有资源开发。在诸多问题中，主权归属当然是核心问题，也是各方争夺的主要焦点。但由于主权问题各方分歧太大，短期内难以达成共识，相对而言，"搁置争议，共同开发"仍然具有更大的共识空间。因此，现阶段我国仍然应该把落实"搁置争议，共同开发"作为阶段性的主要战略方向。

最后，要实行战略清晰化，明确我国在南海的战略底线。在国家力量较弱、无力解决主权问题的时候，战略的模糊化有其必要性和合理性，但也存在着极大的弊端，主要是由于战略底线不清晰，核心利益不明确，一个国家突破底线而未被及时制止，很快就形成破窗效应，后来的侵占者会群起仿效。这就要求我们必须在南海设置战略底线，并且奖惩分明。对于遵守战略底线，愿意回到"搁置争议、共同开发"轨道的国家，中国可以给予战略安全保障和经济发展上的支持。对频繁挑战战略底线的国家，中国也必须给予必要的制裁，从而逐渐在南海区域形成良性的规则和秩序。

（3）合理使用军事威慑手段。

中国并非是一个穷兵黩武的国家，历史上历来有崇尚和平的悠久传统。但爱好和平也不等于一味愚守妇人之仁，中国历史上也一向有着"犯强汉者，虽远必诛"的血气豪情。在当前南海错综复杂的局面下，中国一直是本着与邻为善的宗旨，不断地向南海周边国家释放善意，但这种善意并未获得相关国家的理解和尊重，反而被视为是一种软弱可欺。这种结果本质上正是现实主义国际关系的体现，也给我们展现了一个关于国际关系中善恶辩证法的现实版本。其实韩非子对此早有精彩的说明："子罕谓宋君曰：'夫庆赏赐予者，民之所喜也，君自行之；杀戮刑罚者，民之所恶也，臣请当之。'于是宋君失刑而子罕用之，故宋君见劫。"[1] 宋君的命运其实就是在现实主义的政治关系中善德所必然面临的命运。韩非讨论的虽

---

① 韩非子. 韩非子·二柄第七［M］. 上海：上海古籍出版社，2004.

然是国内政治，其实国际政治也是如此。很长时间以来，中国一直试图通过释放善意让其他国家放心，但这在客观上可能难以成功。过去中国在这方面做出很多努力，不能说我们这些努力不真诚，但总体上效果相对有限。从理论上说，一个国家为了让其他国家放心，最有效的方式是降低自己能够伤害别人的能力，但这种方式的根本性弱点在于：它会导致自己安全的脆弱性。同时，对自身能力进行约束有一个前提条件，这就是其他国家是高度可信的，不会机会主义地利用这种态势，但这个前提条件又难以保障，这样就成了一个死循环。所以，我们有必要清楚地认识到"放心"的有限性。①

因此，当善意在国家间交往中一再被轻视的时候，我们也不得不考虑军事手段的可能性。这一方面，美国也为我们提供了极好的示范。二战以来，随着美国在全球超级大国优势地位的确立，在处理事关国家核心利益的重大问题时，美国在使用政治外交手段无效的情况下，总是毫不犹豫的动用军事手段来维护国家利益。当然美国在使用军事力量的手段上，也有其独到之处。首先是避开大国原则，在朝鲜战争受挫于中国后，在动用军事力量时，美国一般会避开实力相当的大国，至少不与大国发生直接的军事冲突，这使美国在较量中总是使自己处于绝对的战略优势。其次是生命优先原则。为避免大量的战争伤亡导致国内民众的反战情绪，引发国内政治危机，美国近些年发动的战争总是进行大量的空袭，确保对方地面部队丧失战斗力之后才谨慎地发动地面进攻，确保战争低伤亡甚至零伤亡。第三是运用战争边缘手段。美国在使用军事力量的时候，并非总是直接发动军事打击，而是首先使用战术讹诈、战略试探与战略威慑等战争边缘手段来达到战略目的。第四是战争经济原则。尽管美国发动的每场战争都会带来巨额的军费开支，但总体上对美国的消极影响往往并不像想象的那么大。美国一方面通过战争带动军工产业的发展，更新军工技术，淘汰落后

---

① 周方银. 中国面临的地区态势和政策选择［N］. 东方早报，2013 – 11 – 07.

产能，从而把战争的消耗转化为刺激国内需求，带动就业和经济发展的积极力量。另一方面，美国往往通过盟国分摊战争债务，来减轻自身的债务压力。最后是抓住战略时机，果断用兵，枪打出头鸟。为发挥战争的威慑力，美国在发动战争时，总是尽量选准时机，在打击最危险对手的同时震慑其他的潜在对手。

　　当然，美国的军事战略只是为中国解决南海主权问题提供了某种重要的启示，但中国毕竟不是一个热衷于使用武力的国家，军事手段充其量不过是一种最后的手段，不到穷尽一切和平的可能，中国绝不会走上这条道路。

第二章 强化海洋行政管理与维护 我国南海主权的战略思考

大家知道，历史上中国不仅是最早发现、命名和开发经营南海岛屿岛礁与海域的国家，而且也是最早对南海海域行使主权管辖的国家，所以对南海诸岛及其所属海域拥有无可争辩的主权，并对相关海床和底土享有主权权利和管辖权。因此，"中国南海诸岛的主权，是中国人民在长期的历史发展进程中，通过最早发现、最早命名、最早经营开发，并由历代中国政府行使连续不断的行政管辖的基础上逐步形成的。这一发展过程具有充分、确凿的历史依据，国际社会也是长期予以承认的。"① 但是，多年来我国南海主权不断遭到南海周边国家的侵犯，南海争议问题日益突出，为此，我国必须通过加强南海区域海洋行政管理的途径来维护我国的南海主权。2012 年 7 月国务院正式宣布成立地级三沙市以强化对南海区域的行政管理，这一重大决策具有非常重要的战略意义，表明了中国政府维护南海主权的决心。无疑，我国在南海海域强化海洋行政管理对于我国南海主权战略的实现具有极其重要的战略意义。

一、海洋行政管理的基本问题

（一）海洋行政管理的概念、内容与实现手段

海洋行政管理也可称为海洋综合管理，是各级海洋行政主管部门代表我国政府履行的一项基本职责。1992 年联合国环境与发展大会通过的《21

---

① 李国强．中国南海诸岛主权的形成及南海问题的由来［J］．求是，2011（15）．

世纪议程》指出，海洋是全球生命支持系统的一个基本组成部分，也是一种有助于实现可持续发展的宝贵财富。根据此次大会精神，中国政府制定了《中国 21 世纪议程》，并将"海洋资源的可持续开发与保护"作为重要行动方案领域之一，其核心内容包括：海域使用管理、海洋环境管理以及海洋权益管理及其协调机制。我国政府还于 1996 年制定了《中国海洋 21 世纪议程》，"阐明了海洋可持续发展的战略对策和主要行动领域，涉及海洋各领域的可持续开发利用、海洋综合管理、海洋环境保护、海洋防灾减灾、国际海洋事务以及公众参与等内容"。①《中国海洋 21 世纪议程》关于海洋综合管理问题的定义是：海洋综合管理应从国家的海洋权益、海洋资源、海洋环境的整体利益出发，通过方针、政策、法规、区划、规划的制定和实施，以及组织协调、综合平衡有关产业部门和沿海地区在开发利用海洋中的关系，以达到维护海洋权益，合理开发海洋资源，保护海洋环境，促进海洋经济持续、稳定、协调发展的目的。

可见，海洋综合管理是社会管理的一个组成部分。海洋管理作为一门科学，涵盖内容广泛，包括海洋管理的理论构建，如管理学基础、基本范畴；海洋管理的主体运作，如管理体制、立法与执法管理、海洋政策、决策、海洋功能区划与规划；海洋管理的实施对象，如权益管理、资源管理、环境管理等。"经验证明，当一个国家海洋资源和空间的开发利用发展起来，政府综合协调各类海洋活动主体、平衡各种海洋利益的作用就愈发显得重要"。②

1. 海洋管理的基本概念

海洋管理理论是美国在 20 世纪 30 年代提出的。1972 年，美国颁布了《海岸带管理法》，标志着海岸带综合管理正式成为国家实践。1993 年，《世界海岸大会宣言》指出：海岸带综合管理已被确定为解决海岸区域环

---

① 《中国海洋 21 世纪议程》，http：//www. huaxia. com/hxhy/hyqy/2011/06/2453534. html
② 郑敬高. 论海洋管理中的政府职能及其配置［J］. 中国海洋大学学报（社会科学版），2012（2）.

境丧失、水质下降、水文循环中的变化、沿岸资源的枯竭、海平面上升等的对策及有效方法，以及沿海国家实现可持续发展的一项重要手段。① 在阿姆斯特朗和赖纳合作完成的《美国海洋管理》一书中，海洋管理被定义为"把某一特定空间内的资源、海况以及人类活动加以统筹考虑。"② 今天，随着科技特别是高新技术的迅速发展和对海洋开发利用的不断实践，海洋管理的内涵、任务及管理手段都有了新的扩展和完善。

一般而言，海洋管理的概念有狭义和广义之分，狭义的海洋管理是指国家海洋行政机构对海洋的某一局部区域或某一行业资源开发利用实施的具体的管理活动。广义的海洋管理是指海洋综合管理，即国家通过各级政府，运用先进的科学技术，对其所属海洋国土的空间、资源、环境和权益等进行的全面统筹协调的所有管理活动。这一概念包含了以下四个方面的内容：

第一，海洋综合管理是海洋管理范畴内的一种类型。它不是对海洋的某一局部区域或某一方面的具体内容的管理，而是立足于全部海域的根本利益和长远利益，对海洋整体内容全覆盖的统筹协调性质的高层次管理形式，是对海洋管理内涵的新拓展。

第二，海洋综合管理的目标，集中于国家在海洋整体上的系统功效和继续发展、海洋持续开发利用条件的创造，这是局部或行业管理难以达到的目标。

第三，海洋综合管理侧重于全局、整体、宏观和公用条件的建立与实践，它不涉及具体的管理活动，如行业资源开发利用活动的管理等。因此，海洋综合管理所采用的必须是战略、政策、规划、计划、区划、立法与执法、行政协调等宏观控制手段。

第四，国家管辖海域之外的海洋利益的维护和取得，也是海洋综合管

---

① 王诗成. 海洋管理的基本理论与发展态势 ［EB/OL］. 海洋财富网，http：//www.hycfw.com/HotFocus/llsjj/hykxgl/2010/01/09/39051.html.

② Ibid.

理的基本内容。公海区域的空间与矿产资源，是全人类的共同遗产，合理享用是各国的权利，当然也应有保护和保全公海区域环境的义务。

2. 海洋综合管理的基本内容

根据有关法律规定和实践，目前，海洋综合管理的基本内容主要包括以下几点：一是海洋权益管理，运用法律对本国管辖海域实行有效管理，防止外来力量的侵犯、侵占、损害和破坏，维护海洋权益。二是海洋资源管理，通过海洋功能区划和开发规划，指导、推动、约束海岸带、海岛、近海、专属经济区及大陆架等资源的开发利用，以便形成合理的产业布局，使海洋经济持续协调发展。三是海洋执法监察管理，通过建立适应海洋行政管理工作需要的海洋巡航执法业务体系，全面监视近岸海域，基本控制本国管辖海域内的各类活动及突发事件，及时查处海上违法活动。除上述基本内容之外，海洋综合管理还包括海洋科技与调查管理、海洋环境管理、海洋保护区管理、海洋公益服务管理等内容。事实上，在上述管理内容中，对资源和环境的管理是各国政府职能部门进行海洋管理的主要内容，而对权益的管理则往往借助军事、外交等手段来进行。

3. 海洋综合管理的实现手段

海洋综合管理，主要有三种管理手段，即法律手段、行政手段和经济手段。

其一，法律手段。与《联合国海洋法公约》（以下简称《公约》）接轨，依法治海，依法管海，最终达到依法振兴海洋事业的目的，这是加强海洋综合管理的最基本手段。也就是说，将符合国情的发展海洋事业的方针、政策及行之有效的重大管理措施用法律形式固定下来，为科学、合理地开发利用海洋提供重要的法律依据。这样，不仅可以全面地体现国家政策的要求，而且也能为海洋管理的其他手段如行政、经济等手段提供法律依据。

其二，行政手段。所谓行政手段，是国家行政主管部门根据法律的授权和国家行政管理部门的职责分工，在海洋管理中采取的行政行为，它包括行政命令、指示、组织计划、行政干预、协调指导等形式。其中，协调是各类海洋管理机构的一项基本职能，被广泛地运用于调整国内各地区、各部门、各产业之间的关系和开发利用海洋的各种活动。在协调的同时，国家海洋管理部门还可采取行政干预措施，直接干预海洋开发活动和海洋产业的发展，以确保海洋及其资源的合理开发和利用，使各海洋产业及其开发利用活动不仅符合地方和部门的当前利益，而且符合国家的发展目标和长远利益。

其三，经济手段。所谓经济手段，是指运用经济措施管理海洋，经济措施分为奖励性、限制性和制裁性三种。例如，为促进新兴海洋产业的发展，国家可采取一些经济优惠措施来扶持；对于需要限制或保护的资源，如填海和海砂开采等，国家可加大调控力度，限制开发时间、品种及数量，加大税收和提高海域使用金征收标准等；而对违反有关规定或造成损失的，在依法处理的同时，可采取经济措施予以制裁。

（二）加强海洋综合管理已成为当今世界潮流

1. 《联合国海洋法公约》对推进海洋管理具有划时代的意义

《联合国海洋法公约》（以下简称《公约》）于 1982 年 4 月 30 日在联合国第三次海洋法会议上通过，1994 年 11 月 16 日正式生效。到 1998 年 7 月 10 日，共有 170 个国家和地区签署了公约。中国于 1982 年 12 月 10 日签署公约，1996 年 7 月 7 日公约开始在中国生效。① 无疑，该《公约》的生效，开创了人类开发、利用、保护海洋的新纪元。《公约》从 1970 年 1 月 17 日开始酝酿，到 1994 年 11 月 16 日正式生效，经历了 24 年的漫长岁月。它的诞生是世界海洋史上的一个重要里程碑，是广大发展中国家经过长期斗争取得的积极成果。因此，《公约》标志着新的国际海洋法律制度的确立和人类和平利用海洋、全面管理海洋新时代的到来。

可以认为，《公约》与旧的海洋法制度相比，主要有两个特点：其一，

---

① 李金明. 南海主权争端的现状 [J]. 南洋问题研究，2002（1）.

第一次以法律形式明确规定了 200 海里专属经济区制度，扩大了沿海国家的管辖海域，使 35.8% 的海域划归沿海国家管辖，与旧的海洋法律规定的区域相比，扩大了 10 倍左右。其二，首次规定了沿海国有权建立不超过 12 海里的领海，在该区域内享有主权；规定沿海国有权建立从领海基线量起不超过 24 海里的毗连区。国际海底区域（国家管辖范围以外海床和海底及其底土）及其资源是人类的共同继承财产，由联合国国际海底管理局代表全人类进行管理，由所有国家包括沿海国和内陆国分享，从而打破了海洋霸权主义者对国际海底区域及其资源的垄断。

在《公约》生效的前后几年间，世界各国特别是一些海洋大国，如美国、德国、日本、英国、法国、俄罗斯等纷纷加快了本国的海洋立法步伐，掀起了批准《公约》的热潮。世界海洋形势呈现出众多海洋国家相继调整国家发展战略、重新审查各自海洋制度和竞相开发海洋资源以及争夺海洋岛屿等新的动向。然而，世界海洋形势之所以会出现这一新动向，其根本原因就在于利益的驱动。为此，我们可以从以下四个方面来认识：

一是对海洋资源和权益的追求。众所周知，海洋蕴藏着巨大的资源和财富，《公约》所确立的行为规范，实质是对占地球表面 71% 的海洋归属和管辖进行的一次重新调整，是海洋资源和权益的一次再分配。沿海国加入《公约》就意味着有权宣布 12 海里领海、24 海里毗连区和 200 海里专属经济区，可以实行岛屿制度；群岛国可以实行群岛制度等。这也就意味着他们将获得更多的海洋资源和实际利益。

二是对联合国新机构席位的谋取。联合国国际海底管理局、国际海洋法法庭和大陆架界限委员会，在国际上具有十分重要的作用，拥有广泛的权力，其主席、副主席、理事长、秘书长、国际海洋法法庭法官等职位由选举产生。谋取这其中的席位，都以批准《公约》并参加其活动为前提，而且都有严格的时间限制。如不批准《公约》，将丧失争夺国际海底管理局等机构领导权的机会，国家的主张和利益将不能很好地在国际海洋组织中得到体现。

三是海洋利益的竞争。沿海国家、地区占世界 200 多个国家和地区的一半以上。由于大洋息息相通，大多数国家彼此相邻或相向，海域界限问题、专属经济区和大陆架问题、国际海底资源开采问题等，都直接涉及各国的利益，并与邻国或相向国的利益交织在一起。矛盾的焦点是主权的获得或享有，资源的占有或分享。尽管由于各个国家所处的地理位置不同，按《公约》规定获得的实际利益千差万别，但都与邻国或相向国的海洋利益有关联。因此，一个国家加入《公约》，必将促使周边国家加快批准《公约》的进程，以求从《公约》的法律规定中尽可能多地获取自己国家的利益。

四是解决争端的需求。随着各国开发海洋的举措不断付诸实施，近年来，涉海矛盾日益突出，海洋热点急剧升温。从表面上看，《公约》条款不涉及领土归属问题，但《公约》规定的领海、毗连区及专属经济区等制度，都以领土的归属为基准。如果一个岛礁的国家归属问题被确定，该沿海国就可以以此岛礁为基点，由基点连成的领海基线将向外扩展，由领海基线确定的毗连区和专属经济区的范围也相应扩大。因此，岛礁主权纠纷不仅是领土之争、战略要地之争，而且也是资源之争、权益之争。

因此，《公约》的生效，促进了开发海洋、管理海洋的国际新秩序的建立，同时也加剧了国际海洋权益的斗争和资源的争夺。随着更多的国家批准《公约》，海洋资源的争夺将更加激烈，海洋权益的斗争也将更加复杂。"联合国《海洋法公约》不是解决领土主权争端的法律，而是在双方主权明晰的情况下划分海域，即领海、毗连区、大陆架、专属经济区和明确各种海洋责任的国际公约"。[①] 在目前情况下，只有确认了中国对南海诸岛的主权，才可能适用《联合国海洋法公约》划分毗连区、大陆架和专属经济区。

---

① 孙小迎. 走出南海主权争端的法理迷途［J］. 东南亚纵横，2012（4）.

2. 国际上海洋管理的发展趋势

自《公约》签署以来，联合国对国际海洋事务越来越重视。1993 年第 48 届联合国大会决议，敦促沿海国把海洋综合管理列入国家发展议程；1997 年以来，联合国秘书长每年都向联大作海洋事务报告，其中向 1999 年联合国大会提交的海洋事务报告中指出，海岸带生态系统可以提供的经济价值约为 21 万亿美元，而陆地生态系统可提供的经济价值约为 12 万亿美元。由此可见，海洋对全球经济和社会发展具有巨大的潜在价值。

因此，为了依据《公约》协调各国与海洋有关的利益关系，联合国成立了国际海底管理局、国际海洋法法庭、大陆架界限委员会等一系列海洋管理专门机构，海洋资源管理日趋严格。以渔业资源为例，《公约》签订后，1995 年联合国大会通过《执行〈联合国海洋法公约〉有关养护和管理跨界鱼类种群和高度洄游鱼类种群的规定的协议》；1995 年联合国粮农组织通过《负责任渔业行为守则》。国际社会通过的一系列有关公海渔业的决议、协定和制度，标志着公海捕鱼进入全面管理和实施强制性措施的时代。上述这些情况都表明，国际海洋事务进入了一个新的发展阶段。

与此同时，许多沿海国家也不失时机地实施了加强海洋管理的一系列重要举措。

第一，重新确立海洋发展目标，调整国家海洋政策。比较典型的是美国、日本、法国和澳大利亚。1998 年，美国总统克林顿发表了"海洋宣言"。美国国会制定的 21 世纪海洋发展的战略目标是：增强对海洋的认识，推动渔业和其他海洋资源的可持续利用，增加就业机会，促进经济增长，维护国家安全和海上自由，永久保护海洋。可见，美国的海洋发展目标十分注重实用性和指导性。日本提出了以公海为主开发渔业资源，保护近海生物资源，大力开发海洋能资源，建设海上复合式生活空间，有效保护海岸海域综合利用和有效防止海洋污染的政策。法国则提出了海洋资源开发利用活动，必须有利于推动沿海地区社会经济发展的政策。1998 年，澳大利亚政府专门发布了《澳大利亚海洋政策》，对可持续利用海洋的原则、海洋综合规划与管理、海洋产业、科学与技术、主要行动等 5 个方面作出了详尽的规定。

第二，加强海洋管理机构建设。美国前总统布什曾宣称 21 世纪是太平洋世纪，成立了负责制定国家海洋发展战略的海洋委员会，美国国会开始考虑进行新一轮国家海洋政策研究。韩国组建了海洋渔业部，成立了海岸警备队，印度尼西亚成立了海洋渔业部，越南成立了海岸警备队，菲律宾、印度、澳大利亚和巴西等沿海国家相继提升海洋管理机构层次，这些机构也呈现出由分散管理趋向集中管理的特点。

第三，颁布海洋管理法规，形成海洋管理法规体系。如美国在实施《海岸带管理法》之后，相继修订了《大陆架土地法》和《海洋保护、研究和自然保护区法》，制定了《国家环境政策法》《国家海洋污染规划法》《深水港法》《渔业保护和管理法》等 9 部法律；韩国形成的海洋管理法律体系包括《海洋开发基本法》《沿岸管理法》《共有水面管理法》等 12 个法律和法规；日本形成了《海岸法》《共有水面填埋法》《港湾法》《沙砾开采法》等 13 部法律；法国制定了《海岸带整治保护及开发法》《海岸公物法》《海岸带空间计划》等 13 部法律；澳大利亚联邦和各州颁布了《海洋和水下土地法》《澳大利亚海洋法》《海岸带管理法》《海洋保护法》等 32 个海洋法律和规范；加拿大颁布了《加拿大海洋法》《加拿大环境评估法》《渔业法》《海运法》等 16 个相关法律；俄罗斯制定了《管理海域及其资源的制度》《大陆架法》等相关法律 11 部；比利时制定了《大陆架勘探与开发法》等 5 部法律；英国调整海洋资源开发与保护的法律有《海岸保护法》等 3 部。与此同时，荷兰制定了《海上污染法》《大陆架采矿法》，新西兰制定了《资源管理法》《渔业法》《自然保护区法》，挪威制定了《在大陆架的海底和下部地层勘探开发王国法令》，马来西亚制定了《海洋石油开采法》等。

第四，加强规划和区划，制定海洋管理行动计划。美国、荷兰、斯里兰卡、菲律宾等国分别制定了海洋开发管理规划。这些规划具有长期性、系统性和约束性，并对实施规划出台了强制性措施。墨西哥、法国、韩国、泰国制定了中短期海洋管理实施计划。1995 年，澳大利亚实施了《联邦海岸带行动计划》。此外，美国、荷兰和澳大利亚还对海岸带进行了功能区划管理。1999 年 6 月，日本制定了《海洋开发推进计划》。

国际社会的一系列动向昭示，从战略高度重视海洋，强化海洋行政管理，不仅成为当今世界的时代潮流，而且也是沿海国家在海洋世纪抢占先机的最佳选择。

（三）我国海洋综合行政管理的进展

远在秦汉时代，中国先民在南海就已经有了航海通商和渔业生产的活动。南海诸岛在唐代已列入中国的版图。明代也将南海纳入行政管辖，派官员去巡视。二十世纪二三十年代，日本和法国人曾来这里进行经济开发活动，当时的民国政府还提出了交涉。中国是最早对南沙群岛实现"先占"的国家，相关资料包括《元史》《元代疆域图记》等都记载了这一事实。"中国政府在发现南沙群岛后，将行使主权的意图贯彻为行动，进行官方巡逻并将之标注于官方地图，这些典型的主权行为表明中国已经完成了先占。"①这说明"先占"为我国对南海区域实施行政管理奠定了法理依据。

我国的海洋行政管理体制是中央统一管理和授权地方分级管理相结合的管理体制，该体制的形成经历了 40 多年的演变。1964 年，管理国家海洋事务的行政职能部门国家海洋局成立。1965 年 3 月 18 日，国务院（65）国编字 81 号文件批准，国家在青岛、宁波、广州分别设立北海分局、东海分局和南海分局，具体负责我国黄渤海、东海和南海海洋行政管理事务。

我国所主张的南海历史性权利线"九段线"内海域的行政管理主体是国家海洋局及其南海分局，以及经国家授权的南海周边省级政府。自从 20 世纪 70 年代以来，尤其是《联合国海洋法公约》签订以来，南海周边国

① 吴小平. 南中国海主权争端的国际法思考［J］. 理论界，2011（5）.

家纷纷向南海主张海洋权益，不仅与我国传统的南海历史性权利线"九段线"内海域产生重叠，而且还纷纷抢占自古以来属于我国领土的南沙群岛部分岛礁，南海问题由此而生。①

事实上，我国海洋行政管理进展的具体情况如下：

1. 建立了分级管理的行政体制

20世纪80年代之前，我国海洋管理是以行业管理为主。1964年，国家海洋局成立，最初的职责是统一管理海洋资源调查和海洋公益事业服务，很长一段时间内没有承担海洋行政管理的职责。20世纪80年代以来，国家分级管理海洋的行政体制形成，地方海洋行政管理机构相继建立。目前，地方管理机构形成了三种模式：一是海洋与渔业结合，如辽宁、山东、江苏、浙江、福建、广东、海南；二是海洋与土地、地矿结合，如河北、天津、广西；三是专职海洋行政管理机构，地方与国家合并，如上海。应该说，我国海洋管理机构具有半集中的特点，除了海洋行政管理部门以外，其他涉海行业部门也具有管理本行业开发利用海洋活动的职能，如渔业、交通、旅游、石油、矿产、盐业等行政管理部门。

2. 初步构成了海洋管理法规体系框架

维护海洋权益的法律，如《中华人民共和国领海及毗连区法》（以下简称《领海及毗连区法》）《专属经济区和大陆架法》；海洋资源开发管理的法律、法规，如《海域使用管理法》；有关海洋的专项法律、法规，如《渔业法》《中华人民共和国海上交通安全法》（以下简称《海上交通安全法》）《中华人民共和国开采海洋石油管理条例》《中华人民共和国矿产资源法》《中华人民共和国旅游管理条例》《中华人民共和国盐业管理条例》等；还有海洋环境保护的法律法规，如《海洋环境保护法》以及国务院相应的6个条例；另外，还有地方性海洋管理法规和规范性文件，以及海洋自然保护区管理办法、水下文物管理和涉外科研管理方面的规定等。

---

① 江红义. 海南省海洋行政管理法制化的思考 [J]. 新东方, 2011 (2).

3. 海洋执法队伍初具规模

我国海洋执法主要有中国海监、中国港监、中国渔政、海关、海军、边防、环保7支管理队伍，分别履行职责。海洋监察执法已经形成了国家和地方相结合的执法体系。2013年3月10日第十二届全国人大一次会议审议通过的《国务院机构改革和职能转变方案》，根据海洋事业发展需要，借鉴国际有益经验，将原国家海洋局及相关部门的海上执法队伍和职责整合，重新组建国家海洋局，并以中国海警局名义开展海上维权执法，这样有利于统筹配置和运用行政资源，提高了执法效能和服务水平。

4. 开展了区划和规划编制

从1989年开始到1995年，国家和各沿海省编制了小比例尺海洋功能区划。1998年起，开始编制大比例尺海洋功能区划，形成了国家、省、市、县4级区划体系。作为海洋开发利用的依据，海洋功能区划的地位和作用已经被海洋环保法和海域使用法所确认。与此同时，国家和部分省市相继开展了海洋开发利用规划的编制工作。此外，海洋管理的测量、勘探、评价、论证等技术服务体系也在逐步完善，海洋天气和灾害性预报等公益服务事业也得到了长足发展。

（四）我国海洋行政管理面临的机遇与挑战

海洋有着丰富的自然资源，是人类生存与发展的希望所在。21世纪是海洋世纪，向海洋进军，开发利用海洋资源，造福人类，这是21世纪人类实践活动的主题之一。[①] 1996年5月15日，第八届全国人大常委会第19次会议通过决定，批准了《联合国海洋法公约》。无疑，这是顺应时代潮流、富有远见的正确决策，标志着我国海洋事业全面走向以法治海、面向世界和发展经济的轨道。同时，这一决策既给中国海洋综合管理带来机遇，也使中国海洋综合管理面临着严峻的挑战。因此，面对21世纪，我国党和国家领导人越来越重视海洋事业。江泽民同志曾指出："我们一定要

---

① 吕建华. 论法制化海洋行政管理［J］. 海洋开发与管理, 2004（3）.

从战略的高度认识海洋，增强全民族的海洋意识""加强海洋资源综合管理，完善海洋法律、法规和海洋管理体系，加快海域使用的法制化进程，强化海洋环境保护和海洋执法监察工作"。朱镕基同志也曾指出："没有强大的海洋科学事业，没有强大的海洋经济，中国就永远不可能成为真正的强国。"

1. 《联合国海洋法公约》 的生效为我国海洋开发与管理带来了新的机遇

首先，为我国开发、利用海洋提供了更加广阔的空间。《公约》改变了以往"公海"的概念，规定"公海"是不包括国家领海、专属经济区的全部海域，从而缩小了"公海"的范围，扩大了沿海国家和地区管辖的海域范围。根据《公约》有关规定，中国领海和内海面积为38万平方千米，而享有主权和管辖权的海域面积大约为300多万平方千米，大约相当于我国陆地面积的三分之一。这些海域是我国的蓝色国土，是一笔巨大的财富，对我国社会主义现代化建设有着十分重要的作用。

其次，为我国加强海洋管理提供了国际法依据。《公约》的生效，标志着包括内海、领海、毗连区、专属经济区、大陆架等内容在内的国际海洋法律制度的基本形成。中国作为缔约国之一，全国人大批准了《公约》，这就意味着中国将在接受该公约的约束下进行海洋综合管理。

最后，为我国作为已登记的深海采矿先驱投资者的利益提供了法律保护。《公约》确定了国际海底区域及其资源是人类共同继承财产的原则，确立了区域勘探开发制度。1991年，中国大洋矿产资源研究开发协会被国际海底管理局筹委会登记为第5个先驱投资者，并在东北太平洋国际海底区域拥有15万平方公里的多金属结核资源开辟区。

2. 《公约》 生效后中国海洋开发与管理也将面临一系列挑战

第一，我国将面临维护海洋权益、协调资源开发和保护海洋环境的严峻挑战。今后十至二十年甚至更长一段时间内，全世界380多处（已解决1/3）海域划界问题将陆续提到日程上来，周边国家海域争端将成为21世纪的一个突出问题。在这种形势下，我国的海洋权益将面临严峻挑战。首先是海域划界的潜在矛盾表面化，划界谈判逐渐提上日程；其次是岛礁主权争端尖锐复杂；再次是海洋资源争端突出。我国在黄海、东海、南海等区域，都存在着与周边国家油气资源和渔业资源争端问题。《公约》生效后，中国面临的另一个压力是保护海洋环境和协调资源开发。改革开放以来，我国的海洋事业虽然取得了令世人瞩目的成就，但也遇到了其他海洋国家共同面临的问题：即大量生物种群面临灭绝的危险；各种废弃物无休止地倾倒；船舶、油田的泄油事故频繁发生，我国的海域自北到南已遭到不同程度的污染和破坏。

与此同时，海洋是多部门、多产业活动的领域，其丰富的资源吸引着千军万马向海洋进军。许多部门和产业在开发利用海洋及其资源时，往往较多地考虑本部门和本行业的利益，有的甚至为了本单位的当前利益而不惜资源浪费或损害其他部门的利益和国家的长远利益。尤其是海洋产业的各自为政，使海上开发纠纷增多、秩序混乱，整体效益不高。

第二，我国面临着依法行政的挑战。与《公约》接轨，面临着加强海洋立法、完善海洋法律体系、加强海洋法制建设的挑战。法治是人类智慧的结晶，是政治文明的重要标志。美国法律学家埃德加·博登海默说："法律是人类最伟大的发明，别的发明使人类学会了驾驭自然，而法律使人类学会了如何驾驭自己"。可见，法律是人民意志的体现，是依照严格的程序制定出来的，多数人的智慧总比一个人的智慧高一些，多数人的判断总比一个人的判断更可靠一些。同时，法律又是人人都必须遵守的行为规范，大家都照着它的规定去做，就能够维持社会的良好秩序和持续发展，避免出现大的震动。所以，法治优于人治，更具有稳定性、连续性和准确性。

目前，我国制定公布的海洋开发、保护、管理等方面的法律法规，绝大部分是专项性的，缺乏能够约束各个行业的综合性基本法规。例如，至今还没有出台全国性的海洋法，海洋国土资源开发保护法，海岸带管理法，重要海湾开发保护法以及沿海各省相应的综合性法规等。同时，现有法规也不配套，形不成完整的法规体系。如《海域使用管理法》还只是一个法律框架，法律中一些关键性的操作问题等还没有体现，还需要由国务院或地方政府另行规定。如第十七条要求省级人民政府制订海域使用申请审批规定；第十八条对地方审批权限由国务院授权；第二十一条海域使用权证书的发放和管理办法由国务院制定；第二十七条海域使用权转让的具体办法由国务院规定；第三十三条海域使用金的缴纳和上缴财政的办法由国务院规定，渔民养殖用海海域使用金的征收办法由国务院规定；第三十六条海域使用金的减免由国务院财政和海洋部门规定，等等。目前，国务院除了只就海域使用审批权限进行授权以外，仍然缺乏相关配套的行政法规。

第三，我国面临着加强海洋执法能力建设和实行依法治海的严峻挑战。健全法制，依法行政，在当前除了要继续加强立法、提高法制质量外，更重要的是改善和加强执法工作。改善和加强对法律实施的监督工作，使已经制定的法律能够切实发挥作用，这方面需要做的事情很多。首要的一点，就是必须树立法律的权威，逐步克服以言代法、以权压法、徇私枉法等现象。在我们国家，任何组织和个人都必须在法律范围内活动，不允许有超越法律的特权。目前，我国海洋执法体制建设还很不完善，海上执法权力分散在国家海洋局、农业部、交通部、国家环保局、海关、公安边防、海军等诸多部门。海洋管理各自为政，自成体系，力量分散，没有形成合力。可见，强化海洋执法能力，形成统一的、强有力的海上执法力量已成为海洋综合管理的一个突出问题。

第四，面临着履行《公约》规定的义务的挑战。我国在享有该公约规定的诸多权利的同时，也要履行所规定的义务，诸如保护海洋环境和资源的义务，准许其他国家在我国管辖海域享有该公约规定的权利和义务，向联合国秘书长交存我国各种海域划界界限的地理坐标和有关图件的义务，以及履行该公约规定的先驱采矿者的义务，等等。

第五，面临着强化海洋综合管理的挑战。《海洋环境保护法》和《海域使用管理法》相继实施，为海洋环境和海洋资源的管理奠定了法律基础。然而，实施这两部法律还有很长的路要走。从沿海省份来看，还存在着许多制约因素：如海域管理体制不顺，海域管理界限不清，涉海部门之间的关系没有理顺；省县两级海域行政区域界线的勘定刚刚起步；填海、围海等海洋工程立项本末倒置；海洋工程与海岸工程概念不清，使海洋环境影响评价工作无法有序开展；海洋污染事故查处权力分散，陆源污染物排海尚未得到有效控制，近岸海域污染加重；海洋监察执法机构不健全，管理手段不强，执法能力弱；省级以下地方财政大部分没有把海洋管理事业费列入专项，导致管理经费严重不足。

尤其是目前我国的海上行政管理仍然是一种分散型的管理体制，海上执法仍然存在海监、渔政、海事、海关、海警等多支执法机构，各执法机构之间互不隶属、各自为政，严重制约了行政效率，与国家正在推行的行政部门改革趋势相违背。"我国所面临的重大海洋问题比许多国家都突出，多个执法部门并存的现状造成多头管理、各执其法、群龙闹海、执法效果差的局面，我们必须改革与完善我国现行海洋行政管理体制，规范海洋执法，使我国海洋立法和海洋司法协调统一，使我国海洋法体系在实践中真正协调起来并有效运行。"①

从总体上看，由于海洋资源与海洋环境是统一的自然单元，海洋资源开发与环境保护本应综合考虑、统筹兼顾、统一管理，而目前海洋资源开发与海洋环境保护两部分的管理权利和责任分属于国家海洋统一管理体系外的管理机构中，而且国家海洋局的权责层次较低，无法实现有效的资源开发与环境保护的管理协调功能，从而造成目前尚未形成海洋资源与海洋环境相统一的战略目标与规划的局面。而从局部上看，由于对海洋战略目标的认识不一致，对海洋行政管理工作的认识不一致，造成一些涉海部门

---

① 张辉．论我国海洋立法的现状、问题及完善途径［J］．桂海论丛，2012（4）．

和地方涉海机构权利与责任上的脱钩现象，使得一些问题无人可管，而另一些问题又出现多头管理。总之，由于权责划分没有以战略目标为依据或者划分不清晰，都将严重影响海洋行政管理体制实现职能的有力执行、信息的畅通传递和运行秩序的良好协调，从而无法实现海洋行政管理体制的竞争力①。因此，我国的海洋管理属于分散与集中相结合的管理体制类型，但是在实际的运行中，传统的行业和部门管理仍占相当大的比重，我国的海洋管理还处于条块分割的单项管理、分散执法的管理体制，海洋、外贸、交通、环保、渔政、公安、海关等部门都在管理。

据中国国家海洋局海洋发展战略研究所发布的《中国海洋发展报告2010》介绍，中国海洋权益除了岛礁主权、海洋划界、海洋资源争端以及海洋生态环境问题外，还面临一系列新的挑战：200海里外大陆架划界问题、海上安全通道问题、外国军事测量问题和海上恐怖主义问题等。虽然整体而言中国的海洋安全局势处于相对和平的态势，但积极因素和消极因素同时增加。据上述报告称，中国的海洋安全形势既受国际海洋安全形势的影响，也存在多方面具体的安全威胁，海上不和谐因素仍将长期存在。比如，国外大国的介入，就令中国周边的海洋安全形势更加复杂。"据海洋发展战略研究所掌握的最新数据，2008年，中国海监共监视外国舰船285艘次，飞机43架次，其他78次，其中发现侵权38起，进行告知询问759次，取证录音1723分钟。报告认为，国内外多种因素盘根错节，使海洋权益问题极为复杂。因为变数增多，我国维护海上安全的任务十分艰巨"。②

---

① 崔旺来. 我国海洋行政管理体制的多维度审视［J］. 浙江海洋学院学报（人文科学版），2009（4）.

② 中国海上行政执法面临安全挑战，外国介入形势复杂［EB/OL］. http://news. sohu. com/20100512/n272068435. shtml.

二、南海主权战略的国际视角——以美英两国为例

众所周知，英国和美国是世界闻名的海洋强国，他们对海洋的行政管理积累了丰富的经验，在海洋资源的开发和海洋行政管理方面的一些成功经验已为其他国家所效仿。我国可以充分借鉴英美等国在海洋行政管理方面的成功经验，并运用于强化南海海洋行政的管理，从而为我国南海主权战略的实施创造条件。

（一）美国的海洋战略与管理体制

1. 美国的海洋战略体系[①]

美国的海洋战略是全方位的，涵盖了政治、经济、军事以及软实力四大层面。政治上，包括国家海洋发展战略和发展规划的颁布与实施，以及政府海洋管理体制的建立；经济上，主要是海洋经济的发展以及海洋经济与海洋环境保护的协调；军事上，包括美国海军和海岸警卫队在内的海上力量建设维护了美国海洋安全；在海洋软实力上，美国海洋科技、海洋教育、海洋文化和海洋意识等方面的注重与投入，为美国成为世界海洋强国奠定了基础。对美国海洋发展的历史经验进行考察，对于我国建设海洋强国，实现海洋安全具有重要的参考意义。从维护海洋行政管理的角度来看，我国需要学习美国的海洋战略、海洋管理体制和海岸警卫队的建设经验。

可以说，美国海洋战略是依据国家利益和时代背景而制定的，只不过是随着年代的变迁其侧重点不同而已，但目的只有一个：获取国家利益最大化。从美国建国初期到19世纪末，由于当时的经济发展水平相当落后，再加上国家成立不久，美国海洋领土战略的制定都是紧紧围绕着国家的独立、国内的经济发展以及在北美大陆领土的扩张等方面而制定的。从19世

[①]　刘光远. 我国海疆行政管理体制改革研究 ［D］. 大连海事大学，2014.

纪末到 20 世纪末，这 100 年中，美国都奉行的是争夺海上霸权的战略。也可以说，这 100 百年也是美国走出南、北美洲和进入并迈向全球海洋的 100 年。无疑，美国将称霸海洋作为国家发展的长期国策，尤其是国家海洋安全战略是全球海洋经营战略的重中之重①。美国 2005 年 9 月发布的《国家海上安全战略》白皮书，这是美国在国家安全层面上提出的第一个海洋安全战略。21 世纪初，美国海上安全战略态势发生了一些变化，全球海洋战略重点东移，大洋战略调整为近海战略，海军战略也向地区性近岸战略转变，应付各种地区性冲突的战争。可以看出，美国的控制海洋是全球海洋经营战略的永久选择，21 世纪的主要策略包括控制全球海上咽喉要道，控制重要岛屿，压制其他海洋强国，遏制中国走向海洋。

实际上，美国全球海洋战略还包括海洋科技战略和战略性海洋资源储备战略，美国推行海洋科技强国战略，尤其重视近海和大洋信息、获取能力、海洋环境监测与预报能力以及海洋信息服务能力。从目前的态势看，美国战略性海洋资源储备战略体现在三个方面：建立完善的战略资源储备制度；石油储备以消费别国石油、封存自己的资源为宗旨；海洋固体矿产资源实施只探不采的战略等。

2. 美国的海洋管理体制

美国是第一个发起世界性由国家围圈海洋空间运动的国家。1943 年开始进行有关海洋资源政策的研究，1945 年 9 月 28 日杜鲁门总统发布大陆架公告（2667 号）和渔业公告（2668 号），成为当代海洋法的起始。这两个公告单方面提出了对大陆架资源的要求以及在水下土地的上覆水域建立渔业养护区的权利。在此之前，各国仅就海洋空间或资源提出有限的管辖要求，大多数国家有关海洋的要求仅限于 3 英里的领海。20 世纪 60 年代，联邦政府意识到海洋对国家的防卫及社会经济的发展具有许多不同的利益，要实现及调整这些利益，需要制定长期计划和政策。在此背景下，美

---

① 石莉. 美国的新海洋管理体制 [J]. 海洋信息，2006 (4).

国于 1964 年制定了大陆架资源保护法，1966 年先后制定了海洋资源和工程发展法、国家海洋补助金计划条例和 12 海里渔业经济区法，1969 年制定了国家环境政策法等。值得一提的是，海洋资源和工程发展法确定了美国的海洋政策，要求制定协调的、全面的国家海洋规划以确保国家的安全，促进贸易和海运的发展，扩大海洋及其资源的开发利用。2004 年年底，美国海洋政策委员会向美国国会提交了名为《21 世纪海洋蓝图》的海洋政策正式报告。奥巴马于 2010 年 7 月公布了新的《国家海洋政策》，增加了新的内容：加强对土地的保护和可持续利用；保护海洋遗产；在全国开始制定沿海和海洋空间规划；加强海洋环境的恢复力，以应对气候变化的影响，加强北极环境的保护与管理。

可见，美国的海洋管理是集权制和分权制相结合的管理体制，立法、行政、司法各司其职。美国国家海洋和大气管理局（NOAH）是联邦政府海洋管理及科研的职能部门，隶属于商务部，现阶段主要任务是：认识和预报地球环境的变化，保护和管理海洋资源，在经济、社会和环境方面满足国家的需求。美国还设有海洋咨询体制，发挥着智囊团的作用。自 20 世纪 60 年代以来，美国政府一直将争夺和保持海洋科学技术的世界领先地位作为基本国策，通过海军研究署、国家科学基金会、商务部、内政部、能源部等部门组织全国海洋科学技术研发。

事实上，"目前美国的海洋政策其实不是一个整体系统，而只是年复一年不断对危机做出响应的积累，只是一个个不伦不类、相互独立的法律体系"。① 海洋管理相比陆地管理是一个崭新的领域，其管理经验和手段需要在实践中逐步积累。美国的海洋跨度近 450 万平方英里，是一个比全国陆地面积还要大 23% 的区域，尽管美国国家政策在土地上的实践存在缺陷，但仍然为改善海洋管理提供了有益的见解。由于美国是一个海洋经济大国，因而海洋运输业和沿海旅游娱乐业已经成为美国经济的重要推动力量。

---

① 哲伦. 反思美国的海洋管理［J］. 资源与人居环境，2011（1）.

美国也是世界上最早开始关注海洋综合管理的国家，同时也是世界上海洋管理搞得比较好的国家，海洋综合管理的概念就是美国在 20 世纪 30 年代提出来的。1998 年联合国举办 98 国际海洋年，美国总统克林顿专门为此发表总统宣言，呼吁世界各国共同努力，保护海洋环境，确保对海洋资源的可持续管理，维护海洋的健康发展。①

总之，美国政府的海洋管理可以分为国家海洋政策、海洋综合管理体制以及服务于这个体制的海洋科技和文化软实力等。

3、 美国的海岸警卫队

美国海洋管理的基础是庞大的海上力量——美国海岸警卫队。这支队伍隶属于美国国土安全部，致力于保护公众、环境和国家经济利益，以及辖区海域内的国家安全。它的工作范围包括美国海岸、港口、内陆水域和国际水域，负责沿海水域、航道的执法、水上安全、遇难船只及飞机的救助、污染控制等任务的武装部队。在国家发生紧急情况时，海岸警卫队的指挥控制权归海军掌握。

海岸警卫队拥有 36000 名军官和征募人员 12000 人，还配备有 8000 名预备队，34000 名全部由志愿者组成的辅助海岸警卫队。海岸警卫队有一支庞大的舰队，具体包括破冰船、巡逻艇、航标敷设船、货船、内河船和各种拖船，此外，还有掌管飞机和直升机的飞行部门。海岸警卫队负责美国海岸线、公海和国内航道的安全、联邦执法和监督条约义务的执行情况。海岸警卫队的主要目的是保证安全，它在世界范围内广泛活动，以控制海上交通、渔业和游船引起的人员伤亡和财产损失。

（二） 英国的海洋行政综合管理

长期以来，海洋资源的开发利用为这个岛国的经济繁荣做出了重大的贡献。在开发海洋资源的同时，英国也对其海洋资源进行了有效的保护，这些成就与其科学的海洋管理是分不开的。在海洋资源的开发和保护管理

---

① 李百齐．对我国海洋综合管理问题的几点思考［J］．中国行政管理，2006（12）.

方面，英国有着许多成功的经验，我国在南海行政管理领域可以借鉴这些经验。

1. 英国的海洋战略定位

二战给英国带来了极为惨重的损失，二战后英国的海上霸主地位让位于美国。有资料表明，二战中英国海军损失了 1525 艘各型战舰，总吨位达 200 万吨，超过 5 万名海军士兵阵亡。虽然二战中英国海军的力量得到了壮大，主力战舰由战前的 400 艘增加到 900 艘，海军兵力也由战前的 12.9 万人增加到中期的 86.35 万人，建立了一套崭新的培训体系以适应空中打击和海岸防卫的海战形式，但战争给英国本土带来了重创，为医治战争创伤恢复国家经济，大规模裁军势在必行，英国海上力量大减，难以维持庞大的殖民帝国与全球霸权。[①]

因此，英国以海洋战略为主导，综合运用军事、经济与外交手段维持欧洲均势是英国的传统战略。英国的这种传统战略来源于自身的地理位置，作为一个独立于欧洲大陆的海岛国家，海洋战略决定了国家的决策机制。英国的海洋战略包括了战时与和平时期两套战略，和平时期主要研究战争爆发时如何进行海上战争，战时主要确定海洋战略的具体实行办法。二战后英国寻求英美合作的战略与机会，充当美国的重要盟友。1952 年英国参谋委员会出台了一份题为全球战略的文件，开始将英国皇家海军定位为美国海军最坚定和最具实力的盟友，以及北约组织的中坚力量。2010 年英国出台的《战略防务与安全评估报告》，指出了 21 世纪英国国家利益和对外关系的重新定位，报告指出盟友和伙伴是英国防务与安全的基础。

实际上，二战后的英国在丧失了海权优势后，审时度势、顺应潮流，主动承认了美国的海上霸主地位，并积极寻求英美海军合作关系以挽救衰落的命运，减少冲击，并将这种战略延续到了今天，不断加入了新的内容。

---

① 刘光远. 我国海疆行政管理体制改革研究 ［D］. 大连海事大学, 2014.

2. 英国的各级海洋行政管理机构

（1）英国的海事和海岸警备局

英国海事和海岸警备局（缩写 MCA，Maritime Coastguard Agency）成立于 1998 年 4 月 1 日，隶属于英国交通部，其历史可追溯到 1698 年建立的海岸骑兵巡逻。MCA 由英国海事局（Marine Safety Agency，简称 MSA）和皇家海岸警卫队（HM Coastguard）合并而成，为运输部下属的执行机构，主要负责执行海事安全政策和国际海事公约；提供 24 小时的海上搜寻救助服务；英国和到港的外国籍船舶的安全管理；防止水域污染；英国船舶和船员注册；为海员提供服务等职权。MCA 总部设在南安普敦的商业街，在全国设有 19 个海岸警卫队协调中心和 18 个海事办公室。

（2）中央政府管理机构及权力分配

英国各项海洋事务起步较早，每伴随着一项海洋新事务的出现，均建立一个相应的机构来管理，这一历史原因导致英国至今既无统一负责海洋事务的政府部门，也没有统一的海上执法队伍，海洋管理根据事务分散于多个管理部门。英国中央政府负责海洋资源与产业管理的主要机构是皇家资产（Crown Estate）（管理机构），环境、食品和农村事务部（DEFRA），商业、企业和管理改革部，以及创新、大学和技能部下属的英国自然环境研究委员会，运输部下属的海事和海岸警备队（Maritime and Coastguard Agency）等。①

（3）地方政府管理机构

地方政府也有相应的机构负责海洋方面的管理事务。以渔业管理为例，中央政府有环境、食品和乡村事务部，地方政府也有相应机构。例如在苏格兰为环境和乡村事务部，在威尔士为环境规划和乡村部，在北爱尔兰为农业和乡村发展部。它们彼此之间是伙伴关系，不是领导与被领导的

---

① 宋国明．英国海洋资源开发、管理与保护［EB/OL］．http：//www.chinacitywater.org/rdzt/jishuzhuanti/ywsj/hybh/73682.shtml.

关系。但是只有环境、食品和乡村事务部可以在国际渔业事务中代表英国，一个例外的安排是苏格兰政府可在欧盟共同渔业政策事务中代表英国，因为英国66%左右的海洋渔业是由苏格兰渔船捕捞业务构成的。

（4）半官方机构

除了政府部门外，英国还有一些半官方机构参与英国海洋事务管理。以渔业管理为例，一些半官方机构也享有较重要的渔业管理权，对水产行业的发展有很大影响，这些半官方机构主要是生产者组织和海洋渔业企业协会等。

3. 英国海洋管理相关立法

英国在海洋资源管理方面的重要手段是加强海洋立法。其特点是并非依靠一部综合性法规来涵盖并制约各类海洋资源的开发利用行为，而是采用分门别类、缜密而交叉的法规系统限定海洋开发行为。根据不同用途可分为：渔业方面的法规、油气勘查和开采方面的法规、与皇室地产有关的法规、与规划有关的法规等，除中央政府颁发的法规外，还有地方性立法以及中央政府各部委授权发布的法规章程等。地方性立法属于次级法规，相对于国会颁布的法规而言，它更倾向于地方权益的保护和当地社团的利益，更具有可操作性，但其精神必须同国会一级的同类法规相一致。上述法规构成了英国海洋开发管理的法规体系，为依法管理海洋资源提供了有力的保障。[①]

4. 英国海洋资源开发利用管理制度

英国在海域开发和利用制度方面的基本法律依据是1961年制定的《皇室地产法》。该法以潮间带和12海里领海属英国皇室地产这一历史传统（该传统来源于古罗马法的"公共托管原则"）为立法依据，规定使用这些皇室地产修建港口、码头、栈桥、管道，围海、填海，进行水产养殖以及海底矿砂开采等，必须获得皇室地产委员会的许可，由其颁发海岸或海域使用许可证，并需缴纳租用费（地租），该法是目前英国调整海域使用活动的主要法

---

① 宋国明. 英国海洋资源开发、管理与保护［DB/OL］. http：//www. chinacitywater. org/rdzt/jishuzhuanti/ywsj/hybh/73682. shtml.

律。在此之前，英国还颁布有《海岸保护法》，该法要求成立海岸保护委员会，以行使海域使用过程中海岸保护的权力；涉及海岸保护费用的条款在该法中占据了相当比重，该法规定为加强海岸的保护，任何通过开展与海岸有关的工程而受益的人员，均需向当局缴纳费用。以这两部法律为依据，英国建立了完备的海岸与海域使用许可制度和有偿使用制度。

目前，英国已将海洋资源开发活动的管理纳入商业性管理范畴，将有偿使用海洋资源的费用列入开发商的开发成本。在行政管理上，实施海域使用许可证制度，即对任何海洋资源（港口、河口、水域的使用、沙砾开采、海水养殖和海上游乐业及石油和天然气的开采等）都必须取得双重许可证，即作为政府管理行为发放的允许开发许可证和作为产权所有者发放的有偿租赁许可证或矿业权证，而且都必须严格依照许可证规定的开发项目及期限进行。英国皇家地产管理机构、商业、企业和管理改革部以及环境、食品和乡村事务部在监督管理方面起着重要的作用。

5. 海洋资源保护与管理

英国是一个海洋国家，其海岸线总长近 2 万多公里，周边海域成为多种海洋生物栖息的乐园。一直以来，海洋都是英国的能量之源、立国之本，随着海洋事业的发展，英国政府逐渐认识到海洋环境保护的重要性，保护海洋就是保证国家的可持续发展。因此，多年来英国政府、社会组织和民众一直通过各种途径保护英国的海洋资源。近年来，由于经济发展、人类活动和气候变化等因素的影响，海洋环境受到了损害，许多海洋生物的数量急剧减少甚至濒临灭绝。面对这些问题，英国政府进一步加强了海洋资源的保护。总体看，英国的海洋行政管理制度比较完善，但仍然存在一些不足，特别是管理权比较分散，缺少一个统一的综合性管理机构。

（三）美英经验对我国南海海洋行政管理的启示

1. 制定符合国情的海洋战略

美英两国的战略定位不同，美国是全球海洋战略，英国是加强和深化英美同盟。而中国的战略定位应如何制定？笔者认为，中国的海洋战略定位应该是现实主义的、和平发展的海洋强国战略。中国要尽可能寻求和平崛起的环境，避免区域冲突乃至战争。从英国在二战时的损失和伊拉克战争可以看出，战争对一个国家的伤害是巨大的，战争会使一个国家的国力短时间内迅速降低，失去原有的国际地位。因此，中国必须努力保证和平的发展环境，在和平发展的环境里推动海洋强国战略的制定与实施。

2. 加强综合性海洋立法和海洋综合管理

尽管我国海洋立法体系框架已经基本形成，海洋立法工作取得了一定成绩，但是目前我国的涉海法律都是针对某一领域或某一行业的专项立法，不仅法律之间存在着内容交叉和冲突，而且在综合管理方面呈现出立法空白。随着我国经济的发展以及海洋管理范围在深度和广度上的不断扩大，特别是我国正式成立三沙市后，对南海两百多万平方公里的海域的管理已成为非常复杂的问题，三沙市将肩负重大的海洋行政管理的使命。同时，围绕南海海洋开发、利用、保护和管理等活动所形成的关系已远远超出行业部门和沿海地区的范围，亟须一个综合性法律出台予以协调。另外，我国立法上对行政区划海域和自然保护区海域存在不一致的问题，这也给执法部门带来实际操作上的困难。海洋立法不仅为维护国家的主权和海洋权益提供了必要保障，而且还为管理海洋的行政、经济以及其他措施提供法律依据。因此，海洋立法在海洋法制化行政管理活动中的作用是不可忽视的。① 为此，我国要尽快制定一部综合性国家海洋基本法，对进一步推动我国海洋法制建设工作，实现海洋综合管理及维护好我国南海的主权具有十分重要的意义。

3. 尽快制定海洋区域发展规划

2003 年 5 月 9 日，国务院批准了由国家发展和改革委员会、国土资源部和国家海洋局组织制定的《全国海洋经济发展规划纲要》，这一纲要的

---

① 吕建华. 论法制化海洋行政管理［J］. 海洋开发与管理，2004（3）.

发布，为我国制定区域海洋规划奠定了基础。按照国务院批准的《国家海洋局北海、东海、南海分局机构改革方案》职责第五条的规定，"根据全国海洋开发规划，组织制定北海区海洋开发规划"的职责要求，站在国家和民族长远发展利益的高度，制定超越部门利益的、全面系统的区域海洋经济和社会战略发展规划，并将其纳入国家和地方国民经济和社会发展规划之中；要以区域海洋功能区划和区域海域使用规划为基础，充分考虑区域现有海洋开发的现状，制定区域海洋开发利用规划，并将其纳入国家和地方政府的相关开发利用规划等决策之中，通过对区域海洋空间资源的合理配置，实现对区域海洋开发利用的调控，促进区域各自海洋产业的合理布局和海洋产业的结构调整。同时，要坚持海洋可持续发展和谁开发、谁保护，谁污染、谁治理的原则，制定不同海域的海洋生态环境保护规划和实施细则。同时，还要根据国家海洋发展战略，及时制定区域海洋专项规划。①

4. 加强海洋能源的开发和利用

与英美等国相比，我国尚未制定促进海洋能发展的针对性政策，海洋能发展动力明显不足。政府应当在财政、税收、技术研发、上网价格等方面给予政策支持，根据我国海洋资源利用的实际情况，应大力研究探索多种能源（风能、太阳能、潮汐能或者波浪能等）的综合利用示范。

三、强化海洋行政管理与维护我国南海主权的战略思考

（一）充分认识强化南海海洋行政管理的紧迫性

尽管我国海洋行政管理不断发展，取得了可喜成绩，但是与英美等西方发达国家相比还是落后的，缺陷和不足也是十分突出的。由于我国海洋管理体制还存在着分行业分部门管理的特点，导致部门利益大量存在，从

---

① 我国正在制定首个国家级海洋战略，http://finance.eastmoney.com/news/1350，20120905249449024.html。

而造成在某些领域出现多头管理和管理真空，尤其缺乏整体利益和长远利益观念等。于是在上述因素的共同作用下，我国对南海诸岛的管理也存在多头管理真空与协调问题，看似都在管，其实都没有管好，不但不能很好地维护我国的海洋权益，而且还给一些敌对国家以可乘之机。南海由于其突出的地缘战略价值，蕴藏着丰富的石油、天然气、矿藏、渔业等自然资源，使得南海周边国家对南海岛礁及自然资源的争夺日趋白热化，在这种紧张形势之下，我国必须强化南海海洋行政管理以维护我国的南海主权。

1. 强化海洋行政管理是新时期我国海洋战略的必然要求

目前，中国已经开始从经济发展战略和军事战略两方面着手，加速走向海洋的步伐。但是，时至今日中国政府仍然没有提出一个综合性的海洋战略。国内已有专家学者提出了尽快统筹制定国家海洋战略的号召，对此，我国目前正在着手制定国家级海洋战略，这一纲领性文件至少囊括两大方面：海洋安全战略和海洋发展战略，目前正由有关部门联合起草。其中，国家发改委负责牵头海洋发展战略的制定。[①]

近年来，随着我国海洋经济飞速发展和中国与周边国家海洋争端升温，国家级海洋战略的缺失已成为海洋战略的掣肘之一。国家海洋局每5年发布一次海洋战略，由于权限问题，该战略仅仅限于近岸海域，而对于近海、远海以及全球海洋均未涉及。随着黄岩岛和钓鱼岛主权争端的升温，国家级海洋战略的缺失带来的问题也浮出水面，而与中国有海岛主权争端的周边国家中，已有多个国家制定了海洋战略。越南于2007年通过《至2020年越南海洋战略决议》，提出要举全国之力，将越南建设成为一个海洋强国。日本则专门设置了综合海洋政策本部，高规格配置领导层，其正副部长分别为日本首相和内阁部长。与此对应，我国主管国家海洋事务的国家海洋局只是国土资源部管理的副部级单位，协调能力有限。2012

---

① 发改委牵头制定海洋发展战略，可建三大建设兵团，http://finance.qq.com/a/20120905/006036.htm。

年度《中国海洋发展报告》指出，在海洋管理体制上，我国呈现出分散型管理体制的基本特征。目前，中国处理各类海洋事务的机构有 18 个；在海岸带管理上，有 7 个部委局享有职权。海洋执法领域则有海监、渔政、海关缉私、海事、海警等 5 支力量来管辖，属于明显的多头管理。为解决目前存在的"多头管理"问题，必须进一步提升国家海洋局的行政层级，统筹国家海洋事务管理职能，健全国家海洋委员会运作机制，统一协调整个海洋安全和海洋发展问题。"中国政策科学研究会国家安全政策委员会副秘书长李庆功认为，在维护海洋战略安全方面，必须要有这样的几个大的举措：要有海上准军事力量，即海上武警部队"。①

2. 强化海洋行政管理是南海主权战略实施的必要保证

海洋既是人类生存的基本空间，也是国际政治斗争的重要舞台，而海洋政治斗争的中心，是海洋权益。国家海洋权利属于国家主权的范畴，是国家的领土向海洋延伸形成的一些权利。国家在临海区域享有完全的主权，这与陆地领土主权是一样的。② 全球愈演愈烈的海权之争，背后都是巨大的海洋经济利益。历史的经验告诉我们，海洋意识淡薄的国家对海洋权益缺乏敏感性，也不可能有前瞻性和预见性。因此，强化海洋行政管理对于维护我国海洋权益和保障我国经济的持续健康发展具有至关重要的现实意义。

许多专家认为，南海对我国具有重要的战略意义，可从以下两个层面上来认识。首先，在资源上，南海蕴藏着丰富的油气资源，南海石油探明储量达数百亿吨之巨，被誉为第二个"波斯湾"；同时，还有丰富的渔业资源、稀有金属资源等。尤其是南海丰富的石油资源对于我国经济高速发展、解决过分依赖中东石油资源的问题具有重要意义。其次，在航运上，我国 39 条国际航运线中的 21 条经过南海，由马六甲海峡进入印度洋。特

---

① 郑敬高. 南海区域问题研究（第一辑）[M]. 北京：中国经济出版社，2012.

② 高原. 三沙市的成立背景有何意义？[EB/OL]. http：//news. k618. cn/xda/201207/ t20120724_ 2284529. htm.

别我国80%以上的进口石油经过印度洋后再通过马六甲海峡，经由南海运回。为此，南海海上航道是我国海上交通和能源的生命线，维护南海航道航行安全对于我国经济和外贸的发展都具有极其重要的战略意义。但是近年来，海盗、海上恐怖主义以及外国武装船只的活动，正严重威胁着我国在南海的主权战略实施。可见，我国只有强化南海海洋行政管理，维护国家在南海的主权，才能为我国经济的可持续发展创造条件。因此，南海主权战略的实施直接关系到我国海洋权益、海洋资源的安全和经济的可持续发展，关系到我国对外贸易海上航运通道、石油航线以及重大海外利益的安全。同时，南海主权战略还涉及打击海上恐怖主义、海盗、走私和跨国犯罪，营造和平、良好的地区海上安全秩序，改善海洋环境等问题。所有这些都必须依赖于制定系统的海洋行政管理措施来保证，强化南海海洋行政管理势在必行。

（二）设立三沙市是强化南海海洋行政管理的重大进展

2012年7月24日，随着海南省三沙市的建立，标志着我国对南海的海洋行政管理进入了一个新的发展阶段，具有划时代的意义。三沙市委书记、市长肖杰说："国务院批准成立地级三沙市，这是中国政府维护南海主权，对西沙群岛、中沙群岛、南沙群岛的岛礁及其海域行政管理体制的调整和完善。"。因此，三沙市的建立有利于进一步加强我国对西沙群岛、中沙群岛、南沙群岛的岛礁及其海域的行政管理和海洋自然资源的开发与利用，以及有效地保护南海海洋生态环境。

实际上，面对越南、菲律宾的频繁挑衅，中国以罕见的高效率设立"三沙市"，统辖西沙、中沙及南沙海域，涉及岛屿面积13平方千米，海域面积200多万平方千米，三沙市也因此成为中国陆地面积最小、人口最少、总面积最大的城市。而在一个月左右的时间内，"最牛市长"的任用、三沙警备区的成立，速度惊人，这些都暗示着中国在南海维权上的坚强决心。笔者认为，三沙市的设立非常有利于加强南海"三个群岛"及海域的行政管理。由于南海所辖的海岛众多，与大陆距离甚远，而且又非常分散，加之过去负责行使行政管理职能的"西南中沙办事处"机构级别又较低，所以要完成对南海诸岛及其海域的管理几乎是难以胜任的。有关研究认为，在我国做事，尤其是做大事，需要层层请示，逐级申报，实践证明西南中沙办事处成立50多年来很难有大的作为。此次提升级别、扩大规模，无疑有助于加强对南海诸岛及其海域的行政管理。正如罗援少将表示的，镇守南沙这个中国的南大门，行政领导首先需要有大局意识、主权意识、国防意识和危机处理意识，尤其还要具备良好的危机处理能力和协调能力。①

中央军委批复同意组建的三沙警备区，主要负责三沙市国防动员和民兵预备役工作，担负城市警备任务。如今上升成为国防部直接任命的警备区后，国防功能将更为完善，综合防卫能力将更强，联合作战能力也会进一步提升。三沙警备区设在永兴岛，地理位置适中，指挥稳定，涵盖中沙、西沙、南沙，是镇守南疆的兵家要地。事实上，200万平方公里的管辖海域，作为中国"最年轻的"警备区，在南海主权争议处于国际焦点的背景下，三沙警备区的特殊性格外为外媒关注。日本《读卖新闻》称，中国政府将以永兴岛为中心区域部署包括海军舰艇和战机在内的"常备防御力量"，并会以此作为防卫南海乃至"出海行动"的重要前进基地。日本时事通讯社也曾分析，此举为中国在南海加强国防力量、构建"海上领土"防御体系的实质性一步。可见，镇守南海，重在西沙；西沙之重，全在永兴。在中国宣布设立三沙市后，三沙市政府所在地——永兴岛立即引起外媒的高度关注。有媒体认为，"中国组合拳定制南海规则"。针对中国在南海设立三沙市、打造"永兴岛战略基地"的新动作，美国媒体评论说，面对越南与菲律宾的不断挑衅，中国挥起"藏在天鹅绒手套中"的

① 高原. 三沙市的成立背景有何意义？［DB/OL］. http：//news. k618. cn/xda/201207/t20120724_ 2284529. htm.

"铁拳"，让越菲尝到了苦头。从巧妙逼退菲律宾的公务船，到宣布设立地级三沙市，再到开展油气资源招标，中国在南海接连打出的几记硬拳，明显改变了应对一些国家挑衅的策略。面对越南、菲律宾等国可能的进一步挑衅行为，中方既要在外交上进行严正交涉，也应在军事上有所准备。①

对我国而言，确立海洋管理的战略目标，制定海洋管理的战略目的是加速与国际海洋法接轨，建立中国海洋新秩序，有效地维护我国的海洋权益，促进海洋开发和海洋环境保护，拓展和壮大海洋经济。因此，海洋管理的总目标是：通过法律、行政和经济手段，协调海洋资源、海洋空间的开发利用，建立布局合理的海洋产业，大幅度地增加海洋经济产值，提高海洋对社会经济发展的贡献率；严格控制海洋开发利用对海洋自然资源和环境的破坏，维护海洋的自然平衡与生态平衡；依据国际海洋法原则和国家政治利益，维护管辖海域的主权权利。具体而言，到 2020 年，我国海洋管理的战略目标是：顺利实现与《公约》接轨，妥善解决好黄海、东海、南海与周边国家的海域划界问题；建立中国海洋新秩序，使海洋综合管理得到强化，由行业分散管理为主向集中统一管理过渡；初步形成比较完整的海洋法律体系；海洋倾废管理系统有效运转；海洋预报预警网络和海洋减灾体系初具规模。

（三）强化海洋行政管理以维护南海主权的基本思路

1. 必须在国家海洋综合管理中突出南海的重要地位

中国由于历史的原因，"重陆轻海"的思想长久以来始终处于国家战略的支配地位，随着改革开放和外向型经济的发展，我国才逐步从陆地走向海洋，逐渐重视海洋行政管理以及强化海洋行政管理的重要意义。实际上，早在 2500 年前，希腊海洋学者狄米斯托克利就曾预言："谁控制了海

---

① 高原．三沙市的成立背景有何意义？［EB/OL］．http：//news. k618. cn/xda/201207/t20120724_ 2284529. htm.

洋，谁就控制了一切。"①

20 世纪 70 年代以来，人口爆炸、能源短缺，人类越来越依赖于海洋。根据有关资料，1960 年世界上只有 12 个国家在海上采油，产油量 1.9 亿吨，占石油总产量的 9.2%。而现在，几乎所有的濒海国都行动起来了，海上钻井数量达 3 万多口，产量已占石油总产量的 1/5 强，产值超过 2000 亿美元，占海洋经济总产值的 70% 以上。然而，近现代以来，中国对海疆权益不甚重视，海洋国土一直没有纳入国家的经济区划版图。新中国成立以来，先后做过三次大的经济区划，三次都没有把海洋国土纳入到经济区划中去，南海诸岛行政上一向隶属广东省管辖。1984 年 5 月 31 日第六届全国人民代表大会第二次会议审议国务院议案，决定设立海南行政区，将西沙群岛、南沙群岛、中沙群岛改由海南行政区管辖。但事实上，无论是中央政府还是海南省，对南海诸岛行政的管理都是很不到位的。

南海蕴藏着丰富的石油、天然气资源，素来有"第二波斯湾"之称，此外，南海还蕴藏着丰富的自然资源。尽管南海这一资源宝库引起各国的广泛重视，但是由于我国长期以来疏于对南海区域的行政管理，导致南海周边国家不断侵占我南海岛礁、盗采油气资源，加之美日等域外大国的介入，南海主权争议问题日益突出，我国的主权及海洋权益面临着日益严峻的挑战。强化海洋行政管理可谓"箭在弦上，不得不发"，我国必须大力加强南海海洋行政管理，必须在国家海洋综合管理中突出南海的重要地位。

就当前国际形势来看，我国强化南海海洋行政管理已具有良好的契机。首先，我国的综合国力、军事实力、海洋综合管理能力空前增强，已经具备了综合管理南海全海域的能力。其次，我国全面强化对南海全海域的行政管理是合理合法的、天经地义的正义行动。既然南海海域主权属于

---

① 中国周边海域的战略地位与地缘战略价值，http://observe.chinaiiss.com/html/20124/6/a4b4dd.html。

中国，中国理所当然要依法对南海全海域的每一个角落实施管理。第三，
在我国南海全海域发生的周边国家非法驱赶中国渔民、非法开采石油天然
气、非法侵占岛屿岛礁等违法犯罪活动，已经到了无法无天、忍无可忍的
地步。在南海问题上，中国以最大的善意诚意忍让了几十年，已经超过了
忍耐的极限。第四，中国科学发展与和平崛起三十多年来，为世界和平发
展做出了任何地区和国家都无法比拟的巨大贡献。世界需要中国，中国需
要世界，特别需要世界尊重中国包括南海全海域在内的所有核心利益。第
五，当前两岸关系正在日益改善，双方对南海诸岛的主权归属具有高度的
认同感。这就为海峡两岸加强对南海区域的管理创造了良好的政治氛围。
"天时、地利、人和"这三大条件皆备于我，我国应该充分利用这样的大
好局面，强化中国对南海区域的行政管理，切实维护好中国在南海的
主权。

2. 大力推进南海海洋行政管理的法制化

开发利用海洋、维护我国海洋权益必须用法律手段作后盾。尽管我国
是海洋大国，但是在立法方面工作进展相对较慢，影响了我国海洋行政管
理体制的建立与完善。直到 1982 年我国的《海洋环境保护法》才颁布
实施。[1]

海洋行政管理的法制化是国家海洋行政机关运用法律手段、依法管海
的一种法制化发展趋势。它不仅指那些以强制手段调整海洋活动中的各种
关系，使其符合海洋管理目标的活动，也指那些依法保证行政手段、经济
手段和其他管理手段有效实施的活动；而且还包括司法机关通过司法程序
进行刑事制裁。因此，法制化海洋行政管理包括两个方面的基本内涵：一
是指法制化海洋行政管理活动，即国家及地方海洋行政管理部门在法律规
定的权限范围内，对国家及地方海域使用活动依法行使管理权，贯彻实施
国家在海洋开发、利用方面的方针、政策、法律、法规和各项规章制度，

---

[1]　郑伟仪. 海洋行政管理是建立海洋强省的有力保障［J］. 新经济，2011（11）.

保证国家的海洋管理意志得以实现。二是指法制化海洋行政行为，即对海洋行政机关自身行为的管理活动。"长期以来，由于我国整体海洋意识相对淡薄、海洋领域立法实践经验少以及环境条件差等因素，我国海洋法制建设亟待加强。特别是在当前越南、菲律宾在我国南海侵渔、侵权力度加大，南海维权形势日益严峻的情况下，我国亟须加强海洋立法建设，通过法律手段维护我国南海权益"。①

在南海全海域科学设置行政管理机构，科学划分行政管理区域，科学配置综合性的行政管理力量，并在西沙群岛、东沙群岛、中沙群岛、南沙群岛、黄岩岛等岛屿建设必要的通信、哨所、机场、港口、后勤保障等国防、军事和民事等多用性设施。从发展角度看，海洋事业是国家的一个极其重要的事业领域，其中幅员辽阔的南海毫无疑问是我国海洋事业的重中之重。因此，为确保南海主权战略的实施，我国亟须制定综合性的海洋政策。学者鹿守本认为，"海洋政策是国家为实现一定历史时期或一定发展阶段的海洋目标，而根据国家总体战略和总体政策，以及国际海洋斗争和海洋开发利用的趋势制定的海洋工作和海洋事业活动的行动准则"。② 同时，为确保我国未来海洋政策的有效实施，我国必须完善海洋立法工作，尤其要尽快制定和颁布综合性的国家海洋法，大力推进南海海洋行政管理的法制化，务必做到在南海海洋行政管理上有法可依、有法必依、执法必严、违法必究。尤其要综合运用法律手段、经济手段、政治手段和必要的军事威慑，解决和协调好与南海周边国家的海洋划界与关系调理问题，尽可能维护我国在南海的主权权益。

3. 必须加强南海海上执法队伍的建设

当前我国南海海上执法面临着复杂而严峻的形势。据中国国家海洋局海洋发展战略研究所近年发布的《中国海洋发展报告》介绍，中国海洋权

---

① 吴士存．南海问题面临的挑战与应对思考［J］．行政管理改革，2012（7）．
② 鹿守本．海洋管理通论［M］．北京：海洋出版社，1997：311．

益除了岛礁主权、海洋划界、海洋资源争端以及海洋生态环境问题外，还面临一系列新的挑战：200海里外大陆架划界问题、海上安全通道问题、外国军事测量问题和海上恐怖主义问题等。虽然整体而言中国的海洋安全局势处于相对和平的态势，但积极因素和消极因素同时增加。该报告称，中国的海洋安全形势既受国际海洋安全形势的影响，也存在多方面具体的安全威胁，海上不和谐因素仍将长期存在。比如，国外大国的介入，就令中国周边的海洋安全形势更加复杂。国家海洋局海洋战略研究所高之国所长曾指出，据海洋发展战略研究所掌握的最新数据，2008年中国海监共监视外国舰船285艘次，飞机43架次，其他78次，其中发现侵权38起，进行告知询问759次，取证录音1723分钟。《中国海洋发展报告》还认为，国内外多种因素盘根错节，使海洋权益问题极为复杂。因为变数增多，我国维护海上安全的任务十分艰巨。[①]尤其在南海，多方暗中较力，自北向南，中国的海洋权益面临不同程度的威胁和挑战。

因此，中国加强海上行政执法力量的建设，具有迫切性。具体来说，我们应从四个方面进一步关注和加强：一是各类海洋行政执法部门要加强自身建设，提高行政执法能力，如执法船艇等装备的建设以及保障设施的建设，这些都是促进自身力量建设很重要的组成部分。二是继续完善各类具体的海洋法律法规，做到有法可依、严格执法。"海洋立法不仅为沿海国维护国家的主权和权益提供法律保障，而且还为管理海洋的行政、经济及其他措施提供法律依据。因此，海洋立法在海洋法制化行政管理活动中的作用是不可忽视的"。[②]三是加强执法部门之间的合作交流和联合执法，可以建立跨部门的联席会议制度和部门间的协作联动机制，进一步加大联合执法行动。"中国在南海维权方面的工作应长期坚持下去，如经常派遣海监船和渔政船到南海诸岛海域定期巡逻，这既是维护中国海洋权益的正

---

① 中国海上行政执法面临安全挑战，外国介入令形势更复杂，http：//news. sina. com. cn/o/2010－05－12/071720253927. shtml。

② 吕建华. 论法制化海洋行政管理［J］. 海洋开发与管理，2004（3）.

当行为，也是中国对该海域行使主权和管辖权的一种表现，应使之长期化、制度化、规范化，以期产生真正的法律效益。"① 四是进一步加强力量整合，形成一支比较强的、能够覆盖中国所有海域的综合海上执法力量。"建设一支统一、强大、高效的海上执法力量可以凭借其行政执法的身份，摆脱海军军舰的国际法身份带来的许多不便，不仅可以有效维护海洋权益和强化海洋管理，而且还可以执行一些敏感任务，比如争议海域的巡逻、争议岛屿的管理等，既是武装力量，又没有武装力量的名分。"② 可见，不断加强对南海海洋执法活动的管理，建立一支强大的海上综合执法队伍，这对我国南海主权战略的实现有着重要作用。

事实上，中国与其他主要亚太地区海岸警卫力量相比还有一定差距。其他太平洋国家，尤其是美日，拥有强大高效的海岸警卫力量。美国海岸警卫队配备了250架不同型号飞机，日本海上保安厅也配备了约75架，这些不仅对远程巡逻极其重要，对复杂救援也必不可少。尽管中国目前重新组建的国家海洋局以中国海警局名义开展海上维权执法，但也明显存在一些需要进一步理顺和加强的突出问题，尤其是涉海事务仍然分散在海军、海警、海事、海监、海关、渔政、边防等部门，各自为政、难以统筹的问题并没有很好解决。同时，还容易出现重复建设，资源浪费，设备落后，形不成合力的问题。为此，我国可以参考美国海岸警卫队的做法，进一步将海上执法力量进行整合，形成维护中国海洋权益的准军事力量，成立中国海岸警卫队，实行统一指挥和调度，组成一支力量强大、反应快速、专业高效的海上执法队伍。这支执法队伍平时履行海上执法任务，战时也可编入作战部队。针对在南海疯狂驱赶中国渔民、非法开采石油天然气、非法侵占岛屿岛礁等违法犯罪活动，要坚决予以制止和消除。

4. 加强南海海域的军事力量部署

在南海全海域的岛屿岛礁上建设现代化的国防和军事设施，配置必要

---

① 李金明. 南海争议现状与区域外大国的介入 [J]. 现代国际关系, 2011 (7).

② 和先琛. 浅析我国现行海洋执法体制问题与改革思路 [J]. 海洋开发与管理, 2004 (4).

的兵力兵器，为中国南海的行政管理提供强大的主权安全保障。以南海维权为契机，全面推进国防和军事现代化建设，增强我国的海上军事力量，切实提高我国的国防和军事威慑能力。尤其是保卫南海主权和海洋权益安全的海军、空军及相关军事力量，要不断在南海全海域进行军事演习，既能捍卫南海主权和海洋权益的安全，又能保护南海全海域的渔业生产、石油开采和海上通道的安全。只有这样，才能较好地维护我国的海洋权益，确保我国南海主权战略的实现。

这是因为：一方面，中国南海需要有强大的海上军事力量做后盾，以便对海盗、海上恐怖主义以及外国武装船只、侦察飞机的活动形成强大的威慑力。众所周知，近年来中国海军力量有所增强，为应对索马里海盗的威胁，中国2009年已派出了数艘海军舰艇到亚丁湾海域巡逻护航，起到了良好效果。但是，在同样海盗及恐怖主义活动频发、国家主权正不断遭受侵蚀的南海海域，目前还没有形成中国军舰为我国船只巡逻护航的常态化。在南沙群岛，中国目前仍然没有建立起一个大型的海空力量支撑点，因此，为了维护中国南海主权和航行的安全，我国必须强化在南海的军事威慑力量。

另一方面，我国必须加大在南海地区军事力量的投入，以此维护南海海上航行安全。长期以来，中国在南海地区军事力量投入非常谨慎和有限，大多是以海监、渔政部门的公务船来巡海维权。与此相反，南海周边地区的越南、菲律宾等国则肆无忌惮，动辄出动军舰、飞机侵占我南海岛礁，并且在很多岛礁上驻守军队，已多次出现越南武装船只与我国执法渔政船只对峙的情况。中国在维护南海地区主权和南海航行安全问题上，必须能够威慑对手对我"海上生命线"的主权挑衅与威胁。正如学者倪乐雄指出的："中国海军战略上应前出南中国海，进入印度洋，参与这一重要地区国际水道的'管理'，进而能够停泊非洲，对我国在非洲的海外利益安全施加影响，同时对我国能源来源的中东地区产生影响"。① 总之，建立一支强大的海上军事力量不但是维护南海航行安全的基础，更是我国实施有效的海洋行政管理和维护南海主权的坚强后盾。

参考文献

［1］海南南海研究中心．南海问题译文集（一）（二）［C］．海口：海南南海研究中心，1999.

［2］韩立民．海域使用管理的理论与实践［M］．北京：中国海洋大学出版社，2006.

［3］中国社科院亚太研究所．南沙问题研究资料［C］．北京：中国社科院，1996.

［4］钟天祥．中外南海研究论文选编［C］．海口：海南南海研究中心，2001.

［5］吴士存，朱华友．聚焦南海——地缘政治·资源·航道［M］．北京：中国经济出版社，2008.

［6］张炜．国家海上安全［M］．北京：海潮出版社，2008.

［7］［美］A.T.马汉．海权对历史的影响［M］．安常荣，成忠勤，译．北京：解放军出版社，2008.

［8］张文木．世界地缘政治中的中国国家安全利益分析［M］．济南：山东人民出版社，2004.

［9］吕建华．论法制化海洋行政管理［J］．海洋开发与管理，2004（3）.

［10］杨泽伟．国际能源机构法律制度初探——兼论国际能源机构对维护我国能源安全的作用［J］．法学评论，2006（6）.

---

① 倪乐雄．文明转型与中国海权——从陆权走向海权的历史必然［M］．上海：文汇出版社，2011：204.

［11］倪乐雄. 从陆权到海权的历史必然［J］. 世界经济与政治，2007（11）.

［12］修斌. 中国"和平发展"战略视野下的海洋权益维护［J］. 中国海洋大学学报，2007（1）.

［13］宋增华. 海权的发展趋势及中国海权发展战略构想——兼论海上行政执法力量兴起对中国海权发展的影响［J］. 中国软科学，2009（7）.

［14］叶自成，慕新海. 对中国海权发展战略的几点思考［J］. 国际政治研究，2005（3）.

［15］张桂红. 中国海洋能源安全与多边国际合作的法律途径探析［J］. 法学，2007（8）.

第三章　南海海洋行政管理的行政建制创新

南海是中国面积最大的海域，濒临越南、菲律宾、马来西亚、印度尼西亚和文莱等国，海洋总面积大约 300 多万平方公里，其中由我国海南省管辖的海域面积达 200 多万平方公里。自 20 世纪 70 年代以来，南海尤其是南沙群岛露出水面的岛礁以及海域被周边国家肆意侵占和分割，资源遭到大肆掠夺，并纷纷宣布对其侵占的我南海岛礁拥有主权，在岛上驻军、移民，建立行政机构，大兴土木，尤其还进行大规模的石油勘探与开发。应该说，近 40 多年以来，南海问题已经从当初周边国家的圈海域、占岛礁发展到对我争议海区油气资源的大肆开采，使得南海新争端的本质已经表现为海洋发展战略和海洋权益的激烈竞争。因此，我国必须在重视加强南海海洋行政管理的同时，特别注意南海海洋行政管理的组织载体和行政建制的研究，尤其是要研究行政建制的创新问题。

一、我国设立地级三沙市后引起的反响

2012 年 6 月 21 日，《民政部关于国务院批准设立地级三沙市的公告》发布①，决定设立地级三沙市，管辖西沙群岛、中沙群岛、南沙群岛的岛礁及其海域，三沙市人民政府驻西沙永兴岛，撤销原海南省西沙群岛、南沙群岛、中沙群岛办事处。民政部新闻发言人还进一步说明，设立三沙市有利于进一步加强我国对西沙群岛、中沙群岛、南沙群岛的岛礁及其海域的行政管理和开发建设，保护南海海洋环境。应该说，此次设立地级三沙

---

① 民政部. 民政部关于国务院批准设立地级三沙市的公告 [EB/OL]. http://www.mca.gov.cn/article/zwgk/mzyw/201206/20120600325063.shtml.

市，是我国对西沙群岛、中沙群岛、南沙群岛的岛礁及其海洋行政管理体
制的重大调整和进一步加强。①

　　设立三沙市的消息公布后，引发了理论界和社会各界的广泛关注和热
议。外交学院国际关系研究所宫少朋教授认为，设立三沙市是中国中央政
府酝酿已久的国家行政管理安排，也是国家在南海问题上长期战略考虑的
结果，而不是针对某个具体事件，或针对黄岩岛这样具体问题的战术回
应。中国社科院亚太研究院许利平研究员认为，成立三沙市是中国政府对
西沙、中沙、南沙群岛宣示主权的重大表态。这次直接以地级市的行政级
别来行使管辖权是根本性的变化，表明了中国政府对维护南海诸岛主权的
决心。② 国家行政学院竹立家教授也认为，三沙市由于位置特殊，地处我
国边疆地区，将来在国防任务、外事任务方面，将会起到更大的作用，承
担更多的任务。③ 尤其是消息公布后，甚至引起股市动荡，2012 年 6 月 25
日尽管大盘低开低走，但海南板块却逆市走强，板块内的中海海盛、海峡
股份、海南瑞泽、亚太实业甚至涨停，罗牛山股票也大涨。④

　　当然，也有不同声音甚至认为，设立三沙市不符合《国务院批转民政
部关于调整设市标准的报告》中有关人口密度、经济规模以及基础设施等
的定量标准，具体建设上也面临着很多问题。如《国务院批转民政部关于
调整设市标准的报告》中关于地级市设置标准的规定：市区从事非农产业
的人口应有 25 万，市府驻地具有非农户口从事非农产业的人口不少于 20
万，还有其他相关的一系列规定。⑤

　　实际上，就在我国设立三沙市公告公布的当天（即 2012 年 6 月 21

---

　　① 民政部．民政部新闻发言人就国务院批准设立地级三沙市答记者问［EB/OL］. http：//
www. mca. gov. cn/article/zwgk/mzyw/201206/20120600325075. shtml.
　　② 设立三沙市真相曝光 中国果真有更大动作，见《铁血社区》网铁血军事论坛：海军论
坛。网址：http：//bbs. tiexue. net/post2_ 5913121_ 1. html。
　　③ 国务院批准设立三沙市，海南板块 4 公司涨停，见《东方财富网》财经频道·财经导读，
网址：http：//finance. eastmoney. com/news/1344，20120625212696565. html。
　　④ Ibid.
　　⑤ 正义网：法律微博，http：//hua5432. fyfz. cn/art/1049248. htm。

日），越南国会表决通过了《越南海洋法》，对越南的领海基线、内海、领海、毗连区、专属经济区、大陆架、岛屿等进行了规定，其中竟将我国的西沙群岛和南沙群岛包含在内。中国外交部和全国人大外事委员会随即提出严正交涉，抗议越南侵犯中国主权的行为。外交部副部长张志军召见越南驻华大使阮文诗，就越南国会审议通过侵犯中国领土主权的《越南海洋法》向越方提出了严正交涉。其实，在《越南海洋法》表决通过之前，越南空军战机就曾对南沙群岛的一些岛礁进行了所谓"巡逻侦查"，严重侵犯了中国的领土领空主权，中方对此表示强烈抗议和坚决反对。同时，指出越方采取使问题复杂化、扩大化的单方面行动，违背了两国领导人的共识和《南海各方行为宣言》的精神，不利于南海地区的和平稳定。越方上述做法是非法和无效的，中方将坚定维护国家领土主权，并要求越方立即停止并纠正一切错误做法，不做任何危害中越关系和南海和平稳定的事情①。

然而，越南对中国设立三沙市同样予以强烈反对。2012 年 6 月 23 日，越南国家通讯社发布了越南岘港市、庆和省对中国设立三沙市的书面抗议，声称中国公布设立三沙市，管辖范围包括了越南庆和省的长沙岛县（中国南沙群岛）和岘港市的黄沙岛县（中国西沙群岛），因此，庆和省和岘港市对中国这一决定表示抗议②。2012 年 6 月 24 日，英国《星期日独立报》报道，南海主权争议激化恰好发生在美国将战略重点向亚太地区倾斜之际。南海不仅有着丰富的油气资源，同时也被美国视为重要的贸易航道。虽然美国强调不会介入各国主权纠纷，但同时却在加紧开展与东南亚有关国家的"海军交流"（当时是指与菲律宾的海军交流）③。2012 年 6 月

---

① 中国外交部就越南国会通过《越南海洋法》发表声明 [EB/OL] . http：// world. people. com. cn/GB/8212/191617/9491/237724/18264724. html.

② 越南官方对中国设立三沙市表示"强烈反对" [EB/OL] . http：//news. ifeng. com/mil/1/ detail_ 2012_ 06/26/15557318_ 0. shtml.

③ 中国设立三沙市是为捍卫南海主权 [EB/OL] . http：//blog. sina. com. cn/s/blog _ 4c604c2f0102egyr. html.

22 日，香港《星岛日报》也发表评论说，中国政府此时公布设立三沙市的决定，是应对越南、菲律宾近期诸多宣示南海"主权"的行动，同时也回应了中国民间的强烈呼声①。与此同时，日本朝日电视台也在 2012 年 6 月 23 日发表评论称，随着双方"谴责战"的不断升级，关于南海的主权斗争会越来越激烈②。

上述这些情况说明，我国设立三沙市无疑是维护南海主权、保证南海区域稳定发展的重大举措，其重大现实意义和深远的历史意义不言而喻。尽管与我国南海存在争议的周边国家提出了比较强烈的反对意见，但从另一角度看，这一举措还是切中要害的。

二、设立"南海特别行政区"的初步考虑

无疑，三沙市的设立是我国维护南海主权的重要举措，与原来设立的海南省西、南、中沙群岛工委和办事处相比是一个战略性的重大变化。然而，笔者认为，从周边国家近 40 年来对我南海主权的大肆侵犯和不断加快资源开发的态势看，设立三沙市的举措还难以遏制南海周边国家觊觎我南海主权的野心和日益严峻的海洋权益争夺现实，我国需要进一步提升对南海权益维护的战略定位和实施新的组织载体创新。为此，考虑设立"南海特别行政区"已成为非常现实的国家选择。这是因为，作为地级建制的海南省三沙市仍属于一般性地方行政建制，与目前我国除民族自治区以外的所有一般性行政建制是完全一样的，难以适应维护南海主权和强化南海海洋行政管理所面临的一系列要求。

大家知道，地方行政建制分为一般地域型行政建制、民族区域型行政建制、城镇型行政建制和特殊型行政建制。这其中的一般地域型行政建制

---

① 6 月 29 日中国外交部这一席话：对越南警告太给力［EB/OL］. http：// www. junshier. com/2012/0629/10575_ 3. htm.

② 越南南海动作不断，专家称中国应造"第四航母"［EB/OL］. http：// mil. news. sohu. com/20120628/n346719466_ 2. shtml.

和城镇型行政建制都属于一般法意义上的行政建制，而民族区域型行政建制和特殊型行政建制则属于特别法意义上的行政建制。这说明，三沙市作为一般法意义上的地方行政建制，与其所处的特殊地理位置、维护南海主权面临的挑战、解决争议岛屿与海域的要求、强化海洋行政管理的需要、发展海洋经济和南海区域有序开发的战略需求，以及面临协调复杂的周边关系的使命等都是难以适应的。应该说，南海是我国目前行政建制中除香港、澳门之外最为特殊的一个行政区域，用一般法意义上的普通行政建制——三沙市来履行上述这些特殊的职能是有很大难度的，甚至是不现实的。因此，笔者认为需要进一步思考对南海这片特殊海洋国土的行政建制进行新视角的探讨，所以也就提出了设立"南海特别行政区"的想法。

三、中国行政特区设置的历史与现实

从中国行政区划的历史发展看，一般地方行政建制和特殊地方行政建制几乎是同时出现、长期并存的。行政特区建制作为地方行政建制的重要类型，尽管其设置的具体目的和作用不同，但都是为了应对国家维护政治统治面临的各种各样的挑战，为了处理各种影响政治统治稳定的矛盾，满足社会经济发展形成的各种具体需求，而在行政结构体系上所作出的特殊安排。

（一）中国历史上设置的行政特区

1. 西汉长陵邑行政特区

西汉长陵邑是以汉高祖刘邦长陵为中心设置和建造的特别行政区。实际上，陵邑是随着陵园建制的发展和陵祭等礼乐制度的完善逐步形成的，又称陵县，以帝陵、后陵为中心，修筑庞大的陵寝园林，保护陵寝以及祭祀的需要，并通过迁徙大量人口聚居在陵园附近而形成的行政区域，是帝陵的重要组成部分。

长陵邑设置的重要目的有二：一是护卫京师。[①] 西汉王朝创立初期，关东地区并不稳定，高祖刘邦入都关中当年就发生了燕王臧荼的叛乱。[②] 六国的旧贵族在秦朝灭亡后再次兴起，郡国诸侯趁机蠢蠢欲动，随时都可能发生变乱，特别是齐楚两地直接关系到西汉王朝的安危。因此，高祖采用行政手段强制迁关东大族至长陵，将这些潜在的政敌和危险分子置于强有力的控制之下，有效削弱了地方割据势力，在增强关中实力的同时起到了巩固中央政权的作用。政权稳定之后，长陵邑又成为政府官吏的来源地，西汉朝廷一些重要官员就是从这些移民后裔中选拔出来的。同时，作为特殊的地方行政组织，长陵邑在巩固长安的政治中心地位、促进长安地区经济繁荣、发展长安周边文化教育事业和促进关中地区民风等方面都产生了重要影响。尤其是长陵不仅是把守着长安北部的门户，也是东北至关东的交通要道所在，是护卫京师的关键据点。二是对于遏制匈奴的侵略起到了很大作用。[③] 匈奴的侵扰是汉初的最主要边患，汉高祖清醒地认识到，六国旧贵族所具有的强大影响力是皇权的潜在威胁，而败北匈奴则让刘邦意识到防御匈奴非常重要。然而，汉初久经征战，面对以六国旧贵族为主的关东豪族和掠夺成性的匈奴胡寇，无论在经济上还是军事上都无力与其抗衡，只有采取防御政策作为权宜之计。而长陵邑位于长安正北，横亘于长陵邑和长安之间的中渭桥是当时军队出征、物资输送、联系后方的要道，在西汉屡次抵御和反击北方匈奴的战争中发挥了重要作用。

后来，西汉还陆续设置了安陵邑、霸陵邑和阳陵邑等特别行政区。

---

① 喻曦，李令福. 西汉长陵邑的设置及其影响 [J]. 陕西师范大学学报（哲学社会科学版），2012（2）.

② 臧荼（？－前202年），为燕王韩广部将，援救被秦朝章邯包围的赵国。又随项羽入关中。汉王刘邦元年（前206年），项羽分天下为十八路诸侯，立臧荼为燕王、都蓟。迁燕王韩广为辽东王。之后，臧荼攻灭韩广，汉王三年（前204年），韩信破赵国陈余。听从广武君李左车的进言，派使者送信给燕王，燕王臧荼归顺韩信，投降刘邦。高帝五年（前202年），刘邦打败项羽，臧荼和楚王（原为齐王）韩信、韩王信、淮南王（原为九江王）英布、梁王彭越、长沙王（原为衡山王）吴芮、赵王张耳共同尊奉汉王刘邦为皇帝。汉高祖刘邦登基两年后把谋反的燕王臧荼杀掉。

③ 班固. 汉书（94卷）[M]. 北京：中华书局，2006.

2. 清代的特别行政区设置

清朝除在北京地区设顺天府外，① 在地方上设置 18 个行省和若干个特别行政区。清代在我国东三省、蒙古、新疆、青海和西藏等地设立特别行政区，加以行政管理。其中在我国东北地区，清朝先后设置盛京内大臣、奉天将军、宁古塔昂邦章京、宁古塔将军以及黑龙江将军等，对这一广大地区进行管理。在蒙古地区实行盟、旗制度。② 同时，在乌里雅苏台（今蒙古国乌里雅苏台）、库伦（今蒙古国乌兰巴托）及西宁（今青海省会）等地设将军、参赞大臣等官员，作为特派大员，掌管本地区军政大权。在新疆地区，设总理回务札萨克郡王掌管。各地大小伯克等官员，归中央派驻的伊犁（驻今新疆霍城）将军、喀什噶尔（驻今新疆喀什）参赞大臣以及领队大臣等统辖。在西藏地区，清中央设置的驻藏大臣③同达赖、班禅具有同等权力和地位，噶布伦以下各级官员，皆归驻藏大臣管辖。在西南各省少数民族区，清初沿袭明代的土司制度，到雍正以后，陆续改土归流。④

清末与民国时期在广西、云南与越南接壤地带设立"对汛督办公署"⑤，"对汛"意为两国在交界地段各自派兵巡防，该机构专门负责处理对法、越的外交事务，后来还具有行政和司法权，其辖区也称为特别行政区，一直延续到中华人民共和国成立，存在时间长达半个多世纪，即从清末的 1897 年到 1950 年。

---

① 清代北京地区称为顺天府，是首都的最高地方行政机关。顺天府的辖区在清初多有变化，乾隆八年（1743 年）开始固定下来，统领五州十九县。

② 清政府对蒙古族的政治制度。1624－1771 年推行于蒙古族地区。在蒙古原有社会制度基础上，参照八旗制度组织原则建立。旗为军政合一单位，平时生产，战时出征。数旗合成盟，由清政府任命旗长、盟长。对稳定蒙古社会秩序起到一定作用。新中国成立后废除，只保留盟旗称谓，盟相当于地区，旗相当于县。

③ 中国清代中央政府派驻西藏地方的行政长官，全称是"钦差驻藏办事大臣"，又称"钦命总理西藏事务大臣"。设正副各一员，副职称"帮办大臣"。

④ 改土归流是指改土司制为流官制。土司即原民族的首领，流官则由中央政府委派，改土归流有利于消除土司制度的落后性，同时加强了中央政府对西南一些少数民族聚居地区的统治。

⑤ 陈元惠. 从国防与外交机构到特别行政区［J］. 中国边疆史地研究，2008（2）.

3. 民国时期的特别行政区设置

（1）东省特别行政区

民国时期，东北的东省特别行政区是民国年间管理中东铁路沿线地带的一个特殊的省级行政区域，位于黑龙江、吉林两省之间，其管辖范围是以哈尔滨为首府，东至绥芬河，西抵满洲里，南到长春的 T 字型带状地区。

而中东铁路是沙俄与清朝政府签订《中俄密约》和《旅大租地条约》后，为掠夺和侵略中国及控制远东而在我国东北地区修建的一条铁路。中东铁路从 1898 年 8 月破土动工，以哈尔滨为中心，往西延伸至满洲里（今内蒙古境内），往东延伸至绥芬河（今黑龙江省牡丹江市），往南延伸至大连旅顺一带，路线呈 T 字型，全长约 2500 公里。到 1903 年 7 月 14 日，中东铁路全线通车。但到日俄战争①后，俄国将长春至旅顺口的中东铁路转让给日本，后改称"南满铁路"。

实际上，沙俄在修筑和经营中东铁路的过程中任意侵占铁路沿线的土地，形成了所谓的"铁路附属地"。全线通车后，俄方在哈尔滨设立中东铁路管理局，该局除经营管理铁路事务外，还在铁路沿线和哈尔滨等许多大小城镇拥有行政、司法等自治权力，不受中国政府管辖。"中华民国"成立后，中国政府逐渐收回对中东铁路"附属地"的管辖权。加之俄国十月革命爆发后，中东铁路管理局内部发生混乱，中国政府抓住这个机会，由吉林、黑龙江两省迅速派兵在哈尔滨及中东铁路沿线布防，并成立中东铁路警备司令部，后改称中东铁路护路军总司令部，同时设立哈长、哈满、哈绥三个分司令部，为后来全面收回路权打下了坚固的基础。1920 年

---

① 日俄战争（1904 年 2 月 8 日—1905 年 9 月 5 日），是大日本帝国和俄罗斯帝国为争夺在朝鲜半岛和中国东北地区的战争。日俄战争促成日本在东北亚取得军事优势，并取得在朝鲜、我国东北驻军的权利。日俄战争的陆上战场是清朝本土的东北地区，而清朝政府却被逼迫宣布中立，甚至为这场战争专门划出了一块交战区。日、俄、中三方在这场战争中都蒙受到了严重损失，并为之后各国的发展道路造成了一定的影响。

3 月，中东铁路工人大罢工取得胜利，中国军队趁机解除了哈尔滨及铁路沿线的俄军武装，接管了路务。1922 年 2 月 28 日，中苏两国议定《中东铁路大纲》，规定中东铁路由中国政府特设机构管理。同年 11 月 24 日，为统一事权方便管理，东三省保安总司令张作霖将中东铁路沿线 11 公里以内区域划为东省特别区，任命护路军总司令朱庆澜兼任东省特别区行政长官，特别区内所有军警、外交、行政、司法各机关均归护路军总司令兼东省特别区行政长官监督节制。1924 年 5 月，民国政府批准东省特别区独立于吉林、黑龙江两省区域之外，成为与省级并行的特别行政区。

然而，"九·一八"事变后日本帝国主义侵占了中国东北。1932 年 3 月 14 日，东省特别行政区最后一任行政长官张景惠公开投敌充当汉奸，东省特别行政区沦入日寇之手。沦陷之初，特别区仍沿用旧称，1933 年 7 月 1 日后改称"北满特别区"。1935 年 12 月，伪满洲国决定废止北满特别区。

（2）川边特别行政区

1914 年夏，民国政府将川边地区改设为川边特别行政区。民国政府内务部在给总统的呈文中说："川边地方，介处蜀滇之间，原为前清川滇边务大臣辖境。嗣后改土归流，各县次第成立，业经前川边经略使呈报，经由本部据情呈明在案。是川边与川省划疆分治，习惯既久，因沿綦便。稽其辖地，东障四川，西控卫藏，南接云南，北连青海，山脉纵横，形势扼塞，匪独川滇之辅车，实为西南之屏藩。为巩固边防计，自非独成一区不足以便措施，而期完密。"随后，民国政府决定将川边地区改为川边特别区域，并明确指出："川边毗连藏地，现际藏事未定，关系紧要，自应仍循清末旧制，将川边之康定等县划为特别区域，归川边镇守使管辖，以专责成。"① 1925 年春，又将川边特别行政区改设为西康特别行政区，为后来西康建省奠定了基础。

---

① 四川省档案馆. 近代康区档案资料选编 [M]. 成都：四川大学出版社，1990：17.

（二）新中国成立后的行政特区设置

新中国成立后，实行民族区域自治，并先后设置了 5 个省级民族自治区①，这是行政特区设置的一种重要形式。1964 年，还先后设置了黑龙江省伊春特区、大兴安岭特区、安徽省铜陵特区、河南省平顶山特区等地级特区。1965 年又设置了黑龙江省七台镇特区、贵州省六枝特区、盘县特区等县级特区。

从现行的特区建制来看，1979 年中央决定设立深圳、珠海、汕头、厦门四个经济特区；② 1984 年又设立了天津、大连等 14 个沿海港口城市作为对外开放的特区；③ 同年开辟"长三角""珠三角"、福建"厦漳泉"3 个沿海经济开放区；1988 年又增设全国最大行政区划的海南经济特区；④ 1990 年又做出了开放、开发上海浦东新区的重大决策。实际上，兵地分治的新疆特殊的双重行政区体制（设置两大正省级的行政系统）也是特别行政区的一种形式，形成了融少数民族区域自治和军垦戍边为一体的特殊的行政区划模式。当然，最有代表性的还是香港和澳门主权先后收回后所建立的两个特别行政区，这是特别法意义上行政建制的重大突破，尽管之前已经有特别法意义上的民族区域自治等行政建制，但与香港、澳门两大特

---

① 目前中国共有五个省级民族自治区，内蒙古自治区成立于 1947 年 5 月 1 日，新疆维吾尔自治区成立于 1955 年 10 月 1 日，广西壮族自治区成立于 1958 年 3 月 15 日，宁夏回族自治区成立于 1958 年 10 月 25 日，西藏自治区成立于 1965 年 9 月 9 日。

② 1979 年 7 月中央决定在深圳、珠海、汕头、厦门建立经济特区，1980 年 8 月五届全国人大第十五次会议正式通过。

③ 1984 年 2 月，邓小平在视察广东、福建后，肯定建立经济特区的政策是正确的，并建议增加对外开放城市。4 月，中共中央、国务院根据邓小平的意见召开沿海部分城市座谈会，并于 5 月 4 日发出《沿海部分城市座谈会纪要》的通知，确定进一步开放 14 个沿海港口城市。这 14 个港口城市是：大连、秦皇岛、天津、烟台、青岛、连云港、南通、上海、宁波、温州、福州、广州、湛江、北海。

④ 1988 年 4 月 13 日第七届全国人民代表大会第一次会议审议通过了国务院关于建立海南经济特区的议案，决定划定海南岛为海南经济特区，授权海南省人民代表大会及其常务委员会，根据海南经济特区的具体情况和实际需要，遵循国家有关法律、全国人民代表大会及其常务委员会有关决定和国务院有关行政法规的原则制定法规，在海南经济特区实施，并报全国人民代表大会常务委员会和国务院备案。

别行政区相比是有本质差异的。

1. 香港和澳门两个特别行政区的特点①

（1）特殊的地方政权模式

香港、澳门特别行政区作为我国政权结构体系中的一级地方自治政权，这种特殊性是就其性质而言的。我们可以从三个方面来看待：一是回归后特区的经济制度保持不变，仍然是资本主义性质的，但是特区的政制已不同于原来属于英国殖民地时期的港英政制；二是香港、澳门特区虽然作为主权回归后我国的地方自治政权，但其政制却不是社会主义性质的，四项基本原则并不适用于香港和澳门；三是发达的资本主义经济制度并没有使回归后的香港和澳门采用欧美发达资本主义国家的政治制度模式，而是一种同香港、澳门具体情况相适应的创新的政治制度，即行政主导型的政治体制。

大家知道，在香港、澳门特别行政区的宪制地位上，它是我国为实现祖国和平统一而设置的，实行不同于一般地方行政区的社会经济制度的一种新型的地方行政区域；主要体现为香港、澳门特别行政区是中华人民共和国不可分离的一部分，是国家的地方行政单位。香港、澳门都是中央人民政府管辖下的地方行政区域，两者的关系是中央与地方的关系。特别行政区居民是中华人民共和国的合法公民，地方政府不是独立的政治实体，在这一点上，香港、澳门特别行政区与中国其他地方政府是一致的。

（2）高度自治的地方政权

我国是单一制国家，香港、澳门特别行政区作为一级地方行政单位，在国家行政区划结构中与其他的地方行政单位如省、自治区、直辖市处于

---

① 参见《中华人民共和国香港特别行政区基本法》，1990 年 4 月 4 日第七届全国人民代表大会第三次会议通过，1990 年 4 月 4 日中华人民共和国主席令第二十六号公布，自 1997 年 7 月 1 日起施行；《中华人民共和国澳门特别行政区基本法》，1993 年 3 月 31 日第八届全国人民代表大会第一次会议通过，1993 年 3 月 31 日中华人民共和国第三号主席令公布，自 1999 年 12 月 20 日起实施。

相同层次。但根据"一国两制"原则，香港、澳门特别行政区又是高度自治的地方行政单位，与内地省、自治区、直辖市相比，又有差别。主要表现在以下几个方面：第一，香港、澳门特别行政区实行高度自治，享有行政管辖权、立法权、独立的司法权和终审权，特区政府所行使的权力要比内地省、自治区、直辖市大得多。虽然根据我国宪法和基本法律规定，省、自治区享有一定程度的自治权，尤其是自治区，根据我国民族区域自治制度享有宪法和法律赋予的自治权，但它们在程度上都不能和香港、澳门特别行政区的高度自治权相比。香港和澳门特区的高度自治权，如货币发行权、财政独立和税收独立、司法终审等权力，不仅具有单一制国家权力的特点，而且超过了联邦制国家的州或者各成员邦。第二，中央对香港、澳门特区和省、自治区、直辖市内部事务的干预程度不同。特区政府具有相对独立的管理权，除有关香港、澳门的外交事务及防务事务由中央负责管理之外，其他的如财政、律政、民政、人事、治安、地政、环保、工商、运输、海关、出入境、工务、传播、教育、卫生等事务的管理，均由特区政府负责，中央人民政府无权干涉。这与内地不同，对于内地各省、自治区、直辖市的地方事务，中央可以通过有关部门制定的规章、政策、命令、指示进行干预和指导。第三，法律适用不同。各省、自治区、直辖市必须执行全国统一的法律和国务院制定的行政法规。虽然他们有权制定地方性法规，自治区还有权制定自治区条例和单行条例，但这些地方性规定都是以不与全国性法律相抵触为前提的，否则无效。而香港、澳门特区具有与内地不同的独特的法律体系，不需要执行全国统一的法律和国务院制定的行政法规。除基本法及基本法列举的法律外，其他法律均不在特区实施。以上是高度自治权在行政、立法、司法等方面的体现，反映出特区政制的独特性。

（3）行政主导的政治体制

行政与立法相互制约，不相互配合，但重于配合的新型关系。香港、澳门是发达的现代化大都市，社会结构复杂，人口密集，商贸往来频繁，作为商业、金融、航运信息等各个领域的国际交流中心，要求快速、高效地处理众多的经济、社会问题，正是出于这一需要而建立了行政主导型的政府体制。它主要体现在特区行政长官的设立及权限设置上。另外，行政主导还表现为行政参与立法程序，立法机关通过的法案要求行政长官签署，提出议案时行政优先原则，行政长官依法解散立法会等方面。

可见，行政主导是香港、澳门特别行政区政治体制中行政对立法的制约和表现，然而，行政与立法的复杂关系远不止于此，它还有相互制约、相互配合的一面。其中立法对行政的制约体现为：《基本法》规定的香港、澳门特别行政区政府必须遵守法律，对香港、澳门特别行政区负责；执行立法会通过并已生效的法律；定期向立法会作施政报告；答复立法会议员的质询；征税和公共开支必须经立法会批准。同时，规定行政长官是特区政府首长，为此行政长官要对立法机关负责，这是现代民主政治所要求的责任制政府的必然反映。但是，这里所指的负责是立法会有权听取政府的施政报告并进行辩论；立法会对政府工作有权提出质询，并就任何有关公共利益问题进行辩论；政府执行立法会通过并已生效的法律；答复立法会议员的质询；立法会批准征税和公共开支。这种关系只代表了两者之间相互制约关系而非权力从属关系，与内地行政机关从属于国家权力机关并向其负责的含义不同，内地国家行政机关（各级政府）是本级国家权力机关各级人民代表大会的执行机关，是一种以立法机关为核心的议行合一制。行政机关由立法机关产生，受其任命和罢免，对其负责。而香港、澳门特区政治制度是一种行政主导型的政治体制，行政机关与立法机关的权力地位是平等的，是一种以行政主导为前提的相互制约、又相互配合的关系，这种关系主要体现在香港、澳门特别行政区行政会议的设置和成员结构，职能运行上行政会议是协助行政长官决策的机构，成员包括行政机关主要官员、立法会议员、社会人士，其任免由行政长官决定，任期不超过委任他的行政长官的任期，行政长官做出重要决策，向立法会提交法案，制定附属法规和解散立法会前，均须征询行政会议意见，如不采纳会议多数成员意见，应将理由记录在案，人事任免、纪律制裁和紧急措施除外。

从上述内容可以看出，香港、澳门特别行政区行政与立法之间以行政为中心，重于配合兼顾制衡的关系。它与内地行政与立法之间的那种以立法为中心，行政从属于立法的政治制度迥然不同，同时又区别于美国的三权分立制和英国的责任内阁制。

（4）健全有效的咨询机制

行政体制的目的之一就是针对社会生活中所存在的纷繁复杂的各种社会问题，制定政策，切实有效地加以解决，从而保证经济发展的顺利进行。然而，科学决策是在对问题的准确把握的基础上做出的，香港、澳门之所以能够发展成为发达的现代商业城市，除了一些客观的环境、地理因素之外，与原市政管理活动中发挥行政功能的非政权性组织如市政局、区城市地区局、区议会等区域组织的政治咨询、社区服务、维持安宁的积极作用是分不开的。正是在政府管理社会过程中，这些区域性地方组织能够将民声、民怨和各种社会问题准确地反映给决策部门，从而使政府能及时转变政策倾向，调整社会职能，为城市管理、社区服务以及经济、文化发展创造更好的条件。20 世纪 80 年代以来，香港、澳门成立了众多以参加选举为目的的政治团体，同以往的社会团体不同的是，他们主要关心的不是经济，而是政治，这显示了政团在香港、澳门政治中日益增大的作用。事实证明，这种政治咨询机制的作用是积极的。香港、澳门特别行政区的政治制度吸取了原有政制中的这一优点，使社区中这种发达的非政权性区域组织取代了现代政治国家中的政党和利益集团的部分功能，形成了香港、澳门政治制度中这一显著特征。

然而，香港、澳门特别行政区政治制度毕竟是特定时代的产物，它仅仅为香港、澳门政治运行提供了一个整体框架，在具体细节、基本运行机制和今后的稳定发展等方面仍需根据客观环境的变化不断调整和完善。此外，现代民主政治作为当代政治发展也提出了相应要求。同回归前那种垂直型的官僚政治制度相比，香港、澳门现行的政治制度在民主化建设方面取得了较大进步。按照"高度自治""港人治港""澳人治澳"的原则，不论在政府官员、立法会议员的产生和任期上，还是对其所行使的政治权力的制约上，都体现了民主政治的要求，这是香港、澳门特区政治制度进步性的一面。但这并不意味着它已经达到了完善的程度，如在行政长官、行政官员、立法会议员等的产生上并没能做到充分体现民意，还没能达到普选制的标准；人民的民主化参政机制尚不发达，没有建立起充分体现民意、公众利益表达和公民参政的有效途径。因而，如何在保持高效、稳定的前提下，推进民主政治建设，这将是香港、澳门未来政治发展的重要课题。民主是在实践中逐步实现的，香港、澳门将根据社会自身的发展进程渐进地推进民主建设，走出一条独特的政治发展之路。

2. 特别行政区与民族自治区的区别①

我国是统一的单一制国家，直辖于中央人民政府的地方行政单位为省、自治区、直辖市。香港、澳门特别行政区成立后，便又增多了一个单位。一方面，香港、澳门特区同省、自治区、直辖市一样，都直辖于中央人民政府，所以它们的行政地位相等，在全国的行政区划结构中处于相同层次。但另一方面，香港、澳门特别行政区和内地的省、自治区、直辖市相比，又存在着差别，尤其是与省级民族自治区相比这种差别还是明显的。

第一，省级民族自治区在我国地方政权体系中是民族地区最高一级的地方政权。在自治区下设自治州一级政权，再下还设有自治县以及乡镇等，而香港、澳门特别行政区则没有下设的政权单位。虽然香港、澳

---

① 参见《中华人民共和国香港特别行政区基本法》，1990 年 4 月 4 日第七届全国人民代表大会第三次会议通过，1990 年 4 月 4 日中华人民共和国第二十六号主席令公布，自 1997 年 7 月 1 日起施行；《中华人民共和国澳门特别行政区基本法》，1993 年 3 月 31 日第八届全国人民代表大会第一次会议通过，1993 年 3 月 31 日中华人民共和国第三号主席令公布，自 1999 年 12 月 20 日起实施。《中华人民共和国民族区域自治法》，1984 年 5 月 31 日第六届全国人民代表大会第二次会议通过。根据 2001 年 2 月 28 日第九届全国人民代表大会常务委员会第二十次会议《关于修改〈中华人民共和国民族区域自治法〉的决定》修正。

门按其境内地域的划分设置有市政局、区域市政局、区议会等组织，但它们都是"非政权性的区域组织"。因此，从政权体系的层次来看，香港、澳门特区比较单一，可以说它既是直辖于中央、相当于省级的地方政权，同时又是直接联系群众、动员群众的"基层"政权，直接植根于群众之中。

第二，香港、澳门特别行政区实行高度自治，享有行政管理权、立法权、独立的司法权和终审权。因而，两个特别行政区行使的权力要比省级民族自治区大得多。虽然依据在中央统一领导下充分发挥地方积极性的原则，我国的民族自治区根据我国的民族区域自治制度享有宪法和法律赋予的自治权。但是，这种自治权在程度上都不能与香港、澳门特区的高度自治权相比拟。不仅如此，香港、澳门特区的高度自治权在某些方面，例如货币发行权、财政独立和税收独立、司法终审权等，甚至已超过了联邦制国家的州或者各成员邦的权利。

第三，虽然香港、澳门特别行政区同省级民族自治区一样，都直辖于中央人民政府，但中央对它们干预的程度不同。由于香港、澳门特区实行高度自治，所以，中央负责管理的事务就相对的要少得多。除有关香港、澳门的外交事务以及防务应由中央政府负责管理之外，其他如财政、律政、民政、人事、治安、地政、环保、工商、运输、海关、出入境、工务、传播、教育、卫生、房屋等等事务的管理，均由特别行政区政府负责，并自行制定各项政策。为了尊重和保障香港和澳门特区高度自治，法律还明确规定：中央人民政府所属各部门不得干预香港、澳门特别行政区自行管理的事务，而这与内地省级民族自治区必须执行中央有关部门制定的规章、政策，中央有关部门可以直接下达各种指令、指示以及要求完成的具体指标等的做法是很不一样的。

第四，法律适用不同。省级民族自治区必须执行全国统一的法律和国务院制定的行政法规。虽然省级民族自治区有权制定自治条例和单行条例，但这些地方性的规范都不能同全国性法律以及行政法规相抵触，而香港、澳门特别行政区保持着与内地不同的独特的法律体系，无须执行全国统一的法律和国务院制定的行政法规。除基本法以及基本法列举的极少数法律以外，全国性法律不在香港和澳门特别行政区实施。由此可见，特别行政区的设立是我国地方制度多元化在单一制国家结构中的进一步完善。

3. 民族自治区、经济特区和特别行政区"三区"的异同

"三区"的相同点是："三区"的设置都是从我国的具体国情出发的，都是中华人民共和国统一行使主权的地方行政区域，都是我国神圣不可分割的一部分，受中央人民政府管辖，与国家的关系是地方与中央的关系，都不具有独立主权的性质，它们的设置和实施都有利于国家经济的发展，有利于祖国和平统一，有利于巩固我国人民民主专政的国家政权。

然而，"三区"设置的区别也非常明显的，我们可以概括为以下四点：

第一，设立"三区"的目的不同。我国设置经济特区的目的是为了更好地发展对外经济关系，扩大开放，加快我国社会主义现代化建设步伐。而"一国两制"下设立的特别行政区是为了解决港澳台问题，从而使中国的统一大业向前迈进了一大步，也向世界提供了一种以和平方式解决争端的范例。而民族自治区的设置是为了解决我国的民族问题，实现民族平等、民族团结、各民族共同繁荣，从而捍卫国家的统一和各民族的共同利益。

第二，"三区"的地域不同。经济特区是指我国的深圳、珠海、汕头、厦门、海南岛等地区；特别行政区是指"一国两制"下的香港、澳门以及将来回归祖国的台湾等特定地区；而民族自治区是指在少数民族聚居的地区实行区域自治，目前我国民族自治区有新疆维吾尔自治区、内蒙古自治区、西藏自治区、宁夏回族自治区和广西壮族自治区五个。

第三，"三区"的制度不同。我国的经济特区和民族自治区都实行社会主义制度；而香港、澳门特别行政区是在"一国两制"付诸实施后相当长的时间内，在中华人民共和国这个统一主权的国家里，在祖国统一的前提下，还要继续实行原有的资本主义制度。

第四，"三区"各自的"特"不同。经济特区实行"特殊"的经济政策和"特殊"的管理体制；特别行政区享有高度的自治权，包括行政管理权、立法权、独立的司法权和终审权，经中央人民政府授权还可以自行处理某些有关的对外事务；而民族自治区则享有宪法、民族区域自治法和其他法律规定的民族自治权。

四、国外设置行政特区的有关情况

从上述论述中可知，特别行政区或行政特区并不是当今才有的，中国历史上有，世界上好多国家都有。

（一）美国的行政特区建制

联邦制的美国政府体系主要分为联邦、州和地方政府三个行政层级，实行地方分权的法治体系，而不是中央集权的政治体制，因此，设在华盛顿的联邦政府和各州的州政府的权力并不很大，但可以有效地维护各个地区的自身利益。联邦、州以下的县、自治市、乡镇、行政特区统称为地方政府，其中县、自治市、乡镇属于常规性政府（general purpose governments），行政特区则属于特殊性政府（special purpose governments）。学校区和其他行政特区作为美国地方政府的重要组成部分，在美国地方政府体系中也有非常独特的地位。可见，美国是世界上行政特区建制运用比较广泛的国家，行政特区职能的政府数量还在持续增多，其行政特区建制的发展比较成熟和完善。

美国除了 50 个州外，还设立了华盛顿哥伦比亚特区（Washington, District of Columbia 简写为：Washington D. C.），行政上由联邦政府直辖，不属于任何一个州。华盛顿哥伦比亚特区位于美国的东北部，靠近弗吉尼亚州和马里兰州。哥伦比亚特区的土地来自马里兰州和弗吉尼亚州。哥伦比亚特区建立时，波多马克河北岸包括乔治城（Georgetown, D. C.）、华盛顿市（Washington City, D. C.）和华盛顿县（Washington County,

D. C.)。美国华裔又俗称华府,市区面积178 平方公里,其中有10. 16% 的地区是水。为了与华盛顿州区别,美国人大凡以华盛顿称呼首都时,一定要在华盛顿后面加上"D. C."两个字,这两个字是英文 District of Columbia 的缩写,即"哥伦比亚特区"。按此翻译的话,美国首都的中文名字应该是"华盛顿哥伦比亚特区"。其实,美国人对首都更为通行以及正式的称呼不是华盛顿,而是 District of Columbia,也就是哥伦比亚特区。在与50个州并称时,哥伦比亚特区才是首都的正式名称。美国政府机构所占有的地面,约占整个特区面积的1/2。

总体而言,美国的行政特区有以下三个特点:

1. 数量众多且分布广泛

行政特区是美国各行政层级中各种类型的政府机构中数量最多的一个类别。根据美国统计局的政府统计资料,1940 年全国各地有接近9000 个行政特区,1962 年有34678 个学校区,18323 个非学校区行政特区,到1982 年美国非学校区行政特区的数量已经超过了28000 个,2002 年行政特区的总数则达到了48558 个。"同按职能划分的政府机构相比,'行政特区'是个更大的部门,这个部门包括了几百个不同类型的单一或多职能的政府单位。"① 2007 年,行政特区的数量已达到了50432 个,大约是美国政府机构总数的三分之二,这意味着每 20 个政府中有 11 个是行政特区政府,其中有 3 个学校区政府,8 个非学校区行政特区政府。

可见,行政特区不仅数量众多而且地理分布广泛,这是行政特区的两个鲜明特点。事实上,在美国有35 个州行政特区政府的数量比其他一般政府机构数量要多得多。即使是狭义上的行政特区(即不把学校区计算在内),也比其他政府机构数量要多,数量众多的行政特区存在于每个州,

---

① 理查德·D·宾厄姆. 美国地方政府的管理:实践中的公共行政〔M〕. 北京:北京大学出版社,1997.

美国人口统计局分析报告数据:http://www. census. gov/compendia/statab/cats/state_ local_ govt_ finances_ employment. html。

美国3044个县中的绝大多数都至少存在一个行政特区。因此，行政特区数量之多，所占比例之大和地理分布之广，是美国行政特区的一个重要特征。根据有关研究还发现，行政特区的发展实际上包含了两个相反的趋势，即学校区减少的趋势非常明显，而非学校区行政特区却增加很快，非学校区行政特区数量和类型的变化是地方政府数量和类型变化的重要特征。

2. 享有高度自治权

在美国，行政特区是独立的地方政府单位，其自身特点使得它在财政和行政管理方面享有高度的自主权，不再依附于原有的市政府或县政府，这和行政特区的产生方式与隶属关系无关，也使得行政特区与其他地方政府单位区别开来。因为其他地方政府单位或是上一级政府的分支机构，或是依附于中央财政而存在，较多地受制于上级政府机构，相对缺乏财政自主权和行政自主权。同时，行政特区和州政府以及其他政府机构也不同，独立的行政特区通常只提供一种或少数几种相关的公共服务。从这个方面来说，行政特区和中西部地区的一些市镇十分相似，但两者区分起来并不困难，因为市镇通常被限制在一定的地理区域内，是县领土的重要组成部分，而行政特区并不具备这样的特征。此外，尽管就单个来说，行政特区所具有的功能比很多乡镇的功能要少，但总体而言，行政特区所提供的公共服务的范围要比乡镇广泛得多，因而行政特区是一个独具特色的地方政府单位。

3. 特殊的财政收入来源

行政特区可以根据受益地区征收服务和使用税，而不是普遍征税或者发行市政债券来支持所要提供的公共服务。联邦政府和州政府的拨款占其财政收入的主要部分，财产税、特别摊派费、服务收费等是其财政收入的主要构成项目。不过，不同类型的行政特区财政收入来源的构成项目迥乎不同。地方财产税和州政府的资助是学校区财政收入的主要来源；针对受益财产所有者实行特别摊派和向使用设施的居民收取服务费是水区、卫生区等行政特区财政收入的主要来源；其他政府部门和区内居民的捐款是有些行政特区如土壤保护区财政收入的主要来源。

尽管大多数行政特区都有权发行债券，但需要征得选民的同意。1955年财政年度以来，学校区和非学校区行政特区财政支出加起来大大超过了县、镇区、镇的财政支出总和，和自治市的财政支出差不多。同时，行政特区中学校区和非学校区的负债分别超过了县、镇区和镇的负债总和，尤其是行政特区的负债总额比全部州政府的负债总额还要多。① 总的来说，行政特区的征税和举债的能力受州相关法律的严格限制。尽管如此，一个美国人通常必须同时向四五个行政特区纳税，受到联邦、州、县、市、乡镇等一般政府和各类行政特区政府的管辖。譬如，许多美国人同时生活在一个学校区、一个水管理区、一个消防区和一个卫生区，而这些区都有权征收财产税。通常，由县为县内的各种行政特区代征税款，各种行政特区所征税款均列入由县统一准备的税单。

（二）俄罗斯的行政建制与地方自治

1. 俄罗斯行政建制的基本情况

俄罗斯作为联邦制国家，其行政体系包括联邦、联邦主体和地方三级，其地方自治形式可谓多样。俄联邦由 85 个联邦主体组成，包括 21 个共和国、1 个自治州、6 个自治专区、8 个边疆区、47 个州和 2 个联邦直辖市。② 其中，各个共和国的最高行政长官也称为"总统"，有自己的宪法和国家议会。所以，这种联邦内的共和国就属于广义上的和特别法意义上的地方自治政府。同时，俄联邦内的自治专区、边疆区以及州的自治权也不尽相同，而联邦直辖市的特征又和我国的直辖市制度颇为相似。从这个角度看，俄罗斯的地方自治是各种形式的特别法意义上的地方自治法的组

---

① John Constantinus Bollens. Special District Governments in the United States ［M］. California：University of California Press，1961.

② 刘铁威. 俄罗斯联邦地方自治内涵解析［J］. 俄罗斯研究，2008（4）.

合。但是《俄罗斯联邦宪法》第 131 条规定：俄罗斯"在城市、村镇和其他地方实行地方自治"。《俄罗斯联邦地方自治组织一般原则法》（简称《一般原则法》）第 10 条第 1 款也规定："地方自治在俄联邦全境内实行"。这就意味着，在俄罗斯联邦主体以下的各级区划都实行地方自治，也就是说，由地方居民自己共同管理地方公共事务。① 而从这一角度分析，俄罗斯的地方自治又包含着一般法意义上的地方自治。但各个共和国都设"总统"，而且有自己的宪法和国家议会，这些又均属于特别法意义上的特殊行政建制。

2. 地方自治的性质与内涵

一般而言，"地方自治是相对于中央政府对于全国的控制而言的，它是对集中制的突破。"② 因而从本质上讲，地方自治是实现中央与地方垂直分权的一种制度安排，以地方权力制约中央权力的扩张。在俄罗斯，地方治理除了以当地居民直接参与的方式来实现外，主要由地方自治机关来实现，其权力来源于地方居民。地方自治机关由当地居民民主选举产生，对选民负责。地方自治机关享有立法、财税、执行、制裁等广泛职权。所以，地方自治的过程也是市民社会自治的过程。因此，俄罗斯地方自治机关代表社会的力量与国家抗衡，地方自治是典型的市民社会与国家分权制衡的制度安排。《俄联邦宪法》和《一般原则法》对此作了规定。有关地方自治的法律规定既包括实体法内容，又包括程序性规定；既有组织法内容，又有行为法规范，共同实现宪法确定的地方管理制度。由于俄罗斯实行了社会转型和市场经济，因此，市民社会开始得以发育成长，而地方自治正是适合这一发展趋势的地方管理的组织形式。

从确立了地方自治制度的国家立法和实践来看，地方自治的共同内容有：一是地方自治的主体为居民和地方自治团体。自治地方的居民通过公

---

① 刘铁威．俄罗斯联邦地方自治内涵解析［J］．俄罗斯研究，2008（4）．
② 许崇德．各国地方制度［M］．北京：中国检察出版社，1993：2．

民大会或举行类似性质的集会直接参与决定本地事务，这是直接参与地方自治的形式。而组织地方自治团体（机关）是地方居民实现自治的间接形式，地方自治团体（机关）通常由当地居民选举产生，是法律承认的法人组织。二是地方自治的主体享有地方自治权，这是地方自治的核心内容。地方自治就是自治主体行使地方自治权的过程，地方自治权的权限大小是判断地方自治程度高低的最重要标准。三是国家对地方自治进行必要监督。地方自治制度是国家宪政制度的一部分，必然要接受国家宪法的约束。尽管程度不同，但还是规定了国家权力机关对地方自治活动进行必要的监督，主要是法律监督，即立法调控和司法监督。

（三）韩国的地方自治

1988 年，韩国政府修改了地方自治法，首尔设为特别行政市，还设有 6 个自治市和 9 个道，并制定了地方自治法典、地方自治特别法等。从韩国地方自治制度的法律形式上看，除了宪法之外可以分为以下三个方面：一是地方自治基本法——地方自治法典；二是地方自治特别法——包括地方财政法、地方公务员法、地方警察职务执行法、消防法等；三是地方自治制度的重要补充——宪法裁判所的裁判和大法院（韩国最高法院）的判例。其中韩国宪法第 8 章"地方自治"和地方自治法典作为韩国地方自治制度的基本规则，构成了韩国地方自治制度的基本架构。

韩国建国后，引进西方的地方自治理念和实践经验，于 1949 年颁布了地方自治法，但是由于政治上的原因，地方自治没能得到真正实施，宪法和地方自治法所规范的地方自治仅仅是一种形式。真正意义上的地方自治，是通过在全国范围内实行的地方议会议员选举（1991 年）和地方自治团体首长的选举（1995 年）而得到实现的。① 1988 年，韩国中央政府修改了地方自治法。根据新法，首尔特别市、6 个自治市和 9 个道被定为高级地方自治团体。首尔的区、自治市、市（小市）和郡被定为低级地方自治

---

① ［韩］洪井善，吴东镐. 地方自治法研究［M］. 北京：新文化出版社，2006：6.

团体，这种区分的目的就是为了分阶段地推行地方自治。地方自治团体按照地位和权限，分为特别市、广域市以及道、市、郡、区等级别。目前，韩国有16个道级自治团体和232个较低级别的地方自治团体，其中包括74个市、89个郡和自治市内的69个区。①

可见，韩国的地方自治属于狭义上的地方自治，韩国的自治地方只享有地方立法权和地方行政自治权，而没有中国港澳特别行政区那样的广义自治，这是其一。其次，韩国的地方自治属于一般法意义上的地方自治，因为韩国的地方自治法适用于韩国全境的所有城市和乡村，且民族单一，也不存在民族区域自治的问题。第三，韩国的地方自治属于单一制国家的地方自治，其自治权源于宪法和国家法律的授权。

除了美国、俄罗斯和韩国的行政特区和地方自治外，还有加拿大的魁北克省作为法语地区，享有广泛的文化权和一定的外交权，而加拿大其他省就不享有这些权力；英国的北爱尔兰地区享有某些特定的权力，而这些权力在英格兰、苏格兰、威尔士等其他地区并不享有。上述这些情况都说明：一个国家完全可以根据法律规定和行政管理的需要，将其领土划分成不同层次结构的区域行政区划，这种行政区划就是国家权力的空间配置过程，关系到国家的繁荣昌盛和长治久安，对国家的政治稳定、经济发展和社会进步具有重大影响。

五、设立南海特别行政区的几点重要思考

（一）设立南海特别行政区的法理基础与制度基础

《中华人民共和国宪法》第31条规定："国家在必要时得设立特别行政区。在特别行政区内实行的制度按照具体情况由全国人民代表大会以法

---

① 韩国地方政府［EB/OL］. 韩国在线，http：//www. hanguo. net. en/？ m = 29&mid = 13.

律规定。"①《中华人民共和国立法法》第 8 条规定："下列事项只能制定法律：民族区域自治制度、特别行政区制度、基层群众自治制度……"②可见，特别行政区制度是我国宪法等法律所规定的国家政治制度，从一开始就是中国政治制度、宪政体制的有机组成部分。事实上，政治制度具有多层次的结构，是一个广涵的、庞杂的体系，既包含着那些根本性的制度，也包含着各类具体的制度。它的内层（核心层）是国体，中层是政体（国家政权组织形式）、国家结构形式（单一制或联邦制）以及政党、公民等基本行为准则，外层是可供政治实体直接操作的各类具体的规则、程序、方式等。这三个层次的关系为：外层体现中层，中层体现核心层。同理，核心层制约中层，中层制约外层。特别行政区制度既受制于国家的宪政体制，又服务于国家的宪政体制。因此，特别行政区制度所体现的法益是国家主权和领土完整，维护的是中华民族的根本利益。无疑，应该将特别行政区制度上升为国家的一项基本政治制度，这样更有利于维护国家主权和领土完整，有利于促进世界和平。

那么，南海特别行政区作为维护我国南海主权、强化海洋行政管理、发展海洋经济、推进南海有序开发、解决海岛海域争议、协调周边关系等重要职能的一级特殊的行政组织机构，应该说是符合宪法等法律规定的，同样属于特殊法意义上的特别行政建制。这里需要特别说明的是，特别行政区建制是有多种类型的，并不局限于香港和澳门这种特殊形式。实际上，这两个特别行政区的行政管理职能甚至超过了联邦制国家中成员单位的权力，已经使我国的国家结构形式成为世界上的一种新范式，即复杂单

① 根据 1988 年 4 月 12 日第七届全国人民代表大会第一次会议通过的《中华人民共和国宪法修正案》、1993 年 3 月 29 日第八届全国人民代表大会第一次会议通过的《中华人民共和国宪法修正案》、1999 年 3 月 15 日第九届全国人民代表大会第二次会议通过的《中华人民共和国宪法修正案》和 2004 年 3 月 14 日第十届全国人民代表大会第二次会议通过的《中华人民共和国宪法修正案》修正。

② 2000 年 3 月 15 日第九届全国人民代表大会第三次会议通过，2000 年 3 月 15 日中华人民共和国第三十一号主席令公布，自 2000 年 7 月 1 日起施行。

一制的国家结构形式。因此，南海特别行政区是特别行政区建制的另一种类型，是与香港和澳门特别行政区具有相当差异的属于狭义的特殊法意义上的特别行政建制。

当然，要做出上述法理基础和制度基础的解释，还需要进一步消除法律层面上的一些障碍，完善宪法和相关的法律规定。笔者认为，可以从以下两个角度来进一步认识和理解这个问题。第一，从宪政和国家结构形式上来理解。中国是单一制国家，香港、澳门通过设立特别行政区顺利解决了回归祖国的问题，但并没有改变中国的国家结构形式。而且，香港、澳门两个特区的高度自治权是中央政府通过宪法和基本法授予的，并不是香港、澳门本身所固有的。[①] 而设立南海特别行政区同样不会改变中国的国家结构形式，但仍然需要在《宪法》等法律上作出明确规定和说明，并制定设立南海特别行政区的相关法律法规（如同当年制定香港和澳门两个基本法一样）。第二，从维护国家主权和领土完整、国家统一大业的角度来理解。应该说，特别行政区制度所体现的法益是国家主权和领土完整，维护的是中华民族的根本利益。目前，特别行政区制度在香港、澳门已顺利实施，但要最终实现国家完全统一，还有待于台湾问题的解决。所以说，特别行政区制度所惠及的人口范围应该是全中国人民，涉及的地域范围是包括港澳台地区在内的 960 万平方公里的陆地国土和包括南海在内的 300 多万平方公里的蓝色国土。因而，设立南海特别行政区与设立香港和澳门特别行政的意义是一致的，都是为了维护国家主权和领土完整，实现国家统一大业的梦想。

（二）设立南海特别行政区的现实依据和可行性

南海问题主要指中国与南海周边国家围绕南海的岛屿主权归属、管辖海域划界、专属经济区划界、外大陆架划界、海洋资源开发等海洋权益方面所产生的分歧和争议。南海问题的核心和关键是岛屿主权的归属，其焦

---

① 易赛键. 中国基本政治制度的发展与完善 ［J］. 学习与探索, 2012（1）.

点就是南海诸国围绕南海的岛屿主权与中国形成的矛盾和冲突，并主要集中在西沙群岛、中沙群岛和南沙群岛及其海域，其中南沙群岛和海域的分歧和争议最大。在全球政治力量较量和地缘政治结构调整的大背景下，中国在南海争端中面临的战略情势不容乐观。

1. 岛礁和海域争议不断加剧

南海是我国海洋面积中最大的一片海区，大约占我国海洋总面积的三分之二，而且也是与周边国家争议最多的海区。根据有关资料统计，南海周边国家声索的争议海区总共超过 150 万平方公里，大约占我国南海总面积的四分之三。尽管我国一直严正声明南海自古以来一直就是中国神圣领土不可分割的一部分，中国拥有南海主权是有坚实的法律依据和历史依据的，但周边国家一直没有放松对声索海区的觊觎，接连不断地发生侵害我国主权的行径，而且越来越趋于加剧。

尤其是南海周边国家不断突破《南海各方行为宣言》①，不断挑起事端，导致南海问题矛盾重重。2002 年，为了维护南海地区的和平与稳定，中国与东盟各国签署了《南海各方行为宣言》，强调以和平方式解决南海争议，各方承诺不采取使争议复杂化和扩大化的行动。在《宣言》签署国中，作为负责任的大国，中国全面遵守《宣言》。其他一些签署国虽然明确表示要遵守《宣言》及其基本原则，但实际行动则严重违反了《宣言》的有关条款。由于《宣言》明确规定，解决争端不诉诸武力，所以，当南海周边国家采取使争议复杂化和扩大化的行动时，中国也不能采取武力手段约束他们的行为。这表明，《宣言》并没有达到约束南海周边国家的目的，反而成为这些国家掠夺南海资源的"保护伞"。正因为如此，南海周边个别国家才不断破坏来之不易的《宣言》的和平精神。

---

① 中国与东盟各国外长及外长代表 2002 年 11 月 4 日在金边签署了《南海各方行为宣言》。中国国务院总理朱镕基和东盟各国领导人出席了签字仪式。这一宣言是中国与东盟签署的第一份有关南海问题的政治文件，对维护中国主权权益，保持南海地区和平与稳定，增进中国与东盟互信有重要的积极意义。

目前，尽管中国内地和台湾地区对南海拥有完全的主权，而且无论从历史还是法律支持上都占据优势，但实际控制的岛屿很少。中国台湾地区占据了最大的太平岛，中国大陆占据了不多的一些礁盘。越南占据了29个岛屿，对南海的不少海域宣称主权，建制长沙县和黄沙县，并单方面进行石油开采。菲律宾占据了南海的9个岛屿和沙洲，并把南沙群岛的主体部分宣布为菲律宾的卡拉延群岛，建制卡拉延市，并于1997年提出主权要求，企图分割南海大约41万平方公里的海域。马来西亚派兵抢占了5个岛屿，并对南通礁提出了主权要求，分割我国3000多平方公里的海域。印度尼西亚侵占了5万平方公里的海域，并于1980年单方面宣布建立200海里专属经济区。文莱也控制了一个岛屿，并在我国的南海"U形"断续线内开采石油和天然气资源[1]。上述这些情况说明，尽管南海"U形"断续线内海域面积为200多万平方公里，但越南、菲律宾、马来西亚、印尼、文莱5国要求的海域面积就已占到150万平方公里[2]。我国南海争端的形势非常严峻，问题非常复杂，解决的难度也相当大。

2. 周边国家不断加快油气资源开发

据有关资料报道，整个南海的石油储量高达418亿吨[3]，天然气储量为75539亿立方米，还有海底可燃冰储量非常可观，有专家预测这些可燃冰可以使人类使用1000年，故南海属于世界四大海洋油气聚集中心之一，有"第二波斯湾"之称[4]，是国家的重要战略资源。然而，南海周边国家无视我国提出的"主权归我，搁置争议，共同开发"的现实解决原则，大肆对南海特别是南沙群岛的岛礁和沙洲实施抢占和开发，甚至设置行政机构、驻军、修筑设施、移民和经营，一些国家的官员甚至登岛宣示主权

---

① 李金明. 南海波涛：东南亚国家与南海问题［M］. 南昌：江西高校出版社，2005：149 – 159.

② 越南从南沙开采250亿美元石油，我们呢？《国际先驱导报》2008年7月25日。http://military. china. com/zh_ cn/top01/11053250/20080725/14989022_ 6. html。

③ 根据中央电视台中文国际频道栏目《南海风云》的有关内容，2011年6月24日。http：//news. cntv. cn/program/shenduguoji/20110625/100536. shtml。

④ 萧建国. 国际海洋边界石油的共同开发. 北京：海洋出版社，2006：165 – 167.

等。根据有关资料，南海周边的越南、菲律宾、马来西亚、文莱等国，都是通过利用外资方式对南沙海域油气资源进行掠夺开发的。目前南海周边国家已在我国南海"U形"断续线两侧钻各类探井 1000 多口，售出的合同区块达 143 个，区块总面积共 26 万平方公里，共发现约 240 个油气田，其中在我国传统"U形"断续线以内的油气田至少有 53 个。早在 2001 年四国在我国传统"U形"线两侧的原油开采量就高达 3746.9 万吨，约等于我国近海原油产量的 2.1 倍；开采天然气 384.2 亿立方米，约等于我国近海天然气产量的 9.3 倍①。目前，南海周边国家在南海的年产油量大约在 5000 万吨到 6000 万吨，其中约有超过三分之一来自争议海区。

与此同时，我国的能源安全正面临着严峻挑战。自 1993 年我国成为石油净进口国以来，其原油对外依存度由当年的 6% 一路攀升，到 2006 年已突破 45%，其后每年均以 2 个百分点左右的速度攀升，到 2009 年进口原油达 2.04 亿吨，原油对外依存度已经突破 50% 的国际警戒线，达到 52%。②《中国能源发展报告（2009）》明确指出，2020 年中国的石油对外依存度将上升至 64.5%。据世界能源机构预测，2020 年我国石油进口将会达到 2.5 亿吨。③ 据有关专家预测，按照我国目前的经济增长方式，2020 年、2030 年国内所需的石油量将分别达 5.3 亿吨和 6.5 亿吨。而国内石油产量预计在 2015 年达到高峰后开始减少，而且峰值产量也不超过 2 亿吨，这就意味着我国所需的外部石油进口量将越来越大，2020 年、2030 年国内供需缺口分别为 3.36 亿吨和 4.88 亿吨。④ 可见，南海不仅是我国经济与社会可持续发展的强大支持因素，同时也是关系我国政治环境和国家能源

---

① 张桂红. 中国海洋能源安全与多边国际合作的法律途径探析 [J]. 法学，2007（8）.
　萧建国. 国际海洋边界石油的共同开发 [M]. 北京：海洋出版社，2006：167.
② 国家发展与改革委员会. 2009 中国石油对外依存突破 50% 警戒线 [EB/OL]. 证券之星网，[2010 − 01 − 20] http://finance.stockstar.com/SS2010012030346162.shtml.
③ International Energy Agency. World Energy Outlook 2002 [M]. Paris：IEA，2002：249.
④ 汪孝宗. "石油峰值"之辩 [J]. 中国经济周刊，2010（4）.

安全的重要条件。①

3. 周边国家企图联合对我与国际化趋势明显

从南海争端的涉事主体看，存在多元化的利益主体。加之南海是国际上重要的海上航道，是中国取得地缘战略优势和国家重要利益的区域；同时也是美国全球战略至关重要的一环，是日本力保的"海上生命线"，关系到美日战略利益；是越南的天然屏障，是印度进入太平洋的觊觎之地。尤其对菲律宾而言，南沙群岛是"正对其腰部的一把匕首"，也是文莱和马来西亚经济发展的重要来源。因此，南海争端所涉及的国家不仅有区域内的直接利益相关者，也有区域外的间接利益相关者，这些直接或间接的利益相关者包括中国、越南、菲律宾、马来西亚、文莱、印度尼西亚、美国、日本、印度和中国台湾地区等，并围绕南海争端形成了"四国五方"进行军事占领、"六国七方"发生主权争议、"九国十方"产生利益争端的复杂局面。同时，中国在同越南、菲律宾、马来西亚、文莱、印尼等国解决争端时，又不可避免地要直面东盟这一区域性国际组织，甚至区域外的欧盟、澳大利亚也可能参与其中，使得南海问题已经形成了多元利益主体和多方利益格局。

东盟作为实力较弱的整体性力量，是十个小国组建的国际组织，由于南海问题上大国强国多，东盟十国要达成"集体对抗"中国的"积极一致性"是有困难的，但东盟中的越南、菲律宾、马来西亚和印尼四国也有形成"集体对抗"中国的"积极一致性"。这一点从多次东盟会议上的搅局议题可见一斑。这些东盟国家为了在政治上寻求对抗中国的优势，各国以东盟为平台，主动协调立场，力求在南沙问题上"用一个声音说话"，宣布"以集体名义而不以双边名义接受谈判"，企图通过"集体性政治谈判"解决南沙争端。在所谓的"中国威胁论"的大背景下，针对南海问题，东盟加强了区域内的政治合作，甚至公开强调"美军在亚洲的存在是必要

---

① 安应民．论南海争议区域油气资源共同开发的模式选择［J］．当代亚太，2011（6）．

的"。特别是菲律宾，多次声称南沙争端不只是中菲两国的双边问题，而是所有关注南海的国家共同关心的多边问题，主张通过东盟、国际法院、联合国安理会三个途径解决这一问题。在南海争端的现实中，东盟往往采用"以大制大"平衡策略加以应对，如适时打出"美国牌"和"日本牌"对付中国。尤其是南海周边个别国家试图通过美日印俄等大国力量，挑起南海问题国际化，甚至试图通过国际机制寻求解决途径等。因此，从南海争端中的力量结构看，存在着多元化的力量结构，除中国和南海周边各国外，还有基于围堵遏制中国的美、日、印等国力量。其中，由于中国和东盟在地理上比较接近，中国把发展同东盟的友好关系作为优先考虑的方向之一，目前业已顺利启动"中国—东盟"自由贸易区。但从 2011 年起，美国加快了战略重心转向"亚太"的步伐，公开地积极插手南海争端，不断强化与该地区盟国的军事合作机制。这不仅能够强化美国在亚太特别是在东盟地区的影响，而且也起到了遏制和牵制中国崛起的作用。与此同时，日本为了消解中国不断增强的世界性影响，也把发展同东盟的关系放在重要的地位，力图以东盟为突破口，在亚洲争取领导地位，以便有效地对付中国。①

上述这些情况说明，我国要对南海实施长期有效的行政管理和经营，尤其是维护和推进南海区域的长期稳定发展，只有通过设立南海特别行政区的一系列重大政策才是最佳选择。可以认为，设立南海特别行政区的现实依据是明确的、完全具备的，也是可行的。我国已有成功解决香港和澳门回归的政治智慧和战略决策，通过设置南海特别行政区来解决南海问题的战略目标一定能够实现。

（三）设置南海特别行政区是强化海洋行政管理的特殊要求

事实上，海洋行政建制不同于陆域的行政建制，可以说南海特别行政

---

① 巩建华. 中国南海海洋政治战略研究——论南海争端中的中国作为 ［J］. 太平洋学报，2012（3）.

区的行政区划建制是强化海洋行政管理的创新性战略举措，不仅具有非常
重要的理论和实践意义，而且是维护南海主权和海洋权益的现实要求。我
们认为，设置南海特别行政区、强化南海海洋行政管理的特殊要求主要体
现在以下几个方面：

1. 南海地理位置和战略地位特殊

南海地处我国广袤的南部海域，其间分布着东沙、西沙、南沙和中沙
四大群岛，面积200多万平方公里。西与越南相邻，东与菲律宾相伴，南
部依次与马来西亚、印度尼西亚、文莱为邻。在我国现行的行政区划建制
中，这是唯一的一个海洋面积最大、三面与别国为邻的区域，其特殊性不
言而喻。尤其是南海周边国家对我国南海的许多岛屿和海域提出了主权要
求，各国声索的面积已超过150万平方公里。

正是由于我国南海地理位置的特殊性及其重要的战略地位，美日印俄
等区域外大国积极介入，越来越关注南海的发展态势，觊觎南海的海洋战
略权益。美国在南海问题上一改过去不干涉、不介入的做法，变得非常积
极。应该说，美国在海洋安全战略方面，自从马汉提出海权理论以来，美
国推行的一直是进攻性的海洋霸权战略。尤其是斯皮克曼的"边缘地带"
理论是美国战后地缘战略新思维的基础，即认为谁控制了边缘地带，谁就
控制了欧亚大陆；谁控制了欧亚大陆，谁就控制了世界。正因为有这些重
大的利益，所以美国强调必须保持在这些地区的军事存在，美国通过这套
思维加强了与南海周边国家军事同盟和战略同盟的关系。事实上，美国的
亚太安全战略是美国国家安全战略的重要组成部分，美国认为其在亚太地
区拥有重大的经济利益和战略安全利益。因此，美国的海洋战略就是要保
持在这些海区的直接军事存在；加强和发展同中国周边国家的军事同盟与
军事合作关系；继续在台湾问题上抬高中国解决台湾问题的成本；并在东
南亚国家中鼓吹"中国威胁论"，试图把南海问题国际化，使其向有利于
美国的方向发展。特别是冷战结束以来，美国积极介入南海问题，极力推
动南海问题国际化，明显带有遏制中国的意图。美国前国务卿希拉里2010

年7月在河内召开的东盟地区部长级论坛会议上，大谈南海与美国国家利益相关，大谈维护南海航行自由的重要性，大谈在南海问题上反对"胁迫"，反对使用武力或以武力相威胁，等等。

日本在南海问题上也有自己的一套想法，日本海洋安全战略仍然坚持维护多样化的海洋安全利益，注重发展同东盟国家、印度等海上通道沿岸国家的关系，积极同有关各国开展海上安全对话、交流和联合演习，并围绕反海盗同东南亚国家推动"海盗对策合作机制"。在南海问题上，日本也积极插手南海事务。日本原外相冈田2010年7月24日在河内与越南副总理兼外长范家谦举行会谈时，就日越战略对话一事达成共识。冈田在会谈中称"日本对南海问题不能毫不关心"，范家谦则希望日本对越南的立场给予理解与配合，并就南海的领土争端强调，除当事国外，应该促进包括东盟各国、日本、美国等国在内的国际框架下的对话。可见，在钓鱼岛问题上日本与我国有争议，在南海问题上又想尽办法插手搅局。

印度一向自认为是海洋大国，视印度洋为国家根本利益之所在，称印度洋是印度的命运之洋，未来之洋，是印度生存与发展的战略水道，关系着印度的安全和幸福。多年以来，印度的海洋战略一直在实行"印度的印度洋"和"区域威慑"战略，整个安全战略与实现大国目标越来越凸显。尤其是"全面控制印度洋，东进太平洋，西出大西洋，南下非洲"的战略目标日趋明显。印度原国防部长费尔南德斯曾说：印度海军在南海的战略目标就是"保证东南亚的和平与稳定，确保这一地区不会处在任何大国势力的影响下。"印度的用心不言而喻。

俄罗斯大陆架面积为620万平方公里，其中400万平方公里富含油气资源。近年来，俄罗斯也开始把目光向亚太地区转移，并重点加强了太平洋舰队的建设。普京总统曾经强调说：太平洋舰队是保障俄在亚太地区民族利益和国家安全的主要工具。近年来，太平洋舰队曾多次出航东中国海、南中国海甚至马六甲海峡，其目的就在于"保卫远东的经济利益和资源"。

上述这些情况都说明，我国南海的战略地位和区位优势非常明显，一般行政建制的行政区划组织难以胜任这种特殊的战略要求和管理职能，只有通过建制南海特别行政区才能适应这种特殊的战略需求。

2. 履行对南海的管理职能非常特殊

从行政管理职能看，目前我国除了香港和澳门两个特别行政区外，其他省、直辖市、自治区还没有一个像南海这样特殊的行政区划。南海的海洋行政管理职能不能简单套用内地其他省份、直辖市、自治区的管理职能，因为南海面临的行政事务和问题确实有其特殊性。作为维护南海主权、强化海洋行政管理、发展海洋经济、推进南海有序开发、解决海岛海域争议、协调周边国家关系等重要职能的一级特殊的行政组织机构，既涉及与中央政府的关系，也涉及与国家相关职能部门的关系，尤其是还有相当一部分涉外事务和争议事项的协调与处理，以及维护南海主权权益、国际航道安全、海区经济秩序等重要职能。

2013 年两会已决定重新组建国家海洋局①，推进海上统一执法，提高执法效能，将国家海洋局及其中国海监、公安部边防海警、农业部中国渔政、海关总署海上缉私警察部队和职责整合，重新组建后的国家海洋局仍由国土资源部管理。其主要职责是，拟订海洋发展规划，实施海上维权执法，监督管理海域使用、海洋环境保护等。国家海洋局以中国海警局名义开展海上维权执法，接受公安部业务指导。可见，南海的海洋行政管理职能与一般行政建制的行政区划还是有着很大差异的，即便是已经建制的地级三沙市也难以有效完成这些重要的管理职能。而只有建制狭义的特别法意义上的南海特别行政区，进一步完善和健全其管理职能，才有可能实现这些重要的行政管理和维护国家南海主权的重要职能。需要说明的是，2013 年两会对南海行政管理职能与机构的调整，以及十八届三中全会决定

---

① 根据党的十八大和十八届二中全会精神，深化国务院机构改革和职能转变，按照建立中国特色社会主义行政体制目标的要求，以职能转变为核心，继续简政放权、推进机构改革、完善制度机制、提高行政效能，加快完善社会主义市场经济体制，为全面建成小康社会提供制度保障。会议颁布了《国务院机构改革方案》。

成立国家安全委员会等重大决策，也只是我国强化包括南海在内的海洋行政管理、维护海洋权益的重要步骤，今后仍然会根据南海区域问题发展的态势做出进一步调整的决策。

3. 内部层级与机构设置、运行机制与管理方式特殊

如上所述，从内部行政建制看，南海特别行政区与内地其他省份、直辖市、自治区的架构设置肯定有所不同，必须适应南海海洋行政管理的需要。比如，南海特别行政区内部下设哪些机构和职能部门？基层行政机构如何设置？能否把对海洋的行政管理也像对陆域的行政管理一样，使国家的行政触角切实深入到南海广袤海域的每一个角落，而这对南海的有效管理非常重要。笔者设想，南海特别行政区内部的行政建制需要依据海洋管理的实际，不能完全套用陆域行政层级建制和机构设置的模式，就像香港和澳门两个特别行政区的建制那样，特点明显，管理有效。比如，南海特别行政区内部到底设置哪些机构和职能部门，必须依据海洋管理职能的实际要求和面临要解决的重要现实问题来设置；同样，能否依据南海四大群岛中我国实际控制的岛礁情况，选择适宜的岛礁作为南海特别行政区的基层政权驻地，修筑人工礁盘和相关基础设施，集管理、维权、服务、应急、救助、军地合作于一体的海上基层组织。

从运行机制和管理方式来看，也有其明显的特殊性。事实上，治理陆域的运行机制与治理海域的运行机制是有很大差异的，同样，治理海域的管理方式与治理陆域的管理方式也不完全一样。当然，由于南海的特殊性，尤其是面临着复杂的周边国家关系以及牵动着多个的大国关系，在运行机制和管理方式上尤其需要处理好与中央政府的关系。在这一点上，南海特别行政区不仅与我国其他省级政府有所不同，而且与香港和澳门特别行政区的运行机制和管理方式也是有很大差异的。因此，所有这些都说明广袤的南海是一片特殊的行政区域，通过设立特别行政区的建制实施管理是符合南海海洋管理实际的，也是可行的。

4. 需要应对各类特殊、复杂的涉外事务

事实证明，南海区域的突发事件可以大到国家之间的主权争执，因为南海本身就涉及"六国七方"争执的现实，以及"九国十方"产生利益争端的复杂局面。这些突发事件的政治敏感度非常高，要么涉及国家之间的关系，要么涉及南海航道的安全，要么涉及渔民的生产生活安全，等等。尤其是南海周边国家不断突破《南海各方行为宣言》的规则，持续不断地强化军事力量和频繁地举行联合军事演习，采取扩张式的资源勘探与油气开发，以及区域外大国的主动介入，都使得南海区域问题越来越复杂，越来越敏感。笔者认为，南海区域的战略地位决定了其在今后相当长的一个历史时期内都是国际上关注的热点区域，这种特点将会一直伴随着南海区域的发展历程。而所有这些情况都说明，只有建制南海特别行政区，进一步强化南海海洋行政管理，才是维护南海海洋领土主权和海洋权益的长久之策。

参考文献

[1] 陈元惠. 从国防与外交机构到特别行政区——清末民国时期云南对汛督办的设立与演变 [J]. 中国边疆实地研究，2008（2）.

[2] 杨鹏程. "一国两制"与中国的现代国家构建——以香港、澳门为例 [J]. 黄河科技大学学报，2012（3）.

[3] 王振民. "一国两制"法律化的历程 [J]. 法商研究，2012（3）.

[4] 邹平学. 关于特别行政区制度研究的若干思考 [J]. 政法论丛，2010（6）.

[5] 黄天华. 民初川边治理及其成效 [J]. 四川师范大学学报（社会科学版），2012（3）.

[6] 张松梅，王洪兵. 清代京畿行政管理体制演变——以乾隆朝顺天府飞蝗案为例 [J]. 历史教学，2012（8）.

[7] 俞曦，李令福. 西汉长陵邑的设置及其影响 [J]. 陕西师范大学学报（哲学社会科学版），2012（2）.

［8］黄明华，曹慧泉．由兵地分治走向兵地融合——新疆工作会议背景下的呼图壁城镇体系发展探索［J］．现代城市研究，2012（2）．

［9］易赛键．中国基本政治制度的发展与完善——以特别行政区制度为侧重［J］．学习与探索，2012（1）．

［10］张艳．美国行政特区建制研究［D］．中南民族大学，2011.

［11］朴圣杰．韩国的地方自治及其对我国的启示［D］．延边大学，2010.

［12］贺曲夫．我国县辖政区的发展与改革研究［D］．华东师范大学，2007.

［13］杨晓琴．中国当代地方自治之初步研究［D］．郑州大学，2004.

［14］赵聚军．中国行政区划改革的理论研究——基于政府职能转变的视角［D］．南开大学，2010.

第四章　南海海洋行政管理支撑体系的构建

一、陆地国土行政管理和海洋国土行政管理支撑体系的一致性

（一）国土的概念

马克思曾经指出："土地（指地上地下资源）是一切生产和一切存在的源泉"①。马克思还引用威廉的观点说："劳动是财富之父，土地（指一切自然资源）是财富之母。"②国土资源是一个国家及其居民赖以生存的物质基础，是由自然资源和社会经济资源组成的物质实体。

在政治学和法学上，"国土"属于空间概念。中国的国土有陆地国土和海洋国土，包括中国大陆陆地领土及沿海岛屿、台湾及其包括钓鱼岛在内的附属各岛、澎湖列岛、东沙群岛、西沙群岛、中沙群岛、南沙群岛以及其他一切属于中国的岛屿（包括钓鱼岛及其附属岛屿，还有黄尾屿、赤尾屿）。中国所管辖的包括南中国海九段线以内的所有海域面积约为300万平方公里。中国领海包括渤海全域和黄海、东海、南海的一大部分，在此范围内的以下资源都属于中国的国土资源：土地资源、矿产资源、水资源、海洋资源、生物资源、大气环境。因而，中国的国土资源行政管理应该包括：国土资源的调查中的地籍调查、土地登记、土地调查、土地统计、矿产资源勘查、国土资源的评价；国土资源规划与国策中的国土规划、土地利用规划管理、矿产资源规划管理、水资源规划管理、海洋资源规划管理、地质环境保护规划及其管理；国土资源

---

① 马克思，恩格斯．马克思恩格斯全集（第12卷）［M］．北京：人民出版社，1962：757.
② 马克思．资本论（第1卷）［M］．北京：人民出版社，2004：57.

管理基本国策中的国土资源具体政策；国土资源的开发、利用和保护中的土地资源、矿产资源、生物资源、水资源、气候资源等方面的合理开发与利用。

可见，就国土管理而言，主要是指土地管理与可持续发展的管理与规划。土地是不可再生的资源，是人类社会不可替代的生产资料，是人类生存和一切活动必不可少的物质条件，没有土地，人类社会就不能存在，人类活动无法想象。现在，人们普遍接受挪威前首相布伦特兰夫人对可持续发展的定义，即可持续发展是指"既能满足当代人的需要，又不损害子孙后代满足其需求能力的发展。"其含义主要包括这样一些方面：与传统经济发展模式不同，可持续发展不仅要实现同代人之间的横向公平，而且更重要的是实现代际间的公平；而持续性是指生态系统受到外部干扰时维持其自身生产力的能力，人类的经济和社会发展不能够超越资源和环境的承载能力；与此相联系，可持续发展应该成为全球发展的总目标，必须采取全球共同的联合行动；可持续发展战略坚持公平性及持续性，立足于人的需求而发展。正因为这样，可持续发展应该和必须是一种综合型发展，它包含环境、经济、社会等各个方面，发展的目标所包含的不仅仅是经济目标，还有社会目标及环境目标（人与族群，人与自然等和谐共生指标）。所以，一个国家是否能有效地进行国土管理，关系到子孙万代的重大利益。

而对国土资源的行政管理，是指国土资源行政主管部门及其公务员依据宪法、土地和矿产等资源法及其他有关法律、法规的规定，在国务院赋予的职能范围内，对土地资源、矿产资源、海洋资源等自然资源进行保护和开发利用活动中的社会公共事务进行的管理。具体而言，国土资源行政管理就是政府依法对中国土资源管理主体设定职权范围与标准，以使行政主体能够在法定范围内对国土资源管理实现各项行政管理活动。因此，行政管理的核心内容表现在两个方面，也就是依法对国土资源进行配置和保护。

（二）陆地国土行政管理的经验与启示

中国首先是一个陆地国土的大国，因农而兴，陆地土地管理有着数千年的历史和经验。中华人民共和国成立至今，在国土行政管理方面有诸多行之有效的国家经验。

第一，设立有关管理机构，代表国家实行统一行政管理。以国务院为例：国务院各部委，如交通部、农业部、水利部、建设部、铁道部、财政部、国家安全部、国土资源部、商业部、国家发展与改革委员会等；部委管理的国家局，如国家煤矿安全监察局、国家烟草专卖局、国家能源局、国家粮食局、国家海洋局、国家测绘局、国家文物局等；国务院直属机构，如海关总署、国家林业局、国家工商行政管理局、国家统计局、国家税务总局、国家旅游局、国家食品药品监管总局等。

第二，实行国土规划，包括区域规划。国土规划是为了开发、利用、管理和保护中国领土以内地上、地下、海洋或大陆架的自然、人力和经济资源而编制的最高一级的规划，是对国土重大建设活动的综合空间布局。它在地域空间内要协调好资源、经济、人口和环境四者之间的关系，做好产业结构调整和布局、城镇体系的规划和重大基础设施网的配置，把国土建设和资源的开发利用与环境的整治保护密切结合起来，达到人和自然的和谐共生，保障社会经济的可持续发展。国土规划是根据国家社会经济发展总的战略方向和目标以及规划区的自然、社会、经济、科学技术条件，对国土的开发、利用、治理和保护进行全面的规划。它是国民经济和社会发展计划体系的重要组成部分，是资源综合开发、建设总体布局、环境综合整治的指导性计划，是编制中、长期计划的重要依据。

无疑，区域规划是在一定地区范围内对整个国民经济建设进行总体的战略部署。它以国家和地区的国民经济和社会发展长期计划为指导，以区内的自然资源、社会资源和现有的技术经济构成为依据，考虑地区发展的潜力和优势，在掌握工农业、交通运输、水利、能源和城镇等物质要素的基础上，研究确定经济的发展方向、规模和结构，合理配置工业和城镇居民点，统一安排为工农业、城镇服务的区域性交通运输、能源供应、水利建设、建筑基地和环境保护等设施，以及城郊农业基地等，使之各得其所、协调发展，获得最佳的经济效益、社会效益和生态效益，为生产和生活创造最有利的环境。同时，区域规划为制订国民经济和社会发展长期计划奠定基础，为城市规划和专业工程规划提供宏观的技术经济依据，它也是基本建设前期工作的一个重要组成部分。因而，它对所规划地区的整个经济建设的重要决策具有指导性。

就区域规划的任务而言，就是要建立合理的区域生产和生活体系。具体来说，就是在规划地区，从整体与长远利益出发，统筹兼顾，因地制宜，正确配置生产力和居民点，全面安排好地区经济和社会发展长期计划中有关生产性和非生产性建设，使之布局合理、协调、可持续发展，为居民提供最优的生产环境、生活环境和生态环境。

第三，坚持惩治各种土地违法行为。① 土地违法行为是指自然人、法人和其他组织违反土地管理法律法规，依法应当追究法律责任的行为。土地违法行为一般分为土地行政违法行为、土地民事违法行为和土地刑事违法行为。土地行政违法行为是指违反土地管理法律法规，依其危害程度，尽管法律认为不构成犯罪，但应当承担行政法律责任的行为；土地民事违法行为是指违反土地管理法律法规的有关规定，依法应当承担民事责任的行为；土地刑事违法行为是指违反土地管理法律法规，情节严重，依据《中华人民共和国刑法》的有关规定已构成犯罪，依法应当追究刑事责任的行为。土地违法的具体行为包括：非法买卖或转让土地使用权，破坏耕地，非法占用土地，非法批地，侵占、挪用征地款项及其他有关款项，拒

---

① 现阶段已有国土管理方面的法律主要是：《国土资源法》《国土资源立法》《自然资源保护法》《土地资源保护法》《水资源保护法》《矿产资源保护法》《森林资源保护法》《野生动植物保护法》《草原资源保护法》《防沙治沙法》，以及《环境保护法》等。

不交还土地,拒不履行土地复垦义务,非法批准或非法出让土地使用权用于房地产开发,擅自改变土地用途,非法转让集体土地,不依法办理土地变更登记,在临时用地上修建永久性建筑物、构筑物,违反土地规划,逾期不恢复耕作条件,不按法定要求划定基本农田,破坏或擅自改变基本农田保护区标志,侵占、挪用耕地开垦费,占用基本农田发展林果业和挖塘养鱼,非法低价出让国有土地使用权,阻碍土地管理工作人员执行公务,土地行政主管部门行政执法不作为,土地管理工作人员玩忽职守、滥用职权、徇私舞弊等行为。

同样,矿产资源违法行为指自然人、法人和其他组织违反矿产资源法律法规,依法应当追究法律责任的行为。矿产资源违法行为一般分为矿产资源行政违法行为、矿产资源民事违法行为和矿产资源刑事违法行为。矿产资源行政违法行为,是指违反矿产资源法律法规所规定的法律关系秩序,依其危害程度,不构成犯罪,但应当承担行政法律责任的行为;矿产资源民事违法行为,是指违反矿产资源法律法规的有关规定,依法应当承担民事责任的行为;矿产资源刑事违法行为,是指违反矿产资源法律法规,情节严重,依据《中华人民共和国刑法》的有关规定已构成犯罪,依法应追究刑事责任的行为。矿产资源违法行为的具体形态主要包括:违法开采行为,非法转让探矿权、采矿权行为,违法勘查行为,违反矿产资源储量管理规定的相关行为等。

第四,明确管理职能、细化职责。以某市国土房屋资源局为例,它包括十余项职能①。具体参见脚注所列内容。

二、强化南海海洋行政管理的政策支撑体系

（一）海洋政策体系建设的主要特色

其一，中国的海洋政策同国家的疆土环境条件，即特殊的疆土主权范围和地缘政治的国情基本一致。中国是个陆海兼备的大国，陆海周边相邻

---

① （一）贯彻执行国家及市有关房屋、土地、地质矿产资源管理、住房制度改革的方针、政策和法律、法规，贯彻实施土地基本国策和国土资源的可持续发展战略；组织编制本区土地利用和保护总体规划，负责制定地质矿产资源、房屋、房改等方面的各项规划及地质灾害防治计划，并组织实施。

（二）负责在辖区内实施耕地保护政策和土地用途管制；组织基本农田的划定和保护；指导未利用土地的开发、整理、复垦和开发耕地的监督工作；负责土地资源和利用现状、变更的调查以及土地利用的动态监测。

（三）负责辖区内房屋、土地的权属管理工作；对房屋、土地所有权和土地使用权的确认、登记、发证及权属转移、变更、抵押、终止等进行管理。

（四）负责建设用地、农地转用和土地征用管理工作；负责权限内国有企业改制中的土地处置和闲置土地的清查与处置；负责权限内国有土地有偿使用、农村村民宅基地的管理。

（五）负责辖区内的地籍调查，建立城镇地籍管理信息系统；对房地产中介服务机构进行行政管理。

（六）规范和管理房地产市场；建立房地产信息网络管理系统；负责区内各类房屋的交易、租赁、继承、析产、赠予等管理工作；落实私房政策；负责辖区内新建商品房地价的审核；负责已购公有住房和经济适用房上市出售及土地出让的管理。

（七）负责辖区内各类房屋的住用和装修安全及房屋设备、住宅电梯运行服务的行政管理；协调城镇房屋的防汛工作；负责住房危改区域的技术确认；调处房屋修缮纠纷。

（八）负责房屋拆迁和拆迁工地环保治理的管理工作；对辖区内房屋拆迁行业进行监督检查；调解拆迁纠纷。

（九）负责辖区内物业企业的管理；指导物业管理委员会的建立；负责住宅小区的综合管理。

（十）负责辖区内矿产、地热等各项资源的开发利用和对地质勘查、矿产开发、地质环境进行监督管理。

（十一）监督、检查和指导辖区内各单位的房改工作；核准房改售房方案和建立住宅合作社；负责住房情况调查；指导和监督住房公积金管理工作；负责廉租住房管理和城镇居民购买安居（康居）住房产权办理的备案。

（十二）负责对住宅锅炉供暖工作进行监督管理；对辖区内锅炉供暖单位进行资质审查登记；核准锅炉供暖设计方案及竣工验收；负责锅炉供暖协议的备案；调处供暖纠纷。

（十三）负责房屋土地、地质矿产资源执法情况的监察工作；协助司法机关对辖区内的土地、地质矿产资源和房屋进行限制和解除；调解土地、房屋、采矿等权属纠纷。

（十四）代征代缴行业管理过程中的国家税费。

（十五）承办区政府交办的其他事项。

的国家众多，沉重的历史和现实决定了海洋政策的发展过程和社会主义现代化发展过程与现代化发展安全联系在一起，沿边边防和海防安全必然错综复杂；进而，海防完善与海权观念转变密切联系在一起。

可见，中国的海洋政策同对外部世界关系的思维转变，以及对战略机遇期的认识和重视程度有关。一是中国开始明确提出"与邻为善、以邻为伴"的周边外交方针，奉行"睦邻、安邻、富邻"的政策，坚持与周边大小国家平等和睦相处；坚持通过对话合作增进互信，通过和平谈判解决分歧；加强与邻国互利合作，积极参与周边的海洋事务，共同走和平发展的道路。二是维护战略机遇期，积极主动地处理各种尖锐复杂的周边问题和国际问题，特别是与中国根本利益和长远利益相关的重大问题。

其二，中国海洋政策是同中国经济社会发展重心转移和建设社会主义现代化强国，实现小康社会的经济社会发展规划联系在一起，力图有计划地逐步由陆向海，兼顾陆海统筹，实现内外经贸、科技文化、人员往来合作循环，海洋经济发达，海洋综合实力强大，危机管控有力，在国际海洋事务中发挥重大作用的海洋强国。

其三，中国的海洋政策同整个国家的经济发展方式转变一致，为促进海洋经济发展方式转变提供政策指导和支持。以发展海洋经济为重点，促进海洋产业转型升级，从科技人才培养、研究项目支持到渔民培训、投融资等多方面着手，淘汰落后产能，不断创新体制机制，推进和落实海洋总体规划、各类海洋专项规划和地方海洋规划。

其四，中国的海洋政策同我国特有的政策和法律关系变化相联系，即一般先有国家战略设想、路线、方针确立，然后再制定相应的政策和法律，而且政策又有总政策、基本政策和具体政策之分，以及政策原则和政策策略之分。而国家领导人的正式声明或主张，既是国家基本政策原则，又是政策策略。比如邓小平提出的"十二字方针"：主权属我，搁置争议，共同开发。

其五，中国海洋政策的执行，反映了新的政策策略，就是因时因势而变，因外（敌）变我变，努力加强主权存在、行政存在、经济存在。同时，从"韬光养晦"的消极防御战略转变为"有所作为"的积极防御战略，重视构建军事、科技、经济等硬实力，重视构建国家自主知识产权和民族科技力量支持，创建和融通文化、教育等立体、多元的力量。

其六，中国的海洋政策体制改革与国家发展中的角色变化相联系。前者如海区经济、海岸带管理、无人岛屿租赁、渔业开发、环境保护、陆海统筹规划、中央和地方权责划分、区域资源共享；后者如国际合作、打击海上传统犯罪和非传统犯罪等，参与制定有关国际规则，增大对地区、国际纠纷、全球利益分配的话语权，承担更多更大的国际义务等。

其七，中国海洋政策在实践中体现了原则性和灵活性的统一。比如对于海洋主权的坚持，严格遵守公认的国际关系准则，敢于公开宣布核心利益；比如，坚持谈判解决有关纠纷，积极参与双边协议和多边协商；比如，加强行政执法，在12海里领海有效巡逻，实现民间和政府维权与企业开发、军事斗争准备的纵向互动。

（二）海洋政策体系的主要建设成就

第一，在一定程度上具备了全球视野，从中国的基本海情出发统筹规划国家的海洋战略和政策，树立以海富国、以海强国的思想，确立了海洋强国的远景战略目标，提出了国家现代化发展蓝图中的海洋可持续发展战略，制定了合理开发利用海洋资源和保护与保全海洋环境、发展海洋科学技术和教育的一系列规范，全面开展了海洋综合管理和海洋事务的国际合作实务，维护和拓展了国家利益。

第二，已经构建了比较成熟的国家海洋政策框架。如海洋主权政策、海洋管理政策、海洋经济发展政策、海洋区域经济政策、海岸带管理政策、海洋资源保护与发展政策、海洋环境污染与防治政策、海洋生态保护政策、海洋科技政策、海洋灾害预防及应对政策、海洋开发国际合作政策、海洋管理体制与科学研究政策、海洋事业人才培养政策，等等。

第三，维护国家海洋领土主权，制定国家海洋战略，维护海洋权益，发展海洋经济等政策思想与政策制定符合科学发展观的要求，做到了理论联系实际。对海洋生态环境的保护已经基本实现了制度化和执法检查常态化，海洋保护区建设、海洋生态修复进展良好，突发性海洋环境灾害的预防和应急处置能力大为提升，尤其在加强海洋监测预报，提高海洋公益服务质量，海洋的综合管控与行政执法能力稳步增强。

第四，面对周边国家对岛礁主权、海域划界以及资源开发等争议问题，加强了民政、经济、军事等方面的基础性建设，增强了海洋渔业生产、运输、石油天然气开发、海洋服务如水文气象监测、码头民用工程、科研投入及保卫和管理海域的力量。同时，积极参与国际和地区事务，兼顾维权和维稳，积极推动同周边国家的海上问题磋商，与周边国家在外交、防务、科技、渔业等领域积极开展合作与对话，维护地区和平与安全，避免矛盾激化，开创新的工作局面。

第五，开始进入国际公共海域，增强了对国际公共海域、南北极地及其周边海域、国际航海通道、国际海底等等涉及国家战略利益的认识，深入开展极地关键地区和领域的科学考察与研究，不断增强中国在极地的实质性存在，进一步提升中国在国际极地事务上的地位和影响力，参与相关国际制度的建设和国际海洋事务合作，发展自然科学基础研究和人文社会科学研究，为中国在维护海洋权益方面拥有综合性的理论、政策、法律、技术后盾，增强了国家的话语权。

第六，大陆与港澳台的农业、旅游合作已从陆地扩大到海洋，尤其在南海渔业、旅游、油气勘探开发领域的交流。在台湾海峡渔业养护与共管、两岸海洋防灾减灾、海水养殖病害预防、气候变化与海洋生物多样性研究、台湾海峡海洋环境保护等共同关切的领域进行交流研讨，推动学术交流与合作关系，成立了联合机构调解两岸渔事纠纷，尤其在大陆与台湾联手维护国家海洋主权方面，通过主权声明、支持民间维权等形式开始有了较多默契。

第七，海洋经济、海洋开发、海洋环境、海洋科技、海权意识等海洋事业和海洋文化已经形成广泛的社会基础和市场基础，包括经济、政治、军事、资源、环境、科技、安全、文化等已经形成以海兴文和以海兴商的大趋势，为海洋权益维护、海洋资源科学开发、海洋生态环境保护、海域使用与功能区划、海洋经济和海洋科技发展、海洋执法、海洋危机预防、海洋战略与规划的进一步发展与合作提供了强大动力。

（三）完善国家海洋政策体系的主要任务

其一，对海洋总政策、海洋基本政策、海洋具体政策进行进一步配套。本文所说"海洋总政策"，是指中华人民共和国宪法中关于领土、领海主权规定等原则和精神指导下的政府有关领海声明，包括表明国家战略的《中国海洋21世纪议程》等。"海洋基本政策"是指有关海洋资源开发政策、海洋资源保护政策、海洋环境保护政策、海洋行政管理政策、海域使用与功能区划、海洋经济繁荣、海洋科技发展、海洋执法、海洋危机预防，以及《全国海洋经济发展规划纲要》《全国海洋功能区划》等。而"海洋具体政策"，是指实施性、可操作性、可对应检测、监督的规定、规则、办法，比如《福建省人民政府关于加强当前海洋管理的若干意见》（闽政文〔2009〕331号）就是此类政策，等等。

其二，由全国人大法工委牵头，国务院法制局、国家海洋局协助负责，针对国家海洋政策与管理、中国海洋权益、中国海洋经济与科技、中国海洋资源与环境保护等方面，分类编纂的国家海洋发展战略、海洋国家政策。如海洋权益维护、海洋资源科学开发、海洋生态环境保护、海域使用与功能区划、海洋经济繁荣、海洋科技发展、海洋执法、海洋危机预防政策，以及参与签署的联合国组织、协约国协议等。

其三，对新兴的海洋产业给予系统的政策性扶持。一是海洋新产业，在现阶段主要是指海洋船舶工业，重点发展超大型油轮、液化天然气船、液化石油气船、大型滚装船等高技术、高附加值船舶产品及船用配套设备，同时稳步提高修船能力。二是海洋油气业，建设好国家石油战略储备基地，鼓励发展商业石油储备和成品油储备。三是滨海旅游业，对适宜开发的海岛，选择合理开发利用方式。同时，推进无居民海岛的合理利用，单位和个人可以按照规划开发利用无居民海岛，鼓励外资和社会资金参与无居民海岛的开发利用活动。四是海洋渔业，包括水产养殖、水产捕捞、市场营销等。五是海洋生物产业和航运金融、航运保险等现代服务业。

其四，对海洋事业进行金融信贷支持的政策性创新，促进信贷投放和金融资源集聚，优化金融服务体系。一要鼓励银行、信托、财务、担保、创投等机构加强合作，引导各类社会资金支持海洋产业融资，多渠道扩大海洋经济发展的社会融资总量。二要优化金融管理，促进海洋经济投资贸易便利化。进一步改善沿海地区外汇管理服务，为海洋经济领域的企业外汇收支活动提供便利。三要支持企业以人民币开展跨境贸易和境外直接投融资，扩大人民币在对外贸易和投融资活动中的作用。四要畅通银企融通渠道，完善海洋经济发展中重点企业和重点项目信息库，加强银行与企业、项目的信息共享，通过联合举办银企洽谈会、融资推进会等多种形式，积极主动地促进银行与企业和项目融资对接，共同营造金融支持海洋经济发展的良好氛围，为金融支持海洋经济发展构建良好的政策环境。

其五，积极推进实施流域综合管理项目，实施海洋与海岸带综合管理项目，做好流域和与流域相连海域的综合治理，衔接海洋管理与流域管理、海域管理与土地管理和地方行政管理，做到资源开发与环境管理同时启动。同时，实行机构改革，改变监控机构重叠和部门的分割，改变在流域和近海地区，多个监管部门在监测海域环境质量上标准不一、数据不能共享的问题。

其六，制定和发布政策性文件，促进渔业、渔民、渔产繁荣。组建渔民协会，促进渔业增效、渔民增收；支持创新海洋科技机制，增加海洋科技投入。尤其要积极扶持有关高校和研究机构、企业健全研发体系，促进海洋渔业科技推广，支持和鼓励海洋科技成果转化。

其七，引导和鼓励国外资金、人才、技术等要素投向海洋资源开发、滨海旅游、高新海洋产业等领域。提升出口加工区、保税物流园区、保税港区等特殊监管区功能，打造承接国际传统海洋产业和高新海洋产业转移的密集区；大力开拓利用海外市场，促进海洋产品出口，扩大航运、养殖、修造船等劳务技术输出；建立常态化合作交流机制，不断提升海洋经济对外开放和区域合作水平。

其八，改善沿海港口城市的港口、交通、腹地、物流、贸易和服务条件，加快建设经济与科技发达、社会与文化先进、港口吞吐能力强、城市基础设施完善、物流通畅便捷和城市国际交往广泛的现代国际港口城市。完善沿海城市的旅游功能，全方位构建海滨旅游开发网络，打造海滨旅游中心城市和海滨国际旅游目的地。按照生态宜居城市的要求，大力建设经济、社会、文化、环境协调发展，人居环境良好，能够满足居民物质和精神生活需求的沿海生态宜居城市。充分挖掘、整理和提炼海洋文化资源和历史遗产，大力发展海洋文化产业，打造海洋文化历史名城。统筹规划建设现代国际港口城市、海滨旅游城市、生态宜居城市、海洋文化历史名城，从而获得最佳的生态效益、社会效益和经济效益。

其九，国务院台办、海协会等部门应该继续主动同台湾"海基会"等部门联系协商，争取两岸企业界、知识界、政界代表等共同研讨南海资源的共同开发，包括油气及渔业等资源，共保国家领土领海权益。在签订有关协议和合同后，正式合作开采南海油气资源。支持海南省三沙市参与南海资源的开发，依照我国相关法律法规，鼓励国外企业通过竞标，合作开发南海资源。

三、强化南海海洋行政管理的法律法规支撑体系

（一）海洋行政管理法律法规支撑体系的特色

首先，改革开放之前对海疆海域的管理，重在"军民联防守海疆的体制，其主要任务是反敌特和护渔护航。当时，真正意义上的法制建设尚未提上议事日程，因此，期间出台的法律比较少"①。改革开放后，围绕全面建设小康社会大局，认真审视海洋作用，把海洋权益保护与社会主义现代

---

① 郁志荣．我国海洋法制建设现状及其展望［J］．海洋开发与管理，2006（4）．

化建设和实现中华民族伟大复兴联系在一起，越来越重视与具体实施陆海统筹政策，制定和实施海洋发展战略。海洋立法已经指向海洋开发、控制、综合管理，发展海洋油气、运输、渔业等产业，合理开发利用海洋资源，加强渔港建设，保护海岛、海岸带和海洋生态环境，以及保障海上通道安全、国际和地区合作等各个方面。

其次，由于面临海洋疆域主权争议的压力，特别是有关争议方与国际社会开发钻探技术提升加快、不当开发行为加快的压力和自身经济发展的需求压力，使得海洋法制建设形成了以"国民经济的贡献率，保障国家安全，增强国际竞争力，实现建设海洋强国的奋斗目标"为动力，这是符合社会主义市场经济规律的。国内中央与地方、区域与区域之间、各部门之间可操作和监督的规则，包括可据此寻求与各国互利共赢和共同发展机会的制度框架①。

第三，海洋法治建设同中国政府由管制型政府向服务型政府的转型联系在一起。海洋行政管理机关在管理过程中要做到依法行政，必须遵循一些基本原则和一些特殊原则。一般原则主要有：海洋行政法治原则、海洋行政公开原则、海洋行政公正原则、海洋行政效率原则；特殊原则主要有：合法性原则、合理性原则和应急性原则。②

（二）海洋行政管理法律法规支撑体系的主要成就和主要任务

正是基于旨在占据新的海洋竞争优势，我国作为联合国海洋法公约的签约国，应当增强紧迫感和危机感，从维护国家主权和利益的高度强化国家海洋综合管理，以便在未来的海洋竞争中掌握主动权，方可立于不败之地。

1. 到现在为止，我国已经初步完成海洋法制体系

这方面主要反映在：一是制定颁布了综合性海洋法律。如《中华人民

---

① 以推进资源税改革、完善资源税制度，修订《对外合作开采海洋石油资源条例》《对外合作开采陆上石油资源条例》为例。

② 吕建华．论法制化海洋行政管理［J］．海洋开发与管理，2004（3）.

共和国政府关于领海的声明》《中华人民共和国领海及毗连区法》《中华人民共和国政府关于中华人民共和国领海基线的声明》《中华人民共和国专属经济区和大陆架法》《中华人民共和国海域使用管理法》《中华人民共和国海洋环境保护法》《中华人民共和国海事特别程序法》《中华人民共和国海洋行政处罚实施办法》及附属法规和规章。目前基本确立了领海权力（权利）、海洋功能区划、海域权属管理、海域有偿使用基本制度；保护海洋环境和生态，以实现海域空间资源可持续利用。这些法律法规为我国的全疆域海洋活动管理、海域使用管理、海洋环境保护的执法提供了依据。此外，我国作为《联合国海洋法公约》的缔约国和各种多边协议与双边协议以及有关联合声明的国家，已经成为各种海洋权利的重要发言人和利益犹关方，任何无视中国、想甩开中国来解决事关中国切身利益的图谋已经不可能再发生了。

2. 海洋行政管理方面的法律法规与行政规章等支撑体系尚待进一步完备

需要进一步做的工作主要有：

第一，适时修改作为根本大法的宪法，或对宪法做出补充条款或宪法性解释。一为宜用专门条款载明海洋国土权力和海洋国土保护；二为完善关于行政区划方面的规定，① 以便为南海和东海方面的行政区划作好法律准备。

---

① 《中华人民共和国宪法》第 30 条有关行政区域划分的条款中没有地区及地级市的规定，地级市的产生使中国实际上成为省、地级市、县、乡四级体制，所以，地级市以及"市管县"体制的宪法依据不明确。而且，根据民政部 1993 年 5 月提出后，国务院批准的。其中关于设立地级市的标准是：市区从事非农产业的人口 25 万人以上，其中市政府驻地具有非农业户口的从事非农产业的人口 20 万人以上。工农业总产值 30 亿元以上（1990 年不变价），其中工业产值占 80% 以上；国内生产总值在 25 亿元以上；第三产业发达，产值超过第一产业，在国内生产总值中的比例达 35% 以上；地方本级预算内财政收入 2 亿元以上，已成为若干市县范围内中心城市的县级市，方可升格为地级市。三沙市的设立只见之于民政部在有关规定中关于设立县级市中的条款："具有政治、军事、外交等特殊需要的地方。"所以，进一步在宪法或国家其他基本法律中载明地级市的规定，不仅能更好地体现制度规范，而且还会带来后续成就，即进一步规划增设其地级市管辖下的南海大量无人岛屿为区（县）级行政区，拓展中国在南海管控的实际幅面。

第二，完善国家基本法律。建议尽快制定《中华人民共和国海洋法》《中华人民共和国海洋区域法》《中华人民共和国海洋资源保护法》《中华人民共和国海上安全法》《中华人民共和国水生动、植物保护法》等涉海法律，以国家法律的形式载明我国海洋的面积、管辖区域、相关权益、国际与地区合作、执法原则、执法方式等内容，为有关国际诉争提供主权国家的法理依据。

第三，由全国人大法工委牵头，国务院法制局、国家海洋局协助，统一编纂现有关于海洋资源、海洋资源行政管理方面的法律。我国目前尚没有直接以保护海洋资源为名义的法律，但是很多资源方面的法律都涉及海洋资源，如《中华人民共和国渔业法》《中华人民共和国矿产资源法》《中华人民共和国野生动物保护法》《中华人民共和国土地管理法》等。统一编纂海洋资源行政法规，如《中华人民共和国渔业法实施细则》《中华人民共和国陆生野生动物保护实施条例》《中华人民共和国水生野生动物保护实施条例》《中华人民共和国野生植物保护条例》，等等。①

第四，由全国人大法工委牵头，国务院法制局、国家海洋局协助，督促、检查全国各省、直辖市、自治区关于地方海洋资源法规、行政规章制订情况，以及国务院所属各部委和其他依法有行政规章制定权的国家行政

---

①　法律编纂，又称法典编纂，是指对属于某一法律部门的全部现行规范性法律文件进行内部的加工整理（比如对其立法宗旨、逻辑关系、法言法语规范等），而使之成为一部系统化的新法典的活动，它是国家的一项重要的立法活动。由此可知，下述法律当然包括在内：1982 年 1 月 30 日，《中华人民共和国对外合作开采海洋石油资源条例》（2001 年 9 月 23 日修订）；1982 年 8 月 23 日，《中华人民共和国海洋环境保护法》（1999 年 12 月 25 日修订）；1983 年 9 月 2 日，《中华人民共和国海上交通安全法》；1983 年 12 月 29 日《中华人民共和国海洋石油勘探开发环境保护管理条例》；1983 年 12 月 29 日《中华人民共和国防止船舶污染海域管理条例》；1985 年 3 月 6 日《中华人民共和国海洋倾废管理条例》；1986 年 1 月 20 日《中华人民共和国渔业法》（2000 年 10 月 31 日修正）；1986 年 3 月 19 日《中华人民共和国矿产资源法》（1996 年 8 月 29 日修正）；1988 年 5 月 18 日《中华人民共和国防止拆船污染环境管理条例》；1989 年 2 月 11 日《中华人民共和国铺设海底电缆管道管理规定》；1990 年 5 月 25 日《中华人民共和国防治海岸工程建设项目污染损害海洋环境管理条例》；1990 年 5 月 25 日《中华人民共和国防治陆源污染物污染损害海洋环境管理条例》；1992 年 2 月 25 日《中华人民共和国领海及毗连区法》；1996 年 6 月 18 日《中华人民共和国涉外海洋科学研究管理规定》；1998 年 6 月 29 日《中华人民共和国专属经济区和大陆架法》；2001 年 10 月 27 日《中华人民共和国海域使用管理法》，等等。

部门制定的有关合理开发、利用、保护和改善海洋资源方面的行政规章情况，同时督促、检查其他海洋资源规范性文件，即由县级以上人民代表大会及其常务委员会、人民政府依照宪法、法律的规定制定的有关合理开发、利用、保护和改善海洋资源方面的规范性文件制订情况。对于不完备，尤其临海区域的省、直辖市、自治区关于这一方面的地方性法规、规章和其他规范性文件欠缺的，要督促其进行研究改善。①

第五，进一步完善海洋行政立法、海洋行政执法、海洋行政司法和监督海洋行政，进一步明确政府责任。② 加快制定海洋综合管理方面的法律法规，调整单项海洋法律、法规之间的关系③，加大海洋环境保护和海洋资源管理方面的立法工作，推进区域环境管理立法，强化海域使用的法律体系。规范执法机关的职责，执法机关的权限，各执法机关之间的关系，进一步做好海事、海商、海关、金融服务，同时加强司法服务。

第六，调整产业布局，优化海洋产业结构，加快海洋经济发展方式转变。要大力发展海洋循环经济、高新技术产业和旅游业、生态渔业、设施渔业、安全渔业，提高海洋经济质量和水平；要积极推进社会公共利益的

---

① 包括关于海洋资源、海洋环境标准、环境保护、海洋运输、海事、海商、海洋科学研究等综合性海洋法律、综合类行政法规及其他国务院规范性文件、参与签署的国际条约、协定等，如倾废物海洋倾倒制度、海洋气象与海洋灾害预报制度、无人岛屿租用管理制度、水产品准入制度、海洋设施和构筑物登记管理制度、海水入侵和土壤盐渍化监测、出境水生动物检验检疫监督管理制度、海洋功能区划管理制度、船舶污染海域应急预案制度、非法养殖用海治理制度、海洋工程建设项目污染损害海洋环境管理制度、海洋行业特有工种职业技能鉴定实施制度、海岛生态保护、养殖用海管理示范制度、浅海护养许可证制度、海域使用金征收制度、海水利用专项规划制度、海洋环境保护制度、水上生产安全保护制度、乡镇养殖用海管理制度、围海造地管理制度、海域使用权招标拍卖管理制度、海域使用权抵押贷款管理制度、水产品安全标准制度、水产品养殖生产国际认证制度、海洋旅游管理制度、海洋工程建设项目、环境影响报告核准管理制度、海洋功能区划制度、水产原良种审批制度、渔业水域污染及水体保护制度、渔业污染事故调查鉴定资格管理制度、水产品批发市场管理制度、水产技术推广管理制度、水产资源繁殖保护制度、海峡两岸航运制度，等等。
② 比如《中华人民共和国海岛保护法》以法律的形式确立了海洋行政主管部门在海岛保护与开发利用工作中的行政主体地位。
③ 《海岛保护法》通过，第一次以法律的形式确立了海洋行政主管部门在海岛保护与开发利用工作中的行政主体地位。

海洋公益立法、提倡公益诉讼。

第七，继续严格遵守我国参与签署的国际条约和综合性双边协定。如《联合国海洋法公约》《南极条约》《中华人民共和国政府和美利坚合众国政府关于有效合作和执行一九九一年十二月二十日联合国大会 46/215 决定》《中华人民共和国国家海洋局和南太平洋常设委员会合作协议》，以及我国缔结或参加的海洋环境保护类国际条约，包括海洋环境保护的多边条约和双边协定。

第八，积极参与国际海洋法的制定和修订工作，包括国际海洋法庭审判规则的修订工作。正如莫世健先生所说，"中国对国际海洋法制建设的积极参加，将能够有效地影响国际海洋法规则的发展和解释，也将能够最大限度地有效保护中国自己的海洋利益。……通过参与和解决实际问题逐步积累经验和知识，争取早日成为制定海洋游戏规则的主导国家之一，并早日成为真正的海洋强国。"①

四、强化南海海洋行政管理的协调机制和支撑体系

（一）高度重视国家海洋战略的制定

1. 中国的海洋战略是国家发展战略的重要组成部分②

制定国家海洋战略应该包括对孙中山、毛泽东、邓小平为代表的中国近现代思想家、政治家关于国家海权、国家现代化和世界视野的再汲取，包括对现代国际社会和各国的经济、政治、海洋在国家发展中的重要作用的深刻理解，包括对中国当代海洋事业发展与国家海洋政策、当代海权观念、海洋

---

① 参见莫世健：中国必须参加和主导海洋法制的发展，中评网 2010 年 9 月 13 日。

② 建国六十多年来，关于国家现代化的思考和提法几经变化，中共第一代领导人所提出的在中国实现"四个现代化"的口号重在工业化；第二代领导人所提出的中国实现现代化分"三步走"，2050 年中国基本实现现代化，达到中等发达国家水平，重在脱贫和全民富裕；第三代和第四代领导集体所提出的全面建设小康社会，开创有中国特色的社会主义现代化新局面，包括在 21世纪实现国家民主、法治、富强、社会和谐、国家完成主权统一、领土完整，中华民族全面复兴，其要旨是执政党真正做到"三个代表"，科学发展。

思想与国家海洋政策的历史比较，以此来指导国家海洋权益主张和权益保护、海洋竞争力和体制竞争力的提升，以及海洋主权纠纷、海洋资源开发的政策法治框架的原则；还应该包括和平发展、经济开发与合作、资源永续利用等体现国家主权，如国家目标、主要对策、手段等，以及对联合国组织等公认的制度规则的基本态度。中国特色的社会主义现代化、全面实现小康社会和中华民族复兴、执政党领导下的法治政府改革将是中国海洋战略的根基。

2. 中国的海洋战略必须明确维护中国核心利益和发展安全原则

中国的海洋战略事关中国发展未来的百年大计，应明确维护中国核心利益的原则和发展安全原则，界定国家的核心利益，坚定地维护国家核心利益，同时重申"充分尊重各国维护本国利益的正当权利""妥善处理热点问题""把中国人民的利益同世界各国人民的共同利益结合起来"的意志和决心；应该体现对近现代东西方经略海洋方式、经验的学习借鉴和批判扬弃①，体现现代化条件下的大国政府管控和法治化开发治理，所以，可以在原则上给予有关涉海政策、法律的制定提供支持，如涉及中央与地方关系、市场、政府与企业关系、内海与外海（pelagic sea and open -sea），即较大面积的水域并与大洋相连的海，泛指远离陆地的海域管理的框架指引。

3. 中国的海洋战略是国家生存战略与国家发展战略的延伸

中国的海洋发展战略是国家生存战略与国家发展战略的延伸，是经济、政治、法制、科技、文化包括军事的总体性战略和强国战略，它应当体现与国家对内战略（国内建设战略）、对外战略（国际战略）、地区发展战略以及

① 2004年底，美国海洋政策委员会向美国国会提交了名为《21世纪海洋蓝图》的海洋政策正式报告。2004年12月17日，美国总统布什发布行政命令，公布了《美国海洋行动计划》，对落实美国《21世纪海洋蓝图》提出了具体的措施。同时，布什还宣布，为了实施该行动计划，将成立一个内阁级的海洋政策委员会，设在总统行政办公室。新的海洋政策委员会将指导原海洋政策委员会的关于海洋和沿岸管理的建议的落实，2007年正式出台了国家海洋战略。加拿大、欧盟、澳大利亚也分别在2004年、2007年和2009年出台了各自的海洋政策和战略计划。

各领域发展战略的一致性。同时，作为一种国家积极作为的"应变能力"表现，明确指出主权安全和共同安全事项，表明对各种传统威胁、现实威胁和"潜在威胁"的务实态度，为《中华人民共和国海洋基本法》的正式制定，为东海和南海等海域的开发和维权起到"纲举目张"的作用。

（二）整合机构，协调职能

1. 完善和拓展国家海洋委员会职能

分析新中国六十多年以来中央政府的机构构成，可以依稀看出陆地国土经济社会治理的重心所在，中国今天面临的海洋困境实则是海权困境，海权困境是陆权困境的延伸，由陆向海、陆海统筹发展，应当体现在中央政府的机构设置上，这就是设立的高层次议事协调机构——国家海洋委员会。其职责是负责研究制定国家海洋发展战略，统筹协调海洋重大事项。可见，国家设立的海洋委员会，其级别等同于国家能源委员会和改革发展委员会，主任应由总理或副总理兼任。笔者认为，国家海洋委员会的职责还应进一步完善和拓展：

（1）全面、系统地规划中国海权战略目标，组织调研、起草国家海洋事业发展战略和涉海方针政策，向国务院和全国人大提交和审议；

（2）会同外交、军事和涉海部门就涉及国家全局性的重大海事问题进行研究，并向中央政治局、全国人大常委会和国务院汇报工作；

（3）组织调研、起草和修订有关涉海法律，会同有关部门拟订并监督实施极地、公海和国际海底等相关区域的国内配套政策和制度，处理国际涉海条约、法律方面的事务；

（4）协调和指导海洋发展中跨部门跨单位的工作，监督各省、自治区、直辖市等涉海法律政策的执行，处理全国跨行业、跨区域的涉海重大事项，解决各类海上突发事件；

（5）组织调研、协调完成国家周期性的五年经济社会发展规划和区域涉海规划，协调指导海洋资源开发、海洋环境保护、海洋科技等重大项目建设；

（6）组织对外合作与交流，参与全球和地区海洋事务，组织履行有关的国际海洋公约、条约，承担极地、公海和国际海底相关事务；

（7）参与对体制改革后的涉海行政部门、边防等执法部门的双重管理，推进海事管理和执法体系的完善；

（8）会同国家能源委员会、发展改革委员会、国土资源部、外交部、国防部、科技部、教育部等，研究涉海外交、安全防卫、科技开发、文化宣传等问题，并提出原则性意见；

（9）承办中共中央、全国人大、国务院和中央军委所委托的其他涉海事项。

2. 进一步完善涉海执法机构职能整合①

我国现行海洋管理的成绩是管理体系齐全，其机构的优点是权责相对明确，中国海监隶属国家海洋局，下辖北海、东海、南海三个海区总队，在我国管辖海域实施定期维权巡航执法制度，查处违法活动。中国渔政隶属农业部，包括黄渤海、东海、南海3个海区渔政局，下设"渔政总队"。渔政指挥中心成立后，负责组织协调全国重大渔业执法行动，包括跨海域、跨省区的护渔行动等。海关缉私局隶属海关总署，主要职责是打击各类海上走私违法犯罪活动。中国海事隶属交通部，主要负责行使国家水上安全监督及海洋设施检验、航海保障管理和行政执法，并履行交通部安全生产等管理职能，确保我管辖海域船舶安全和航行秩序等。公安海警隶属公安部边防管理局，主要负责海上防范和打击境外敌对势力、偷渡、走私、贩枪、贩毒及其他违法犯罪活动，以及军事演习警戒，对海洋违法犯

---

① 现行涉海管理体制，从中央到地方，都是根据海洋自然资源的属性及其开发产业，分兵把口，以行业部门分工管理为主，基本上沿袭了陆地各种资源开发行业部门分工、各管一块的传统做法。其弊端就是不符合现代海洋问题的特点，不适应当前的海洋形势发展的需要，事实形成了各自为政的局面。因为机构重叠、政出多门，管理范围不明确，结果当然只能是各自为战，力量分散。对这种涉海管理体制进行改革，也就是对涉海执法机构职能整合的问题，其实讨论已经有几十年之久，事涉部门利益之争。部门利益的表现和要害在于：一是部门利益最大化，二是部门利益法定化，三是部门利益国家化，四是部门利益国际化。

罪嫌疑人员和船舶依法实施登临检查等。

　　但是，长期以来，由于国家海洋局的中国海监、公安部的边防海警、农业部的中国渔政、海关总署的海上缉私警察等执法队伍各自职能单一，执法过程中遇到非职责范围内的违法行为时无权处理，影响了执法效果。同时，由于每支队伍都自建专用码头、舰船、通讯和保障系统，造成重复建设、资源浪费。而且几支队伍重复发证、重复检查，成本高、效率低，增加了企业和群众负担，使得海上执法力量分散问题成为多年来一直想解决而又没解决的老问题，社会各界高度关注。鉴于此，第十二届全国人大一次会议第三次全体会议审议的《国务院机构改革和职能转变方案》提出，要根据海洋事业发展需要，借鉴国际有益经验，通过这次改革，将原国家海洋局及相关部门的海上执法队伍和职责整合，重新组建国家海洋局，并以中国海警局名义开展海上维权执法，同时接受公安部的业务指导。事实上，从目前的运转情况看，这样有利于统筹配置和运用行政资源，提高执法效能和服务水平，但也存在一些需要进一步完善和强化的问题。尤其是目前海洋、环保、渔政、海事、边防、海关等几大部门构成的分散型行业管理体制，使得海洋涉及的管理机构仍多达十几个，国家海洋委员会的运作机制还在探索之中，迫切需要完善和规范。

　　关于海洋执法力量整合问题，专家们比较集中的看法是成立准军事执法力量，以应对当前严峻的海洋斗争形势。罗援将军在2013年初全国政协会议上的提案，建议在南海做到"五个存在"，以强化南海维权，即"行政存在、法律存在、国防存在、舆论存在和经济存在。"其中的国防存在，就是可以考虑建立海岸警备队①。实际上，综合比较我国的海上执法力量，

---

　　① 加强海洋管理机构。美国总统布什曾宣称21世纪是太平洋世纪，成立了负责制定国家海洋发展战略的海洋委员会。美国国会开始考虑进行新一轮国家海洋政策研究。韩国组建了海洋渔业部、成立了海岸警备队，印度尼西亚成立了海洋渔业部，越南成立了海岸警备队，菲律宾、印度、澳大利亚和巴西等沿海国家相继提升海洋管理机构层次，这些机构呈现出由分散管理趋向集中管理的特点。

海警具有公安性、涉外性和武装性的特点，既能够有效承担起维护海上治安、保障人民生命财产安全的一般警务活动，体现其公安性的特点；又能够在打击武装走私、偷渡、武装贩毒、抢劫、海盗等恶性海上刑事案件，以及参与国际警务合作共同打击跨国境的犯罪活动中发挥其涉外性和武装性的优势。从这一层面上理解，海警在与国际接轨、参与国际警务合作和海上力量竞争的过程中具有明显的优势。因此，以准军事化的海警为主体构建强大的海上执法力量，既是严峻的海上治安形势下保障我国公民生命财产安全的需要，也是与国际接轨和开展国际合作的需要，更是维护我国海洋权益和参与国际海洋竞争的迫切需要①，我国必须在中国海警局机构、职能、规则、力量、机制等方面的进一步完善上下大功夫。

（三）强化实际存在的举措

1. 以岛制海，加强行政存在

首先，三沙市可在所辖西沙、中沙、南沙诸群岛及海域划区治理。按照行政惯例，三沙市是地级市，所辖西沙、中沙、南沙诸群岛及海域如果分区即为县级区。地级市中设立县级区，对外公示，法理当然。其后根据情况，规划旅游、科研路线、治理内容，规划石油、天然气、渔业开发与海防巡察等工作。

以东沙岛、西沙永兴岛、黄岩岛、南沙太平岛为南海经略的支点，可划分为国防军事用岛，加强军用码头、机场、信号监测等岛礁基础设施建设；生态旅游业用岛，适度开发，进行短期观光，发电、用水等；行政军事用岛，适度填海造陆，锚泊民船、军舰；石油天然气开发据点性用岛，用以建设钻探采集，军事重点保障；岛礁季节性居住用岛，主要用于渔民出海捕捞临时在岛上居住。争取对以上各种用岛，逐步完善其海上气象、导航等设施。

其次，正式开始三沙市海域的民间开发，开展"屯海戍疆"行动。组

---

① 于晓艳. 论我国海上执法机构的整合与构建［J］. 时代报告（学术版），2012（5）.

成民兵预备役形式的生产建设兵团（只是对外宣布，无须其他实际行动），允许民间资本参与南海资源开发。

再次，向南海无人岛屿移民。这种移民只是城镇户口所在地名义上的移民，对外昭示国家疆域行政区划、人口一致性，主要是一种主权和民意宣示，从而改变过去那种长期不开发，既不驻兵也无"边民"的现象，重建积极作为、有效管控的局面①。

2. 提升钻探能力②，拓展地区和国际招标③，强化经济存在

在拓展地区和国际招标方面，首选之策是两岸合作。两岸现在对"同属一个中国"持一致立场，南海诸岛自然就是两岸不能分割的国土，台湾对南海主权争议所持的立场是"主权在我，搁置争议，和平互惠，共同开发"，与大陆的"主权在我，搁置争议，共同开发"基本一致。但是，台湾现阶段会顾及岛内政治，以及自身同美国和日本的关系，不愿意正式公开同大陆在海洋主权纠纷上合作维权，却可以采取相互默契的方式给予支持，以争取双赢。这种默契就是：一为允许民间出面维权。比如渔民出海作业互助，政府给予补贴；双方渔民出海至争议岛屿（礁）捕捞或抗议，政府予以保护；二为双方企业在南海主权争议区或靠近他国争议区合作采油④；三为共同向国际社会表达意志，比如表示国家领土寸土不让，还有

---

① 这种在主权属我的争议岛屿移民，需要相应的法律规范，政府才能操作。

② 根据有关报道，近两年我国自主研发的深水钻井技术大幅提升，不少技术已达国际水平或是国际首创，已经可以独立进行深水油气勘探开发，标志着我国海洋石油深水战略迈出实质性步伐，钻井深度可达1万米。深水钻井平台在南海正式开钻，如"981钻井平台"，表明中国拥有独立深水油气勘探开发能力，对有效开发南海深水油气资源具有积极意义。

③ 2002年的11月4日，在第六次中国与东盟领导人会议上，中国与南海有关各方签署了《南海各方行为宣言》这样一个政治性文件。南海行为宣言明确宣布"在争议解决之前，各方承诺保持克制，不采取使争议复杂化和扩大化的行动。"结果，宣言归宣言，宣言签订以来的十年里，南海周边国家已在我国南沙海域钻探油井1000多口，每年开采的石油超过1000万吨，天然气350亿方。有的国家一再非法将南沙海域划分油气招标区，公开引入西方石油公司签订合作开发南沙海域的石油和天然气合同。它们的办法主要是，公开大肆开采南海石油天然气等资源，大肆捕捞渔业产品并抓捕我国渔民，还不断制造所谓的建立学校、医院等企业与进行国际招标开发，以及进行所谓的设立行政机构、国内立法、加强军事控制等"既成事实"。

④ 早在2003年，台湾的中油与大陆的中海油，在台湾海峡潮汕盆地已经开始合作开采石油与天然气。

两岸海上类似如搜救演练，等等。① 两岸合作保钓和保卫南海权益，不仅仅是民族大义，而且在实际上对美、日也是一个重大牵制，意义巨大而深远。但要注意掌握分寸的是，一是不可寄予太急、太符合情理的期望，因为在马英九当局的心中，"台独"不好，也实现不了，"大中华"的观念如祖宗的观念一致，是不可弃的，马英九个人也明确表示，在有生之年全力维持海峡和平避免战争，对东海方向的日本，南海方向的越南、菲律宾等对自己一方经常表现的霸道和无视异常愤怒，但同时与美、日的关系特殊、感情特别，长期保持同美、日的亲密联系②，也是台湾当局维持同大陆能够在一定程度和形式上"平起平坐"的基本保证（条件）；二是马英九当局保钓与保南海时的许多"不与大陆合作"的表态、建议与相关举措，包含着台湾与大陆同等身份和地位的图画宣示，既影响了两岸合力的力量，又易于被美、日等外部势力利用。所以，大陆处理和应对此类问题时的办法，包括用词都要斟酌、再斟酌。③

① 据中新社 2012 年 8 月 29 日电（记者 周音）从中国海上搜救中心获悉，8 月 30 日 10 时 30 分，"2012 年海峡两岸海上联合搜救演练"将在台湾海峡的厦门、金门海域举行。这是自 2010 年以来，海峡两岸海上搜救力量再次共同进行的大规模海陆空联合搜救演练。中国海上搜救中心相关负责人透露，演练主观礼台将设在台湾大型海巡舰"台南"号上。本次演练的主题是"强化搜救合作，共建平安海峡，维护两岸三通，共创两岸双赢"。

② 据环球网、联合早报网、台湾联合新闻网等报道称：钓鱼岛主权争议尚未落幕，台湾地区与日本的军事情报交流仍保持常态，"台海军"10 月中旬由将领率团与日本海上自卫队展开情报交流会议。台湾地区与日本的军事情报交流会议每年固定在日本举行，为期五天，日方所提供的情报都不具参考价值，但台湾地区却大量提供给日方中国人民解放军的最新部署情报。另外在两岸情势缓和后，台湾地区秘密与印度、日本、美国等军方人员建立军事合作关系。据台湾地区某将领透露，近年由于大陆军力崛起，积极在东海及南海活动，亚太区域内包括日本、菲律宾在内的一些国家，陆续与台湾地区恢复情报交流会议，希望取得台湾地区长期监侦大陆东南沿海所累积的情资，台湾地区"国防部"成为各国研究中国人民解放军的重镇，各国纷纷派员来台研修，进行情报交换者，络绎于途。

③ 台海两岸现阶段的最大现实是，两岸关系空前缓和；同时，台湾岛内蓝绿两党对大陆的态度存在着很大的距离，但在对待"一国两制"的态度上并非完全相反；而马英九当局对日本的态度和心理是很复杂的，亲美亦亲日，"争渔权重于护主权"；与此不同的是，虽然承认"一中"，却是"中华民国"的"一中"，两岸在法理上仍属"敌对状态"，政治对立格局没有任何改变，尤其是台湾当局一直在军事上将大陆视为台湾的"假想敌"，也从来没有改变过，并且借助美、日对抗大陆的各种手段和部署也从来没有改变过，从美国那里从来没有少买武器。所以，至少在现阶段，要两岸联合保钓，共同对付日本，是不现实的，只能先进行民间努力。

关于招标国际性大公司参与开采①的意义，一是显示主权在我，二是引进国际性大公司，一旦正式签订合同并付诸实施，对争议方是个难解的压力。越南、菲律宾等国以前正是这样对付中国的，我们完全可以依样学样，并且可以做得更扎实、更好。

关于与有关争议方合作开发。有关各方在南海地区搁置争议、共同开发，愿意在相互尊重和平等互利的基础上，与有关各国探讨共同开发该地区的途径和方式，这是我国的一贯积极立场。但这种合作开发的前提，必须是在确认我国对南沙群岛主权的情况下，否认中国主权，就不可能"共同开发"。

3. 海上维权，严格执法，提升管控能力

海上维权是指依照国家法律法规，对我国管辖海域实施巡航监视，查处侵犯海洋权益、违法使用海域、破坏渔民渔业安全、破坏海上设施、扰乱海上秩序等违法违规行为，具体是指定期巡航执法。海警船舶和飞机要坚持以常年、常月和每天海上执法，保证执法船、执法飞机在全海域不间断执勤，全海域空天定期巡航，即对我国管辖海域实施长时间、不间断、全方位的海空协同巡航执法。为保障海上执法的有效性和执法安全，必须建造大吨位、航程远且性能先进的船、艇、飞机。要加强实时监控和调查取证能力，装配安全可靠的指挥和信息传输系统，引进国际先进的航空遥感设备、部分深海测量装备和远距离监视监测执法设备，做好对赤潮、溢油、海冰等海上目标实施监测，对侵害我国海洋权益的外籍船只实施连续跟踪监视，昼夜取证，实现陆上指挥与海上行动之间的视频即时联络，能够保证决策到位，有效应对突发事件，切实保证海上安全。同时，配备高性能、远距离、海空目标监视系统及地面宽带音视频传输网络，两级数据中心，实现全海域远程海空立体实时监视取证能力。

---

① 据人民网黄烨 2012 年 8 月 29 日报道，8 月 28 日，中国海洋石油总公司公布中国海域 2012 年第二批将推出的 26 个区块，供与外国公司进行合作。这是继当年 6 月 23 日之后，中海油第二次在官网公布相关信息。中海油官网资料显示，本次 26 个区块总面积约 73754 平方公里。

海上维权，宜采取渔民、渔业活动在前，中国海警随后，海军准备的方式。现阶段，海军航空兵的作战半径基本已能覆盖整个南海，同时，解决空中加油问题已经增大了留空时间，或文或武、进退自如这种方式，能够在尽量不升级冲突的情况下迫使对方止步。也就是说，海上执法要以动制动，以变应变。①

4. 综合运用外交与军事手段

一是外交态度和策略。中国的和平发展战略已经昭示天下，中国外交坚持与邻为善、与邻为伴的睦邻、富邻的外交政策，既不会霸权，强取豪夺，也不会贪占，投机盗窃他国的疆土和有关利益。维护包括南海在内的海洋权益，属于维护本已属于中国自己国家疆域和国家主权的权益，必须坚持"国家利益第一"原则，而非"国家形象第一"原则，国家利益丧失了，还谈什么国家形象？所以，外交艺术、外交语言等只能是服务于国家利益需要。外交既要服务于当前的任务，更必须着眼于国家的整体利益和长远利益，也就是子孙后代的切身利益，明确表达坚定的国家决心。同时，从容自信，遵守国际规则，注意团结朋友，不主动对抗，尽量减少误判，方式方法要自我节制，避免与海权大国发生对抗，尤其应当谨慎地处理与周边大国的关系，特别是与美国的关系。

二是积极防御，进行必要的军事斗争准备。中国奉行和平共处的对外政策，但俗话说得好，"害人之心不可有，防人之心不可无。"发展必要的武器装备，进行必要的武器试验，以及进行例行的军事演习和对外联合军事演习，才能更好表达国家维护主权的决心、凝聚民意，才能切实锤炼军

---

① 近一段时间我国处理日本所谓的钓鱼岛"国有化"挑衅闹剧的主要做法是，及时宣布钓鱼岛及其附属岛屿的领海基线，宣布领海基线的法律意义是，领海基线以外12海里是我们的排他式主权。随之，包括中央电视台开始对钓鱼岛进行气象预报，我国渔政、海监部门组织对钓鱼岛及其附属岛屿进行了持续的海上巡航，以及军事部门安排的无人机空中巡航。这些表明国家主权的法律行为切实有效。这也意味着，必要时，我们可以根据《中华人民共和国领海及毗连区法》采取拦截、临检、扣押、司法程序审判等措施。上述做法丰富了我们的南海主权斗争的经验，关键的一条，就是公开地宣传和坚定地展示自己的国家决心，并且根据实际需要采取维护国家海上权益的方法和手段。

队反霸权、反侵略、反侵袭的能力，防患于未然。

（四）做好三项具体工作

1. 融通财政与社会资金，促进海洋金融事业

海洋大国在这方面的不少做法值得我们学习和借鉴。[①]发展海洋经济、提升综合国力的大方向明确之后，问题就在于体制机制设计和具体实施办法。融通财政与社会资金专项资金在海洋方向的投向重点，在现阶段主要有这样几个方面：一是海洋生物等战略性新兴产业领域科技成果的转化、产业化和市场培育，以及海洋产业公共服务平台建设；二是海洋生物等战略性新兴产业的应用技术研发和应用示范；三是以高等学校为实施主体的面向海洋经济，尤其是海洋生物等战略性新兴产业的核心共性问题，以及区域发展的重大需求等的协同创新；四是海域海岸带整治修复等。

鉴于融通财政与社会资金专项资金已成为公共政策的重要内容，必须保持相应的科学性和持续性，因而扶持和引导战略性新兴产业发展就是题中应有之义。战略性新兴产业发展专项资金支持国家科技计划、海洋公益性行业科研专项资金、高等学校创新能力提升计划专项资金、地方财政资金以及社会资金等形成的海洋生物等战略性新兴产业领域科技成果的转化、产业化和市场培育，支持海洋产业公共服务平台建设。海洋公益性行业科研专项经费支持海洋生物等战略性新兴产业的应用技术研发和应用示范。高等学校创新能力提升计划专项资金重点支持以高等学校为实施主体的面向海洋经济，尤其是海洋生物等战略性新兴产业核心共性问题以及区域发展的重大需求等的协同创新。

根据国务院有关通知精神，沿海省份要结合产业发展的不同阶段和特点，分别运用补助、贴息、风险投资、担保费用补贴等多种有效方式，尤其是要注重发挥财政资金支持方式灵活优势，加强与所在地金融机构的衔接，引导金融机构参与，创新金融产品，引导社会资金更多投向海洋经

---

① 王伟伟. 浅析主要海洋大国海洋财政政策及与我国的比较［J］. 财会研究, 2011（9）.

济。按照"谁损害，谁赔（补）偿"的原则开始探索建立海洋生态赔（补）偿机制，鼓励和引导社会资金投入海洋环境保护事业。同时，制定促进海水利用的政策措施，下大气力提高海水利用技术的自主化水平，努力突破海水利用产业规模化发展的政策与技术瓶颈。同时，还要充分利用战略性海洋生物产业专项资金带动相关海洋生物资源的开发利用。

海南是利用和开发南海资源的重要区域。区域型的公共政策应该首选基础设施建设、交通运输、建筑施工、新型工业、旅游业、文化产业、海洋经济、现代物流业、金融服务、热带特色现代农业等领域或行业，培育和扶植具有发展潜质的省属重点企业。以资本为纽带，进一步落实好与央企、与民企外企、与市县的合作；大力引进有市场、有资源、有产品的央企、民企通过参股、控股、资产收购等多种形式，参与省属企业及二级企业的改制重组；优先引入业绩优秀、信誉良好和具有共同目标追求的民间投资主体，发展混合所有制经济；同时，注意引导培育海洋经济类的上市公司，壮大区域海洋经济开拓发展的力量。

2. 促进南海文化研究与发扬光大

首先，要明确南海文化是海洋文化的组成部分。海洋文化包括海岛文化、航海文化、海洋文学、海洋旅游文化、海洋经济文化、海洋环保文化、海洋军事文化、海洋科普的研究和海洋文化历史遗产保护、海洋法律文化，以及海洋民俗文化、海洋宗教信仰文化、海洋景观文化、海洋商贸文化，等等。在组织形式上，有海洋院校、海洋论坛、海洋博览会、海洋文化节等，在经济上还有海洋文化产业等。

其次，要推动南海资源开发路径的研究。南海区域发展的核心就是推动南海资源开发，大力发展海洋经济，可持续性地实现我国管辖南海海域内的海洋利益。南海区域发展海洋经济具有不同于其他沿海区域发展海洋经济的特殊性，即面临着严峻的外部约束条件的限制。因此，如何在严峻的外部约束条件下发展南海区域的海洋经济，需要进行系统性、整体性研究。例如，就资源类型而言，需要对南海区域的渔业资源、油气资源、旅游资源等的开发进行分类研究；就是否存在争议而言，需要对争议水域与非争议水域的资源开发进行分类研究；就水域性质而言，需要以《联合国海洋法公约》为依据，对我国主张管辖海域内不同性质水域的资源开发进行分类型研究；就共同开发而言，需要对海峡两岸如何推进共同开发，我国与包括南海周边国家在内的其他国家如何在南海区域推进共同开发等进行分类研究。

第三，要强化南海区域海洋行政管理与控制管理。南海资源开发是发展海洋经济，推动南海区域发展的基本路径，而对海南区域实施有效的海洋综合管理和控制，则是有序推进南海资源开发、稳定实现海洋利益的内部保障。尽管 1988 年 4 月 13 日七届全国人大一次会议通过的《国务院关于设立海南省的议案》明确指出，海南省管辖南海西沙、南沙、中沙群岛的岛礁及海域，但是由于缺乏进一步的法律授权，使得海南省对其管辖的南海海域没有构成封闭的环线而缺乏有效的管理和控制。不仅如此，由于南海争端日益复杂化，加上我国现行海洋管理体制以及特殊的历史原因，共同制约了海南省对南海区域尤其是南沙群岛海域缺乏有效的管理和控制。因此，如何使海南省有效实施对南海区域的管辖和控制，面临着一系列亟待研究的问题，包括对南海区域实施有效管理和控制所需的特殊政策工具的获取与运用问题，西南中沙群岛的行政建制问题，南海区域海上监视执法力量的整合与全覆盖问题，军地双方力量的协调与配合问题，等等。总之，如何使海南省对其所管辖的南海海域实施有效的海洋管理与控制，就成为一个亟待研究和加强的重大问题。

第四，要保障南海资源开发的地缘政治研究。推动南海资源开发、发展海洋经济，不仅需要我国政府对所主张的管辖海域实施有效的管理和控制，而且需要一个稳定的周边环境。目前，南海问题呈现出"六国七方"的复杂关系，加之美、日、俄、印等域外大国纷纷插手南海问题，使其日益复杂化与国际化，也增加了我国和平解决南海问题的难度。因此，南海区域发展问题不是一个简单的发展海洋经济的问题和对南海区域实施有效管理与控制的问题，它还是一个复杂的地缘政治问题。推动南海区域发展，必须对南海区域的地缘政治问题进行系统性和整体性的研究。只有对上述问题予以系统性整体性的研究，才能从总体上把握南海问题的地缘政治格局，从而对我国采取有针对性的应对策略提供借鉴。

第五，要深入开展海南成为南海资源开发基地的建设研究。2010 年 1 月 4 日，国务院发布了《关于推进海南国际旅游岛建设的若干意见》，确定了要将海南打造成南海资源开发和服务基地的政策。由于西沙群岛为我国完全掌控，中沙群岛是水下暗礁，南沙群岛被多国占据，把海南建设成为南海资源开发基地，实质上就是完成海南岛及西沙群岛的基地建设，并以此辐射中沙群岛、黄岩岛及南沙群岛。实际上，如何把海南岛及西沙群岛建设成为南海资源开发基地，这是一个系统工程，主要包括宏观的政策支持及具体的基地规划与建设两个方面。就宏观政策支持而言，包括海南省如何充分利用特区立法权，以充分实现国家赋予海南特区的特殊政策问题；也包括海南省如何做到陆海统筹、依海兴琼，制定和实施海洋经济发展规划，以此建设海洋经济强省的问题；还包括海南省如何扶持提升壮大海洋渔业、海洋旅游业、海洋油气资源开发、海洋船舶工业、海洋交通运输业、海洋生物制药等特色海洋产业，推动海洋经济跨越式发展的问题，以及提升公共危机管理的能力与水平，提升政府公共关系能力建设等问题。对上述这些问题进行系统性、整体性研究，才能更好更快地将海南建设成为南海资源开发基地。

3. 做好中国海洋研究人才的培养和储备工作

南海问题研究的许多专家认为，"我们可以将南海开发中人才战略规划的总目标概括为：在未来的 5 至 50 年间，建立一支能够支撑和引领南海区域开发，实现海洋综合管理、海洋资源合理利用、海洋环境保护及海洋可持续发展相协调的规模宏大、结构合理、质量精良的具有国际竞争力的人才队伍，使我国海洋研究和技术开发能够适应南海开发和区域发展的要求。"① 这一观点值得我国政府高度重视。

参考文献

[1] 薄贵利.国家战略论 [M].北京:中国经济出版社,1994.

[2] 安应民.南海安全战略与强化海洋行政管理 [M].北京:中国经济出版社,2012.

[3] 安应民.南海区域问题研究 [M].北京:中国经济出版社,2012.

[4] 韩立民.海域使用管理的理论与实践 [M].北京:中国海洋大学出版社,2006.

[5] 王琪.海洋管理的制度安排及其变革 [C].中国海洋学会第三届海洋强国战略论坛,2006.

[6] 萧玉田.日本海洋管理之主要施政纲要 [N].水产经济新闻,2007-03-13.

[7] 中国社科院亚太研究所.南沙问题研究资料 [C].1996.

[8] 叶向东.人类未来的希望——蓝色星空 [M].北京:中国经济出版社,2004.

[9] 鞠海龙.中国海权战略 [M].北京:时事出版社,2010.

[10] 李金明.南海波涛:东南亚国家与南海问题 [M].南昌:江西高校出版社,2005.

[11] 张蕴岭.未来10-15年中国在亚太地区面临的国际环境 [M].北京:中国社会科学出版社,2003.

[12] 杨泽伟.国际能源机构法律制度初探——兼论国际能源机构对维护我国能源安全的作用 [J].法学评论,2006 (6).

[13] 宋增华.海权的发展趋势及中国海权发展战略构想——兼论海上

———————————

① 刘廷廷,安应民.南海区域问题研究(第一辑)[M].北京:中国经济出版社,2012:163.

行政执法力量兴起对中国海权发展的影响 [J]．中国软科学，2009（7）．

　[14] 张桂红．中国海洋能源安全与多边国际合作的法律途径探析 [J]．法学，2007（8）．

　[15] 余民才．海洋石油勘探与开发的法律问题 [M]．北京：中国人民大学出版社，2001．

第五章 强化南海海洋行政管理的基本路径

一、海洋行政管理与海洋权益

（一）海洋管理与海洋行政管理

目前国内学术界对于海洋行政管理这一概念予以界定的学者并不多，其中代表性的学者有郑敬高、吕建华、滕祖文等。但是追根溯源可以发现，在海洋行政管理研究领域，海洋管理与海洋行政管理是两个相互混淆使用的用语，并且在早期的研究中两者往往相互替代。例如在美国学者 J. M. 阿姆斯特朗与 P. C. 赖纳合著的《美国海洋管理》中，海洋管理被界定为"政府能对海洋空间和海洋活动采取的一系列干预活动"[①]。1988 年在国家海洋局宁波海洋学校编写的《海洋管理概论》中，海洋管理被界定为政府对海洋及其环境和资源的研究、开发利用活动的计划、组织和控制活动，管理者是政府的行政机关和官员，管理对象是海洋环境、海洋资源和海洋上活动的人。又如 1990 年广西出版社出版的《海洋综合管理》中，海洋管理被界定为政府对海洋及其环境和资源的研究与开发利用活动的计划、组织和控制活动。上述三个定义的共同之处是将海洋管理的主体确定为政府，是政府对涉海活动的管理，实质上就是海洋行政管理。这种理解在 1990 年 12 月 16 日联合国第 45 届会议秘书长关于《实现依〈联合国海洋法〉而有的利益：各国在开发和管理海洋资源方面的需要》的报告中，将海洋管理也做出了上述的表述。

20 世纪 90 年代中期以后这种相互替代使用的现象有所改变。鹿守本

[①] J. M. 阿姆斯特朗，P. C. 赖纳. 美国海洋管理［M］. 北京：海洋出版社，1986：2.

在《海洋管理通论》中明确将海洋管理界定为"在海洋事业（含开发、利用、保护、权益、研究等）活动中发生的指挥、协调、控制和执行实施总体过程中所产生的行政与非行政的一般职能"①，并且将其管理对象确定为自然系统对象、海洋的使用者和海上活动者对象。可见，鹿守本对海洋管理做出了扩大化的理解：管理对象既包括自然存在的海洋，又包括涉海活动；管理性质既包括非海洋行政管理，又包括海洋行政管理。但他同时又认为："海洋管理是一种类型的行政管理"②。随后，管华诗、王曙光在其合著的《海洋管理概论》中将海洋管理界定为"政府以及海洋开发主体对海洋资源、海洋环境、海洋开发利用活动、海洋权益等进行的调查、决策、计划、组织、协调和控制工作"③，海洋管理的对象包括海洋资源与海洋环境、人类的海洋科技活动和海洋开发利用活动、海洋权益等。可见，鹿守本的上述理解对管华诗、王曙光等产生了直接的影响。

自鹿守本对海洋管理做出了扩大化的理解之后，国内学术界在对其观点予以回应的过程中逐步明确提出了海洋行政管理的概念。郑敬高在《海洋管理与海洋行政管理》中认为："海洋行政管理是政府对人的各种海洋实践活动的管理，而不是以自然存在的海洋为对象的管理"④，从而明确将海洋行政管理的主体确定为政府，海洋行政管理的对象确定为人们的涉海活动。吕建华在《论法制化海洋行政管理》一文中，为了区分海洋行政管理与其他海洋管理，将海洋行政管理界定为："国家海洋行政机关及其授权的职能部门依据法律，行使国家权力，为巩固国家政权和保护、发展经济，对国家各种海洋实践活动和海洋事业的管理活动。"⑤ 在这一界定中，海洋行政管理的主体是政府机关，包括海洋立法机关、海洋行政机关和海

---

① 鹿守本．海洋管理通论［M］．北京：海洋出版社，1997：49．
② Ibid：357．
③ 管华诗，王曙光．海洋管理概论［M］．北京：中国海洋大学出版社，2003：1．
④ 郑敬高．海洋管理与海洋行政管理［J］．中国海洋大学学报（社会科学版），2001（4）．
⑤ 吕建华．论法制化海洋行政管理［J］．海洋开发与管理，2004（3）．

洋执法机关，对象是各种人类的海洋实践活动，包括组织与人的海上活动、海岸涉海活动和海洋行政机关对自身内部事务的管理三个方面。滕祖文明确将海洋行政管理界定为"国家海洋行政机关和法律法规授权组织，依据国家法定职权和法律法规的规定，对国家海洋公共事务和海洋行政相对人依法进行管理的活动"①，并明确指出："作为管理国家海洋事务的国家海洋行政管理部门，应该行使起海洋社会管理'裁判员'的职能，而不是'运动员'"②。滕祖文对海洋行政管理主体职能的确定是非常值得关注的，他明确指出了行政机关在这种实践活动中的作用是引导和支持人们去研究、利用和改造海洋，而不是直接从事对自然海洋的开发利用活动。

郑敬高、吕建华、滕祖文等学者对于海洋行政管理的探讨有助于更好地理解这一概念。一般而言，行政是指"国家权力机关的执行机关运用国家权力，依法对社会事务实施的公共管理"③，因此，所谓海洋行政管理就是指国家权力机关的执行机关依法对各种人类的海洋实践活动进行的公共管理，其主体是包括国家各级行政机关及法律法规授权组织在内的国家权力机关的执行机关，其客体是涉海公共事务，其属性就是公共管理。

（二）海洋行政管理的法律依据

行政既有国家级行政，也有地方级行政。国家级行政的作用范围覆盖国家主权所及的全部国土，地方级行政的作用范围覆盖各级地方政府所及的全部国土，因此，各级政府对于公共事务的管理是有其明确范围和界限的。明确了这一原理，那么，国家海洋行政机关对于邻接海域实施行政管理的范围和边界又是何以确定的呢？这一问题实际上涉及海洋行政管理的法律依据问题，更深层次的原因则是海洋权益问题。

1. 国内学术界关于海洋权益的解读

1992 年《中华人民共和国领海及毗连区法》第一次在国家法律文件中

---

① 滕祖文. 海洋行政管理［M］. 北京：中国海洋大学出版社，2002：11.
② 滕祖文，朱贤姬. 加强海区分局海洋行政管理的思考［J］. 海洋开发与管理，2008（3）.
③ 徐晓林，田穗生. 行政学原理［M］. 武汉：华中科技大学出版社，2004：4.

使用了"海洋权益"概念。鹿守本将海洋权益理解为"国家对其邻接的海域及其公海区域,依海域所处的地理位置和历史传统性因素,按照国际、国内法制度、国际惯例、历史主张和国家生存与发展需要享有的不同主权权力和利益要求"①。这一定义包含三个方面的内容:海洋权益的主体是国家,海洋权益依地理位置而具有相应的层次性,海洋权益的成立和实现需要国际海洋法律制度、国际惯例、国内法和国家公平合理的权益主张、历史传统因素等四个方面的依据。该定义确认了国家享有其邻接海域的海洋权益与公海区域的海洋权益,同时也确认了国家邻接海域的海洋权益构成了国家管辖海域,这是其合理之处,但却忽略了在其他沿海国家邻接的管辖海域也同样存在海洋权益这一事实。

李明春则将海洋权益理解为"国家管辖海域内的权利与利益的总称,权利是指在国家管辖海域内主权、主权权利、管辖权和管制权,利益则是由这些权利派生出来的各种好处、恩惠"②。该定义同样将海洋权益的主体确定为国家,并更加明确了海洋权益依地理位置而具有相应的层次性。不仅如此,该定义将海洋权益解读为:海洋权益 = 海洋 + (权利 + 利益),说明权益是一个合成词。这种解读是从立法、执法,到相关理论研究一脉相承的固定观念和认识。必须指出的是,在汉语里,"权益"是一个单纯词,意指主体"应该享受的不容侵犯的权利";"权利"也是一个单纯词,意指主体"依法行使的权力和享受的利益",两者反映着一种本质上的法律属性,是一种法律的存在,权利事实上就等于权益。而在英语里,right 既指权益,又指权利,两者是一回事。权利事实上就等于权益。当然,李明春将海洋权益局限于国家管辖海域内,从而对海洋权益做出了最狭义的理解。

管华诗、王曙光则将海洋权益理解为"各法律关系主体关于海洋方面的权利和利益,即不同法律关系主体在从事海洋科研、开发、管理、使用和保

---

① 鹿守本. 海洋管理通论 [M]. 北京:海洋出版社,1997:104.
② 李明春. 海洋权益与中国崛起 [M]. 北京:海洋出版社,2007:3.

护等各种活动中所拥有的合法权利和利益"①。该定义将海洋权益的主体由国家扩充为涉海活动的各种法律关系主体，这是其特色之处。但该定义又指出，各种法律关系主体所享有的权利是由国家法律赋予的，并由国家强制力作为保障的，因此，海洋权益的终极主体仍然是国家。

尽管国内学术界对于海洋权益做出了不同的解读，但都确认了海洋权益与法律相关性，首先与国际海洋法律秩序相关联。如果没有国际海洋法，一国主张的海洋主权、主权权利、管辖权、管制权在很大程度上是自说自话，因而很难得到国际社会的认可和其他国家的尊重。因此，国家海洋权益不是由国内立法单方意志所确认的，而是国家将国际海洋法向国内法进行转化的结果，并通过国内执法得以充分、正常、有效地实现。

2. 海洋法律制度的发展历程

现代海洋法律制度所确认的海洋权益经历了一个漫长的历史发展过程。早在古罗马时期，在其强大之后曾提出海洋应归罗马所有的主张，从而开启了国家主张海洋权益之先河。中世纪时期，威尼斯曾宣布对整个亚得里亚海拥有主权权利，热那亚认为利古里亚湾是其行使主权的海域，英国国王从公元 10 世纪起就将自己宣称为不列颠海洋之王，丹麦与挪威联合王国企图控制整个北海等。随后，新航路的开辟开启了人类"争洋霸海"的新时代。15 世纪末至 16 世纪初期，罗马教皇遵从当时两大海洋霸主葡萄牙和西班牙的要求，先后发布谕旨指定大西洋的子午线为两国行使海洋权利的分界线，该线以东归葡萄牙控制，以西归西班牙控制。

葡萄牙和西班牙对全球海洋的控制激起了后期海洋强国的反对。1608 年，荷兰国际法学家格劳修斯单独发表《论海洋自由》，指出海洋不应该被任何国家所占有，在海洋上航行谁也没有权力进行管制或行使管辖权，这是各国都应享有的海洋权益，从而明确提出了海洋自由原则。海洋自由原则直接针对海洋霸权，适应了自由贸易的需要，但是沿海国家对于邻接海域应该

---

① 管华诗，王曙光. 海洋管理概论［M］. 北京：中国海洋大学出版社，2003：53.

享有特殊利益也是自古以来的一种诉求。因此，格劳修斯发表该文之后，其主张受到许多学者的攻击与反对，其中最有影响力的是英国学者塞尔顿，他在《闭海论》中明确反对"海洋自由"，竭力为"海洋主权"辩护，这也同样发展成为海洋法的指导原则。到了17世纪中叶，意大利法学家明确将沿岸一带海域划入沿海国家的领土之内，并称之为领水。1702年荷兰法学家宾刻舒克出版的《海洋领有论》一书中，更明确提出"陆地上的控制权终止在武器力量终止之处"，不仅肯定了领海是沿海国领土的边界，由沿海国行使主权管辖，而且按当时的大炮射程推定领海的宽度为3海里。于是，国际海洋法律制度经过长期的探索和博弈，逐步确立了公海自由原则和领海制度，并以此为基础随着现代国际体系的建立，发展成为现代国际海洋法律制度。

3. 现代国际海洋法律制度所确认的海洋权益具有层次性

现代国际海洋法律秩序是由1982年制定的《联合国海洋法公约》所确定的。根据该公约，沿海国家拥有的海洋权益具有明确的层次性。

第一层次：沿海国在内水和领海海域（及其上空、海床和底土）享有国家主权，性质上是主权管辖；领海的范围自领海基线以外十二海里；沿海国家有权制定和执行外国船舶无害通过本国领海的法律。

第二层次：沿海国有权在毗连区海域享有对某些特定事项的管制权（the right of control），毗连区的范围自领海以外12海里。管制权表现在：防止在其领土或领海内违反其海关、财政、移民或卫生的法律和规章；惩治在其领土和领海内违反上述法律和规章的行为。

第三层次：沿海国在专属经济区享有主权权利（sovereign right）、管辖权（jurisdiction），专属经济区的范围自领海基线以外200海里。主权权利包括：勘探、开发、养护、管理由上覆水域至底土的自然资源为目的的主权权利，以及利用海水、海流、风力生产能等的主权权利。特定事项管辖权包括：人工岛屿、设施、结构的建造和使用；海洋科学研究；海洋环境保护和保全。不仅如此，沿海国在大陆架享有针对附着其上的自然资源的专属性主权权利。大陆架的范围：不足200海里延伸至200海里，最远可以延伸至

350 海里。

第四层次：国家管辖海域范围外的海洋权益。完整意义上的海洋权益，既包括国家管辖海域范围内的海洋权益，也包括国家管辖海域范围之外的、被国际法所认可的海洋权益，这种海洋权益无论是沿海国还是内陆国都享有。其权益内容包括两个方面：其一，一国自然人、法人、船舶或其活动在公海和别国管辖海域所享有的权利和利益；其二，公海资源勘探、开发和收入分配等都含有国家利益的内容，这被称为准主权国际海底矿区。如依照国际海底管理委员会的规定，我国通过先驱投资者的权益，在东北太平洋 15 万平方公里的开辟区内，优选出一块面积为 7.5 万平方公里的多金属结核海底矿区，从而拥有专属勘探权和优先商业开采权，使得我国享有在国际海底区域的先驱投资者权利。又如在中国政府的担保下，中国大洋协会于 2010 年 5 月向国际海底管理局提出国际海底区域多金属硫化物勘探区申请，国际海底管理局理事会于 2011 年 7 月核准了上述申请，中国大洋协会在位于西南印度洋的国际海底区域内，获得 1 万平方公里勘探矿区。根据有关规定，中国大洋协会将与国际海底管理局签署勘探合同，在合同有效期内，中国大洋协会在上述矿区对多金属硫化物资源享有专属勘探权，并在未来开发该项资源时享有优先开采权。

沿海国家海洋权益所具有的层次性明确将海域划分为沿海国家管辖范围之内的海域和沿海国家管辖范围之外的海域。沿海国家对于管辖范围之内的海域明确拥有主权、管制权、主权权利和管辖权，这些权力具有明确的国际法依据和法律内涵，从而确认了沿海国家对于其管辖海域实施海洋行政管理的范围界限及法律依据。

（三）海洋行政管理与海洋权益维护

现代国际海洋法律制度的确立经历了一个由海洋霸权到沿海国家平等协商的过程。"海权"概念是海洋霸权时代的产物。"海权"是由马汉在《海权论》中明确提出的，翻译为"sea power"。"海洋权益"翻译为"sea（marine）right"，在这里，"权益"是一个单纯词。如果将"权益"看作合成词，那么"海洋权益"就可以被解读为：海洋＋（权利＋利益），翻译为 sea ＋ right ＋ interests 。如果遵循这一逻辑，那么，"海权"就可以被解读为：海洋＋（权力＋利益），翻译为 sea ＋ power ＋ interests，于是，"海权"也同样可以被理解为"海洋权益"。这就是"海权"与"海洋权益"的共同之处。两者的目的都是 interests，只不过实现的手段不一样而已。其中 power 与 arm 有关，right 与 low 有关。这就是"海权"与"海洋权益"的根本区别所在。

可见，"海权"与"海洋权益"共同致力于对利益的追逐。海洋对于一个沿海国家的利益包括政治、经济、安全利益等。因此，海洋对于一个沿海国家而言，所存在的利益是非常现实的，国家享有维护和实现这些利益的权利（国家管辖海域范围之外）和权力（国家管辖海域范围之内）。尽管如此，国家虽然客观存在海洋权益，但并不等于实际上的占有、管辖或利益的获取，在某些历史时期和特定的国家政治、经济条件下，有可能未得到关注，或者根本无暇顾及而造成海洋权益的损失。因此，国家海洋权益虽然是客观存在的，但是还需要通过国家的力量去维护，尤其是需要运用国家职能对其海上"领土"和主权所涉及的国家管辖海域实施有效的控制和管理。也只有国家实际的管理，才能保证国家海洋权益的最终实现。

一般而言，一个国家的"海洋权益"具有两种属性：一是存在于法律制度之上的确定性，即海洋权益存在于国际法（被国际法授予）和国内法（通过国内立法实现）之中，并因之而具有一定的稳定性；二是客观存在状态上的相对稳定性，即该国没有其他国家在《联合国海洋法公约》的框架下挑战或否定该国在其管辖海域范围之内的海洋权益，而且国际公约赋予该国在其管辖海域范围之内的海洋权益（主权、主权权利、管制权、管辖权）已经通过其足够数量和质量的国内立法和执法得以充分、正常、有效的实现。

现代公共管理扩充了行政权的主体，即由单纯的执法扩充为政府为主体，其他的法律法规授权组织也承担一定的公共管理职责。因此，国家管辖海域内海洋权益维护的前提条件是国家将其管辖海域范围之内被国际法授予的包括主权、主权权利、管制权、管辖权、历史性权利等在内的各种海洋权益，已经通过制定足够数量和质量的法律予以确认；以此为基础，各级海洋行政管理机关以及法律法规授权组织才有条件执行上述法律法规，实施海洋行政管理；也只有这样，各级司法机关才能够及时裁决各种违反海洋法律法规的行政相对人，确保海洋法律法规得以普遍遵守并贯彻落实。于是，通过上述国家权力的行使，国家对其管辖海域就可以实施有效的行政管理，海洋权益就可以得到持续有效的维护和实现。无疑，有效维护和持续实现海洋权益是海洋行政管理的目的和归宿。

综上所述，国家管辖海域内的海洋权益构成了沿海国家海洋行政管理的前提和基础。海洋行政管理是国家海洋行政管理机关或法律法规授权组织通过执行国家海洋法律法规对涉海事务实施的公共管理和提供的公共服务。涉海事务是指由国内外自然人、法人在国家管辖海域的"上覆水域"至底土范围内以获取自然资源或利用海水水体为目的的活动，本质上是海洋权益的实现。为了确保海洋权益得以稳定、可持续的实现，需要国家将各类涉海活动控制在"秩序"的范围之内，这就是海洋行政管理的价值之所在。海洋行政管理的目的和归宿，就是有效维护和持续实现国家管辖海域内的海洋权益。

二、我国南海权益与海洋行政管理

（一）我国南海权益的特殊性

在我国主张管辖海域范围内，南海权益的层次性除了不包括第四个层次的权益以外，其他三个层次都拥有。不仅如此，南海权益还存在着不同于渤海、黄海、东海的独特之处。

1. 中国政府关于南海诸岛及其海域的声明以及相关的法律制度

新中国成立以来，我国政府多次发表关于南海诸岛及其海域的声明，向世界各国主张我国历代政府关于南海诸岛及其海域的基本立场。其中代表性的声明主要有：1958年9月4日我国政府发表关于领海的声明，确定我国的领海宽度为12海里，确定我国领海基线的划定原则，明确东沙群岛、西沙群岛、南沙群岛、中沙群岛是属于中国的岛屿，上述原则同样适用于上述岛屿，从而明确主张对南海诸岛及其附近海域拥有主权。2009年5月7日，针对越南和马来西亚在南海的外大陆架联合提案，中国外交部向联合国大陆架界限委员会提交的一份照会中做出如下声明：中国对南海诸岛及其附近海域拥有无可争辩的主权，并对相关海域及其海床和底土享有主权权利和管辖权。

随着1982年《联合国海洋法公约》的通过，国际海洋秩序发生了重大转变。形势的变化要求我国适时启动国际法向国内法的转化。基于此，1992年我国制定了《中华人民共和国领海及毗连区法》。根据该法第二、三、四条的规定，明确将东沙群岛、西沙群岛、中沙群岛及南沙群岛确定为我国的陆地领土，这些群岛领海基线向陆地一侧的水域为内水；领海的宽度从领海基线量起为12海里；领海以外邻接领海宽度为12海里的海域为毗连区。第十五条则规定，我国的领海基线由我国政府公布。紧接着，1998年我国制定了《中华人民共和国专属经济区和大陆架法》，该法第二条明确规定，我国的专属经济区是领海以外从领海基线量起延至200海里的邻接领海的区域；大陆架则是领海以外依本国陆地领土的全部自然延伸，如果从领海基线起至大陆边外缘的距离不足200海里，则扩展至200海里。第十四条则明确指出，本法的规定不影响中华人民共和国享有的历史性权利。

根据上述声明以及法律制度，我们可以得出如下结论：声明中的"附近海域"实际上相当于法律制度中的内水和领海，声明中的"相关海域"实际上相当于法律制度中的"专属经济区"。我国政府在南海诸岛及其海域拥有相应的领土主权，以及依附于领土主权的领海主权、主权权利和管辖权等海洋权益。于是，我国在南海的海域性质及所享有的权益由此而得以确定。

2. 南海 "断续线" 及其线内水域的性质

南海"断续线"是理解我国南海权益特殊性的关键所在。1947年12月1

日，国民政府"内政部"重新审定南海东、西、中、南四沙群岛及其所属各岛礁沙滩名称，正式公布了南海诸岛新旧地名对照表，并且在图中标绘 11 段线，构成了南海"U 形"断续线。1948 年 2 月《南海诸岛位置图》作为《"中华民国"行政区域图》附图由"内政部"予以公布，从而为中华民族争取南海主权及权益确立了历史与法理基础。新中国成立后，一直继承至今。

南海"U 形"断续线虽然在图上被标识出来只有 60 余年，但它承载的却是千百年来中国人在断续线内水域生产生活的历史积淀。至于断续线及其线内水域的性质，即使中国国内也有不同的说法，大致有"国界线说""历史水域说""岛屿归属线说"等。就官方而言，1993 年 4 月台湾地区制定的《南海政策纲领》前言中明确指出，"南海历史性水域界限内之海域为中国管辖之海域，中国拥有一切权益"。随后，在"内政部"报请的《"中华民国"领海及邻接区法》草案第六条规定："'中华民国'之历史性水域及其范围，由行政院公告之"，并在此条文的说明中指出："'历史性水域'系指由历史证据显示，为中国最早发现和命名、最早开发和经营、最早管辖与行使主权之固有水域"。尽管 1998 年 1 月台湾"立法院"通过该法时由于某种政治原因删除了该条文，但仍然可以据此推断台湾地区试图将"断续线"的性质确定为"历史性水域线"，"断续线"内的水域确定为"历史性水域"（historic　waters）。我国政府于 1998 年颁布的《专属经济区和大陆架法》中第 14 条规定，"本法的规定不影响中华人民共和国享有的历史性权利"（historic　rights）。有学者认为，该条规定是专为南海而设。由此可见，海峡两岸对断续线的性质及线内水域法律地位的理解略有差别，台湾方面明确主张断续线内水域为"历史性水域"，大陆方面明确坚持相关水域的"历史性权利"。但是，在实际的维权及执法中，海峡两岸实质上把断续线作为中国与周边国家的海上分界线，并一致声称断续线内一切岛、礁、滩、沙的领土主权均属于中国。

3.　"历史性权利" 的现代海洋法依据

《联合国海洋法公约》序言中，特别强调了考虑发展中国家特殊利益和需要。不仅如此，《联合国海洋法公约》第15条和298条第1款都提到在划定海洋边界时如果涉及"历史性所有权"或"历史性海湾或所有权"的争端时，就可以作为例外或特殊情况予以考虑。无疑，我们可以将上述表述归纳为"历史性权利"（historic titles），但在其他文献中则表述为historic rights，并未明确其确切内涵。然而，必须明确的是，历史性海湾是基于历史性原则而享有的历史性权利，这在国际海洋划界中有许多案例，而类似于我国南海"断续线"内基于重大历史原因而承袭的水域，在国际海洋划界中相当欠缺，在实践上存在明显不足。

尽管如此，我国应该针对"断续线"内的水域主张基于重大历史利益而拥有历史性权利，而且这种"历史性权利"相对于其他南海争端国家而言具有巨大的优势。其一，中国是历史性原则与国际法原则的结合，其他争端国家只是依据国际海洋法公约而提出的。其二，中国主张的历史性权利是管辖与容忍的结合，更具有弹性；其他争端国家主张该海域为专属经济区，实施排他性的主权权利和管辖权，因而缺乏弹性。

4. 我国南海 "断续线" 内海洋权益的层次性

基于上述分析，我国南海"断续线"内所拥有的"历史性权利"具有充分的历史依据和法律依据，这种历史性权利与"断续线"内基于"岛礁"领土主权而衍生出的其他海洋权益相叠加，从而使南海"断续线"内海洋权益呈现出独特的复杂性和多样性。详而言之，南海"断续线"内水域可以划分为三种类型："依附于岛礁等领土主权的水域"；基于领土主权而引申出来的具有明确层次性的海洋权益所对应的水域；"剩余水域"是指"依附于领土主权的水域"外"断续线"内的其他水域，也是基于重大历史利益所主张的水域。我国在上述三种类型水域可以分别享有主权、主权权利、管辖权和管制权，以及历史性权利。由于"剩余水域"与周边国家所主张的海洋权益所对应的水域会产生重叠，可以将其划分为"权益不重叠的剩余水域"和"权益重叠的剩余水域"。

表5－1　南海"断续线"内水域的层次及权利划分

水域层次	附近水域 （包括内水和领海）	相关水域（包括毗连 区和专属经济区）	剩余水域 （断线内的其他海域）
权利性质	主权	主权权利、管辖权、管制权	历史性权利

（二）我国南海海洋行政管理现状

海洋行政管理既有国家级海洋行政管理，也有地方级海洋行政管理。国家级海洋行政管理的范围是国家管辖范围内的整个海域，地方级行政管理范围则是地方管辖范围内的整个海域。根据我国《海域使用管理法》第二条的规定，我们可以将海域表述为海洋的一定范围，是由一定范围内的海面、水体、海床及其底土所构成的立体空间。海域可分为地理海域与主权海域两种。地理海域是最广义的海域，泛指海洋的所有组成部分。根据1982年的《联合国海洋法公约》，依据法律地位的不同，海洋可划分为内海、领海、毗连区、群岛水域、专属经济区、大陆架、公海、国际海底区域、用于国际航行的海峡等。主权海域指沿海国对其拥有主权的海域。根据是否拥有完全主权，主权海域可以进一步区分为完全主权海域和不完全主权海域。沿海国对于完全主权海域，除对外国船只的无害通过负有容忍义务外，享有与领土相同的权利。完全主权海域一般仅指内水和领海，而不完全主权海域，是指沿海国拥有海域的部分管辖权和资源主权的毗连区、专属经济区和大陆架。

我国海洋行政管理体制，从纵向上来说是中央统一管理和授权地方分级管理相结合的管理体制。这一体制的形成经历了四十多年的演进。1964年，管理国家海洋事务的行政职能部门——国家海洋局成立。1965年3月18日，国务院（65）国编字81号文批准，国家在青岛、宁波、广州设立北海分局、东海分局和南海分局，具体负责我国黄渤海、东海和南海海洋行政管理事务。1995年9月29日，经国务院批准，中央机构编制委员会下发了《国家海洋局北海、东海、南海分局机构改革方案》，该方案指出：

"分局在转变职能的基础上，应理顺与地方海洋机构的关系，将海岛海岸带及其近岸海域的海洋工作下放给地方政府。分局主要负责领海、大陆架、专属经济区的管理，抓好本海区海洋综合管理和公益服务等工作。" 2001 年，《海域使用管理法》明确规定，海域属于国家所有并由国务院代表国家行使海域所有权。其第 7 条规定："国务院海洋行政主管部门负责全国海域使用的监督管理。沿海县级以上地方人民政府海洋行政主管部门根据授权，负责本行政区毗邻海域使用的监督管理。" 2001 年 10 月 30 日，《人民日报》发表《依法管海 依法用海》的评论员文章中也指出："海域作为国家所有的资源，原则上实行中央统一管理，但鉴于地方政府在海域利用方面有许多实际需要，不能由中央政府直接管理。对此，《海域使用管理法》明确了在中央统一管理的原则下，国务院可以授权地方政府负责对行政区毗邻海域使用活动的监督管理，即实行中央统一管理和授权地方分级管理相结合的管理体制"。2002 年 7 月 6 日，国务院办公厅下发关于沿海省、自治区、直辖市审批项目用海有关问题的通知，国家正式授权地方人民政府获得所管辖海域的"事项管辖"权主体资格地位。隶属于国土资源部的国家海洋局，是国务院海洋行政主管部门，负责监督管理全国的海域使用和海洋环境保护、依法维护海洋权益、组织海洋科技研究的中央级海洋行政管理部门。在国家海洋局之下，设有多个直属单位，其中有海洋管理权限的为北海、东海和南海三个分局。在沿海各地政府，海洋行政管理机构的名称与机构设置则不尽相同，主要有"海洋与渔业（或水产）厅""国土海洋资源厅""海洋行政管理厅、局"等类型。总之，四十多年以来，我国的海洋行政管理一直实行中央直接管理和国务院授权区域管理。只是在最近十年来，由于海洋工作发展的需要，地方政府才逐步参与了一些海洋行政管理工作，从而形成了中央统一管理和授权地方分级管理相结合的管理体制。

就国家局、分局及地方的管辖区间与边界划分而言，我国国家海洋局与海区海洋管理局的"区域"管辖区间和边界是十分明确的：首先，涉及全国海洋行政管理工作范围的，由国家海洋局负责管辖，涉及海区海洋行政管理的事宜，由海区海洋管理局负责管辖。其次，海区海洋管理局之间的"区域管辖"的范围与海军北海舰队、东海舰队和南海舰队的防区基本一致，因此，其管辖区间和管辖界线彼此之间十分清楚。海区海洋管理局与地方海洋机构关于管辖区间和管辖边界的有关规定，最具权威的体现在1995年9月29日国务院批准中央机构编制委员会关于《国家海洋局北海、东海、南海分局机构改革方案》时的管辖规定，即以领海基线为基准，向内一侧的内水由地方海洋机构负责，向外一侧的领海及其以外，管辖海域由海区海洋管理局负责。

至于"事项管辖"的纵向划分问题，海区海洋管理局与国家海洋局的"事项管辖"分别在1988年11月14日、1994年3月24日、1998年6月16日国务院批准的关于国家海洋局职责中得以明确规定，即一般涉及全国或全局性的事项，由国家海洋局负责实施。海区海洋管理局与地方海洋管理机构的"事项管辖"一般也要通过法律法规明确规定，一切未经国家授权的行政行为，地方人民政府不得自行行使。地方政府所管辖的事项在2002年7月6日国务院办公厅下发的关于沿海省、自治区、直辖市审批项目用海有关问题的通知中得到了明确规定。

不仅如此，我国海洋行政管理体制还存在"事项管辖"的横向划分问题，即目前我国海洋行政管理体制还表现为陆地各种资源开发行业部门管理职能向海洋的延伸，形成一种以海洋、环保、渔政、海事、边防和海关为主的分散型行业行政管理体制。于是，我们可以把我国海洋行政管理体制概括为中央统一管理和授权地方分级管理相结合、综合管理与分行业分部门管理相结合的管理体制。

基于上述分析可以发现，我国所主张管辖的南海断续线内海域的行政管理主体是国家海洋局及其南海分局、各涉海行业主管部门，以及经国家法律明确授权的南海周边省级政府。自从20世纪70年代以来，尤其是《联合国海洋法公约》生效以来，南海周边国家纷纷向南海主张海洋权益，不仅与我国传统的南海断续线内海域产生重叠,而且还纷纷抢占自古以来属于我国领土的南沙群岛部分岛礁,南海问题由此而生。就海南省而言,1988 年七届全国人大一次会议通过的《国务院关于设立海南省的议案》中,明确海南省管辖南海西沙、南沙、中沙群岛的岛礁及其海域,但管辖的具体范围缺乏法律的进一步授权。长期以来,由于西沙、南沙、中沙群岛及其海域所处的特殊地理位置,以及由于南海主权争端等原因,一直处于军事化管理状态,海南省难以对西沙、南沙、中沙群岛及其海域实施有效的行政管理。因此,就现实性而言,海南省能够有效实施海洋行政管理的海域,就是由 1995 年 9 月 29 日国务院批准中央机构编制委员会关于《国家海洋局北海、东海、南海分局机构改革方案》与《海域使用管理法》所共同规定的海南本岛及其离岛以领海基线为基准的向陆地一侧至海岸线的内水海域。至于管辖事项,主要是通过法律法规经国家授权的管辖事项。海南省海洋行政管理是以内水为管辖海域的管辖事项有限的管理。

在对南海诸岛的行政管理问题上,1988 年海南建省时全国人大的决议中规定:海南省成立西、南、中沙群岛办事处,并将南海诸岛归其管辖。但交通部海事局、国家海洋局等单位也对南海诸岛有管理权。此外,南海诸岛还有两支特殊的管理机构:中国人民解放军海军和中国人民武装警察部队海南省边防总队(海南省公安边防总队)。由于我国海洋管理体制还存在着分行业分部门管理的特点,导致部门利益大量存在,从而造成在某些领域出现"多头管理"和"管理真空",缺乏整体利益和长远利益观念等。于是,在上述因素的共同作用下,我国对南海诸岛的管理存在着看似都在管,其实都没有管,不但不能很好地维护我国的海洋权益,而且还给一些国家以可乘之机。因此,要适应《联合国海洋法公约》生效后海洋综合管理和维护海洋权益的需要,就必须完成分散管理向集中协调管理的过渡,坚持中央与地方相结合,健全海洋行政管理体制。

(三) 强化南海海洋行政管理的意义

我国是一个海洋大国,也是世界上较早对近海海域实行海洋行政管理的国家之一，一些制度如禁渔期、海盐管理等甚至可以追溯到 2000 多年前的商周时期①，但由于我国是农业文明国家，实行"重农抑商"，认为只有土地才是最重要的，所以历代统治者都较为忽视海洋管理，致使近代以来我国海洋行政管理处于长期落后状态。新中国成立以来，特别是改革开放以后，我国海洋行政管理不断发展，取得了许多重大成就，但相对于其他发达的沿海国家而言，仍存在许多不足和缺陷。而南海诸岛拥有丰富的渔业、石油、天然气等资源，尤其是南海海域所具有的战略地位日益凸显，使得各国对南海诸岛的争夺越来越激烈。因此，在这样的大背景下，我国强化对南海诸岛的海洋行政管理更具有非常重要的现实意义。

1.　维护我国南海主权和权益的基本途径

历史证明，国外对南海诸岛的侵略很大部分的原因是我国缺乏对其有效的海洋行政管理。如 20 世纪初，日本人西泽吉次侵略我国南海的东沙群岛，1933 年法国侵略南海的九小岛等。这些侵略行径之所以能够得逞，我国缺乏有效的行政管理是重要原因。再如，20 世纪 70 年代以来，我国在南海的领土主权和海洋权益遭到严重的侵蚀和挑战，不仅大量的岛礁被侵占或存在主权争端，而且周边国家主张的管辖海域大量深入我国传统的断续线而导致该线支离破碎。南海周边各国之所以能够纷纷侵占我南海岛礁和权益，重要原因同样在于我国对岛礁及传统海域缺乏有效的行政管理。同时，"有效原则"（有效占有）是现代国际法有关领土取得的一项重要原则，越南在 1988 年 4 月公布的《黄沙群岛与长沙群岛与国际法》这一白皮书中，就以"有效占有"为理由，争夺南海的领土主权。虽然我国通过"时际法"指出 18 世纪以前按当时的国际法并不需要有效占有即可获得主权，但是当前面对各国对南海诸岛和南海权益的日益争夺，我国要想维护南海的领土主权和海洋权益，就必须加强对南海的海洋行政管理。

---

① 宋文杰：对完善我国海洋行政管理体制的思考［J］. 齐鲁渔业，2008（7）.

2. 落实我国南海安全战略的内在要求

面对周边各国对南海诸岛日益激烈的争夺，美国、日本、印度、俄罗斯等区外大国不断干涉的局面，我国应在坚持和平发展大战略和睦邻友好政策的前提下，坚持"主权属我，搁置争议，共同开发"的南海安全战略，但仅仅制定南海安全战略并不能有效维护我国南海的安全。由于我国在南海的领土主权和海洋权益具有最为充分的历史依据和法律依据，我国必须积极主动地实施南海安全战略，而强化南海海洋行政管理是落实我国南海安全战略的基本方式。这是因为：南海安全战略的实质是在争议海域实施共同开发行为，而这种共同开发并不妨碍我国所拥有的主权和权益。因此，我国必须积极主动地在主张管辖的南海海域实施海洋行政管理，将争议海域的共同开发行为纳入我国政府的行政管理之下，这样不仅能够有效维护我国在南海的领土主权和海洋权益，而且能够将南海安全战略真正落到实处，从而使其相对于武力而言在解决南海争端中表现出独特的优势。总之，落实南海安全战略需要我国政府强化对于南海海域的行政管理。

3. 落实我国海洋发展战略的必然需要

众所周知，经过两次世界大战，除南极大陆外，陆地已基本瓜分完毕，21世纪毫无疑问是海洋的世纪。于是，20世纪80年代以来，随着《联合国海洋法公约》的制定，世界范围内海洋开发活动日益高涨。1992年，世界环境与发展大会通过的《21世纪议程》就明确指出：海洋是全球生命系统的基本组成部分，是保证人类可持续发展的重要财富。在1998年由国务院发布的海洋白皮书《中国海洋事业的发展》中，我国也明确宣布"中国把海洋事业的发展作为国家发展战略"。然而，在我国海洋事业的战略格局中，长期存在着"重北轻南"思想，即重视北方海域、轻视南方海域的倾向。南海作为我国主张管辖海域的重要组成部分，集中了我国的主要贸易通道，拥有丰富的海洋资源和较高的海洋生产力，并且具有广阔的战略纵深和独特的战略位置，因而是我国未来海洋发展战略的重心所在。

因此，基于落实我国未来海洋发展战略的需要，我国必须强化南海海洋行政管理，从而有效维护南海主权，持续实现南海权益。

三、完善南海海洋综合管理的基本路径

（一）充分认识海洋综合管理的必要性

2010 年 10 月，中共中央十七届五中全会通过的《中共中央关于制定国民经济和社会发展第十二个五年规划的建议》中第 4 项第 17 条指出，要大力"发展海洋经济。坚持陆海统筹，制定和实施海洋发展战略，提高海洋开发、控制、综合管理能力。科学规划海洋经济发展，发展海洋油气、运输、渔业等产业，合理开发利用海洋资源，加强渔港建设，保护海岛、海岸带和海洋生态环境。保障海上通道安全，维护我国海洋权益。"这是中共中央在五年规划中首次明确提出以提高海洋综合管理能力、发展海洋经济、维护海洋权益为基本内容的海洋战略。我国是陆海兼备的大国，海洋与国家的生存与发展息息相关，并事关中华民族的伟大复兴。然而，我国与周边国家在海域划界、岛屿归属和资源开发等方面存在着诸多争议，因而维护海洋权益的任务极为迫切。然而，维护海洋权益需要政府实施有效的管理，尤其是综合管理。

因此，海洋综合管理是政府对特定海域涉海事务进行管理的高层次形态。美国是提出海洋综合管理最早的国家，早在 20 世纪 30 年代，基于对海洋综合性和统一性的了解和利用海洋资源与环境方面的扩展，以及各类海上活动对国家管理行为需求的新变化，一部分学者提出了海洋综合管理的建议，但是该建议由于外交政策方面的限制以及缺少令人信服的理由被否决而归于沉寂。

1982 年《联合国海洋法公约》得以通过，该公约在其序言中指出，"各海洋区域的种种问题都是彼此密切相关的，有必要作为一个整体来加以考虑"。该公约的制定过程及通过以后不仅唤醒了沿海国家的海洋意识，

而且重新唤醒了海洋综合管理。为了实施《联合国海洋法公约》所确认的新的海洋法制度给所有国家尤其是发展中国家带来的希望，联合国大会号召沿海国家大力加强海洋管理，尤其是要加强对海洋的综合管理。1989年联合国秘书长在题为《实现依海洋法公约而有的利益：各国在开发和管理海洋资源方面的需要》的报告中，第四部分专门论述了海洋综合管理的意义。1990年12月16日，在联合国第45届会议上秘书长的报告中也认为：海洋上的活动必须制定出项目的优先秩序与目标时限，照顾到长短期利益和效果之间的平衡，执行首长的主要任务是设法控制政策和过程，在决策、组织协调与实施的海洋管理中，应考虑到《联合国海洋法公约》的规定与国家法律相结合；取得并采用与管理决定相关的管理资料和数据；大力发展国家海洋能力；应付海洋环境方面的问题和需要。事实上，该报告对海洋综合管理的内容做出了明确的概括。1992年3月，联合国环境和发展会议筹委会为秘书长准备的报告《保护大洋和各种海洋，包括封闭和半封闭海以及沿海区域，并保护、合理利用和开发生物资源汇编文件》中，多次论及海洋综合管理的含义及相关问题。1992年的联合国环境和发展大会所通过的关于环境与发展的里约热内卢宣言、联合国气候变化框架公约、生物多样性公约以及21世纪议程等都包含了海洋的成分，其实施与《联合国海洋法公约》的实施和逐渐发展相互促进。其中《21世纪议程》明确提出，为了保护海洋资源的可持续利用和海洋事业的协调发展，"沿海国承诺对在其国家管辖内的沿海区和海洋环境实行综合管理。"1993年，第48届联合国大会作出决议，要求各国把海洋综合管理列入国家发展议程。1993年世界海岸大会宣言也要求沿海国家建立海洋综合管理制度，开展海岸带综合管理。

可见，自现代海洋事业发展后，采用何种方式管理涉海公共事务，以便更好地维护和实现国家海洋权益，一直是沿海国家及有关国际组织积极探索的基本问题。尽管人类社会至今未能提供一个成功的或理想的海洋管理样板或模式，然而，近些年来海洋综合管理被越来越多的沿海国家所接受、探讨和实践。虽然不乏争论，甚至对其可行性提出质疑，但是"各国都应该朝着建立这样的一个系统而努力"①。这是因为海洋综合管理是海洋管理的高层次形态，海洋作为统一整体的自然地理单元，系统论的广泛运用、人类海洋管理的经验共同构成了海洋综合管理的客观基础、认识论基础和实践基础。可见，海洋综合管理是一个具有明确层次的管理系统，其层次性是由管理过程中的管理要素决定的，其中核心管理要素包括做出决策、实施决策和有效控制。这些核心管理要素体现出海洋综合管理的主要过程，是沿海国家海洋综合管理实践的主要领域。因此，要想强化南海海洋行政管理，可以考虑改革我国现行海洋行政管理体制，遵循"十二五"规划要求，逐步将海洋综合管理适用于我国主张管辖的南海海域，以便更好地维护南海权益。

（二）在综合性海洋政策中强化南海因素

1．强调综合性海洋政策的原因

海洋政策属于公共政策范畴。海洋政策目标就是建立在因人们的涉海活动对所产生的社会公共问题的关注、关怀之上的。早期人们的涉海活动较为单一，由涉海活动所产生的社会公共问题也不突出，即使产生了一些社会公共问题，由于政策目标较为简单，制定的海洋政策也能够较为容易地解决问题。20 世纪 60 年代以前的海洋活动以海洋科研调查为主，海洋政策基本上是海洋科学技术政策。20 世纪 60 年代中期之后，海洋事业进入多门类、多行业的开发利用时代，随着人类涉海行业的不断增多，在实践中必然会产生大量的矛盾和冲突，海洋公共问题也必然会日益突出。

海洋政策是解决上述问题的基本手段。然而，在制定海洋政策时不可避免地会遇到多重政策目标的困扰，尤其当它们相互矛盾和冲突时更是如此。这种多重目标的出现缘于不同涉海社会群体的利益、追求和价值取向不同，这就需要在海洋政策目标的确定阶段就力求让同一政策的多项目标

---

① Gerard P. Ocean Management in Global Change［M］. London：Elsevier, 1992：39 – 56.

相互协调，从而最大限度地避免政策目标的混乱。至于如何协调同一政策的多项目标，需要运用系统论的观点和方法对有关政策目标作全面考量。于是，世界各主要沿海国家的海洋政策由单一海洋科学技术政策转变为多元、多层次格局，政策重心逐渐由科学技术转到海洋资源开发和海洋环境与资源保护的更为全面的综合政策上来。

总之，海洋是一个有机统一的自然综合体，现代海洋事业是一项综合性的事业。尽管各类海洋事业有其确切的行业界限、特定的开发利用对象、特殊的方式方法，甚至海上区域的规定性，但是，他们共同的基础是海洋，海洋将他们联系起来，将不同区域、不同行业的开发利用活动沟通起来，任何一项海洋事业都不可能是孤立的，都要对邻近的其他海洋事业产生有利或不利、直接或间接的影响和作用。着眼于单一目标的海洋政策是无法从根本上解决问题的。只有通过系统论的观点和方法综合协调不同的海洋政策目标，制定综合性的海洋政策，才能从根本上解决现代海洋开发中所产生的社会公共问题，最大限度地维护和可持续性地实现国家的整体海洋权益。因此，"综合性的政策无疑是综合管理的必要条件"①，综合性海洋政策是海洋综合管理的起点和基础。

2. 在综合性海洋政策中注重强化南海意识

提高国民的海洋意识是一个国家海洋战略的重要内容，其路径需要制定综合性的海洋政策予以贯彻落实。由于我国是一个传统农业文明居于支配地位的国家，"重陆轻海"一直是居于支配地位的国家战略。即使近代以来我国逐步经受了海洋文明的洗礼，但是"重陆轻海"的传统一直没有多大改变，只不过海洋因素在国家战略中逐步占据有限的份额。然而，即使在有限的份额中，"重北轻南"，即重视北方海域而轻视南方海域是我国国家战略的基本特点，即使新中国成立以来也没有多大改变。因此，我国

---

① Miles E L. Concepts, approaches, and applications in sea – use planning and management ［J］. Ocean Development and International Law, 1989, 20（3）: 213–238.

国民的海洋意识，尤其是关于南海的意识较为欠缺，这种状况非常不利于我国南海权益的维护。可以这样说，国家战略上对于南方海域尤其是南海的轻视是我国南海权益遭受周边国家不断侵蚀的重要原因。

正是基于维护南海权益的现实紧迫性和南海在国家海洋战略地位上的极端重要性，在我国综合性海洋政策中必须注重强化全民族的南海因素，并将其强化到与其现实和地位相称的分量与比重。其基本策略是：一方面，必须加强对南海问题的研究工作。为了解决南海问题，许多研究机构，如中国社会科学院中国边疆史地研究中心、厦门大学南洋研究院、中国南海研究院等都对南海问题进行研究和探讨，已在南海史地、南沙群岛主权、海洋划界、南海环境保护及周边关系等领域取得了一批基础性的研究成果。但是，由于南海问题涉及"六国七方"，问题极其复杂，要解决好南海问题，还必须在国际法、地缘政治、国际关系、行政管理等方面进一步加强对南海问题的研究。上述研究工作不仅能够为我国政府维护南海主权和海洋权益提供智力支持，而且有助于形成和锻炼一支研究南海问题的人才队伍，进而有助于提高全民族的南海意识。另一方面，还必须善于利用媒体加强宣传。政府要引导国内媒体加强对南海问题的报道，并逐步加大报道力度，提高国民的关切。同时，还要有计划、有针对性地利用媒体在国际社会充分报道我国拥有南海主权的历史和法理依据，从而使我国对于南海诸岛及其附近海域拥有无可争辩的主权成为国际社会的一个基本常识。

3. 完善南海"断续线"内海域的法律制度建设

在我国，政策是法律的前身和依据，而现代政治文明要求政府依法行政，因此，国家海洋行政管理机关在行使职权时必须要有明确的法律依据。国家海洋立法实质上是国家海洋政策的重要表现形式。单项海洋立法着眼于单项政策目标，如果缺乏高层次的海洋政策目标予以协调，必然造成各单项政策目标之间的矛盾和冲突。这就是综合性海洋政策存在的客观依据，也要求综合性海洋政策必须将海洋权益的维护和实现作为其政策目标，以此统领和协调各单项政策目标。可见，综合性海洋政策的目标赋予其在国家政策系统地位上的基本性。这是因为国家政策是一个有机联系的具有鲜明层次性的整体，以一国政策体系内各项政策相互之间是否存在涵盖与衍生关系为标准，可以将公共政策划分为总政策、基本政策和具体政策。"基本政策是总政策的具体化，是具体政策的原则化，是连接总政策和具体政策的中间环节"①。于是，基本政策与具体政策通过立法程序转化为共同维护国家海洋权益的海洋法律制度。

由于国家的海洋权益应该是明确、安全、稳定的，即海洋权益存在于国际法（被国际法授予）和国内法（通过国内立法实现）之中，关键在于国家将国际海洋法向国内法进行转化的工作已经做得比较充分，即国际公约赋予该国的海洋权益（主权、主权权利、管辖权、管制权）已经通过其足够数量和质量的国内立法和执法得以充分、正常、有效的实现。我国已经分别于 1992 年、1998 年制定《中华人民共和国领海和毗连区法》和《中华人民共和国专属经济区和大陆架法》，从而实现了《联合国海洋法公约》所确认的国家主张管辖海域范围内的海洋权益在抽象性上向国内法的转化，因此，我们可以将这两部法律视为国家海洋法律制度的基本法。

当然，对于我国所主张管辖的南海海域而言，我国政府只是于 1996 年 5 月 15 日发表的关于领海基线的声明中公布了西沙群岛的领海基线，而中沙群岛与南沙群岛的领海基线尚未划定，从而使我国在南海断续线内的领海基线、专属经济区或大陆架的范围处于模糊状态。不仅如此，我国也从未明确南海断续线的法律含义与地理坐标，从而使断续线内"剩余水域"的具体地理范围以及法律性质也同样处于模糊状态。②

---

① 王福生．政策学研究［M］．成都：四川人民出版社，1991：48．
② 当然，我国对于南海断续线的地理坐标及法律性质采取模糊对策，以及尚未划定中沙群岛及南沙群岛的领海基线，主要是基于目前南海的复杂形势。这种模糊性为我国在南海争端中有针对性地采取应对措施留下了弹性空间，这主要是基于政治上的考虑，但是对于海洋管理而言，实际上却是至关重要的。因此，我们在这里主要做的是学理上的分析，因为理论准备必须先行。

由于我国在南海"断续线"内的广阔水域可以基于重大历史利益而主张历史性权利，因此在维护南海权益方面，我国应该拥有自主权，采取积极主动的态度维护历史性权利。基本做法是：一方面，要适时划定中沙群岛与南沙群岛的领海基线；另一方面，还要适时制定我国海洋法律制度的另一部基本法《中华人民共和国南海历史性水域法》。通过上述举措，完善我国南海"断续线"及线内水域的性质，并以法律的形式予以确认与宣示。当然，"断续线"内的"剩余水域"也许会与南海周边国家主张的专属经济区产生重叠。因此，基本的应对措施是："权益不重叠的剩余水域"可以主张享有专属经济区和大陆架相等同的主权权利和管辖权，并实施相应的行政管理模式。其中，主权权利包括：勘探、开发、养护、管理由上覆水域至底土的自然资源为目的的主权权利，以及利用海水、海流、风力生产能等的主权权利。特定事项管辖权包括：人工岛屿、设施、结构的建造和使用；海洋科学研究；海洋环境保护和保全。在大陆架享有针对附着其上的自然资源的专属性主权权利；"权益重叠的剩余水域"可以主张更加灵活、更具有容忍性和弹性的权利诉求，并实施相应的行政管理模式。

总之，维护南海权益必须进一步完善我国所主张的管辖海域海洋法律制度建设，其中包括完善基本法，并且将基本法所确认的我国在南海海域中的群岛海域、内水、领海、毗连区、专属经济区、大陆架、历史性水域所客观存在的包括主权、主权权利、管辖权、管制权、历史性权利在内的各种权利，通过制定足够数量的普通法予以明确规范，并向国内外宣示，从而为南海海洋行政管理提供足够数量和质量的法律依据和保障。

4. 贯彻落实南海区域发展战略

我国自发现南海诸岛后，就一直有人在南海诸岛进行短暂停留、居住，从事捕捞种植等活动。然而总体而言，南海诸岛的开发规模较小，并且多为自发行为，长期缺乏系列开发南海诸岛的战略。即使到今天，南海诸岛仍然处于未开发状态，甚至连相关规划也没有。与此形成鲜明对比的是，当前许多南海周边国家都制定和实施了开发南海的经济战略，如越南、菲律宾、印尼、马来西亚和文莱都制定了石油开发战略，在其所主张的管辖海域范围内进行石油开采。不仅如此，越南、马来西亚、菲律宾等国在其非法占据的南沙岛礁上大肆开展旅游开发活动，为其非法窃取的领土主权宣传造势。因此，为了维护我国南海主权和海洋权益，必须尽快制定和实施南海区域发展战略，并使其成为国家综合性海洋政策的重要组成部分。

2009年12月31日，国务院发布了《关于推进海南国际旅游岛建设发展的若干意见》。分析《意见》的内容就可以发现，南海资源开发与国际旅游岛建设具有极为密切的关联性。《意见》明确要将海南国际旅游岛建设定位为我国旅游业改革创新试验区，其中一点是要研究完善游艇管理办法，适当扩大开放水域。《意见》明确要求海南要生态立省，加强自然保护区、重要水域的保护和管理，探索人与自然和谐相处的文明发展之路。《意见》明确要求要科学论证、统筹规划岛屿的开发利用，依法加强西沙和无居民岛屿管理，按照属地管理原则依法进行土地确权登记。《意见》还确定了要将海南打造成南海资源开发和服务基地，加大南海油气、旅游、渔业等资源的开发力度，加强海洋科研、科普和服务保障体系建设，使海南成为我国南海资源开发的物质供应、综合利用和产品运销基地。

由此可见，作为国家发展战略的海南国际旅游岛建设内容中包含大量的南海开发内容，但是并没有明确涵盖南海开发的全部领域和范围。有必要在海南国际旅游岛建设战略的基础上，进一步提炼出南海区域发展战略并使之上升为国家层面的战略。2011年7月7日，国务院正式批准设立浙江舟山群岛新区。这是继上海浦东新区、天津滨海新区和重庆"两江新区"后，党中央、国务院决定设立的又一个国家级新区，也是国务院批准的中国首个以海洋经济为主题的国家战略层面的新区。在功能上，舟山群岛新区被定位为：浙江海洋经济发展的先导区、海洋综合开发试验区、长江三角洲地区经济发展的重要增长极。因此，可以借鉴舟山群岛新区的模式，将已经上升为国家发展战略的海南国际旅游岛建设战略升格为南海区域发展战略，并将其作为我国综合性海洋政策的重要内容。

（三）完善南海综合性海洋管理体制

1. 综合性海洋管理体制的必要性

海洋综合管理是"比行业管理更高的管理层次，政策综合执行效果往往最好"①。综合性政策要求综合性的政策执行，政策执行是政策过程的实践环节，是将政策目标转化为政策现实的唯一途径。因此，政策执行具有很强的目标性和针对性，整个执行过程必须反映和实现公共政策所确定的目标，并且为达到目标而采取一系列行动。政策执行机构是政策执行的载体，任何公共政策的执行活动最终都要依靠作为公共政策执行主体的执行机关及其人员来进行。因此，政策执行主体的机构设置、权力配置及活动规则等直接影响政策目标的实现，而这些又涉及到政策执行主体的行政管理体制问题。

所谓行政管理体制，"是行政机关对社会事务实施公共管理所形成的体制"②。当一个国家对社会事务实施公共管理时，必须依法组建各级各类行政机关，然后通过职权分解形成一系列行政机构，其内部又分解成具体的行政部门直至行政职位，并对其内部的行为予以规范，以确保其围绕各自的行政目标而运作。因此，行政管理体制可以更明确地界定为国家各行政机关在实现国家行政职能中因彼此相互关系而形成的包括横向结构与纵向结构的统一整体，基本要点包括政府机构的设置、职权划分以及运行机制等。这种行政管理体制又可称为社会公共管理体制，它可以进一步具体划分为经济管理体制、教育管理体制等具体领域的行政管理体制。

海洋管理体制属于行政管理体制的一种类型，是众多行政管理体制中的一种具体的组织管理方式。所谓海洋管理体制，"是建立在国家政府行政体制之

---

① Biliana Cicin – Sain. Sustainable development and integrated coastal management ［J］. Ocean and Coastal Management, 1993, 21 （1/3）: 11 – 43.

② 徐晓林，田穗生. 行政学原理 ［M］. 武汉: 华中科技大学出版社, 2004: 92.

上的海洋行政管理的组织制度。它决定着国家海洋行政管理机构设置、职权划分和活动方式、方法"①。从世界范围来看，沿海国家政治制度不同，决定了其海洋管理体制的不同；不仅如此，沿海国家对海洋的认识及海洋事业发展阶段不同，决定其海洋管理体制也会不同。

然而近些年来，随着海洋事业不断发展，许多沿海国家为了适应海洋形势新变化，重新审视本国海洋政策，纷纷制定综合性海洋政策。而综合性海洋政策需要政策的综合执行，只有这样才能确保政策目标完整准确的实现，而以机构设置、职权划分和活动方式为核心内容的综合性海洋管理体制，则是综合性海洋政策得以完整准确执行的组织保障。尽管综合性海洋政策的制定是一种国家行为，但在其制定过程之中，包括确立政策目标、参与政策规划、设计政策方案，以及对政策方案的评估与择优等环节，综合性海洋管理体制都能够发挥举足轻重的作用。总之，就综合性海洋政策而言，无论其制定还是执行，综合性海洋管理体制都可以发挥至关重要甚至关键的作用，因为综合性海洋管理体制是海洋综合管理的载体和核心。

2. 建立南海协调型管理体制

沿海国家对于海洋综合管理体制的探索，主要产生了集中型和协调型两种模式。集中型管理体制以法国、韩国为典型代表，国家海洋管理工作集中于一个部门，实行集中统一领导，管理所有涉海事务，地方政府也设置相关机构。协调型管理体制以美国、日本为典型代表。美国联邦政府海洋管理主要由隶属于商务部的国家海洋与大气局承担，但是政府中三分之二部门的职责涉及海洋，还有几个独立机构也在海洋和海岸政策制定中发挥作用。2004年12月，美国正式成立新的内阁级海洋政策委员会，以协调美国各部门的海洋活动，全面负责美国海洋政策的实施。日本没有设立专门的管理全国海洋工作的职能机构，其海洋管理机构主要由8个涉海中央政府机构组成。于是，日本设立了海洋开发有关省厅联络会议，作为日本政府协调海洋管理的最高权威机构，其主

---

① 鹿守本. 海洋管理通论 [M]. 北京：海洋出版社，1997：348.

要职能是制定海洋开发规划、协调各省厅海洋开发、保护和管理活动等。

基于上述实践，结合我国现行集中型管理与多部门分散型管理相结合的海洋管理体制的实际，在众多涉海部门之上建立强有力的协调机构并完善协调机制，这是我国建设综合型海洋管理体制比较理想的路径。这一海洋综合协调机构必须具有超越于一般海洋行业管理机构的权威，这种权威不仅来源于国家海洋法律法规所明确授予的权力，而且还具有完成所授予权力与职能的具体的、可操作性的管理职权的能力，这种能力包括经费支持、人员保障、保障性服务的提供等。在综合性协调机构中组建"南海管理委员会"，协调涉及南海海域海洋行政管理的各级政府机构或部门，统一协调南海海域的海洋行政管理工作，防止出现"多头管理"和"管理真空"，以便最大限度地维护南海的海洋权益。

3. 重视海南省参与南海海洋行政管理

综合性海洋管理体制要求中央级政府海洋行政管理机构居于核心位置。然而，沿海国家不论其海域及其资源的所有制如何，一般都会根据历史的、法律的或其他的理由，将海岸带和近海海域交由沿海地方政府管理。重视地方级政府参与海洋行政管理是绝大多数沿海国家的普遍做法，如美国各沿海州设立海岸带管理局，法国按照大区和省两级分别设立海洋事业管理局和海洋事业管理处，澳大利亚沿海州设立州政府海洋协调理事会等机构对所管辖海域实施海洋行政管理。管辖海域范围一般按照领海宽度为界，如美国、澳大利亚等都是如此。至于管辖事项，在全部管理职权中涉及国家安全事务，有关外交方面的活动，多边、双边或国际合作协议、条约等谈判、制定、签署，以及对外贸易和海关的有关业务等都必须控制在中央政府手里。

就海南省参与南海海域的海洋管理而言，1988 年 4 月 13 日七届全国人大一次会议关于设立海南省的决定中，明确指出海南省除了管辖海南本岛及其附属岛屿外，还管辖西沙群岛、南沙群岛、中沙群岛的岛礁及其海域，从而大体确定了海南省的管辖地域范围。2012 年 6 月 21 日民政部网站刊登《民政部关于国务院批准设立地级三沙市的公告》中称："国务院于近日批准，撤销海南省西沙群岛、南沙群岛、中沙群岛办事处，设立地级三沙市，管辖西沙群岛、中沙群岛、南沙群岛的岛礁及其海域。三沙市人民政府驻西沙永兴岛。"上述两个决定都依次明确了海南省及三沙市管辖海域的范围。但是上述决定表述中的"及其海域"到底有多大，是仅仅只是"附近海域"，还是可以扩充到"相关海域"，甚至一直可以涵盖"剩余水域"，目前尚不明确。由于"及其海域"的具体范围缺乏法律的进一步授权，以及由于南海主权争端等原因，海南省难以对西沙、南沙、中沙群岛及其周围海域实施有效的行政管理。因此，就现实性而言，海南省海洋行政管理的性质是由1995年9月29日国务院批准中央机构编制委员会关于《国家海洋局北海、东海、南海分局机构改革方案》与《海域使用管理法》所共同规定的以内水为管辖海域的管辖事项有限的管理。因此，强化南海海域海洋行政管理，必须将海南省在海洋行政管理中的职责和作用予以充分发挥。基本的措施是：

第一，以法律的形式明确海南省的管辖海域。按照1995年9月29日国务院批准中央机构编制委员会《国家海洋局北海、东海、南海分局机构改革方案》的规定，明确海区海洋管理局与地方海洋机构等行政机关的管辖区域，即以领海基线为基准，向内一侧的内水由地方海洋机构负责，向外一侧的领海及其以外由海区海洋管理局负责[①]。笔者建议修改这一条文，授权海南省将管辖海域的范围扩充至南海断续线；同时将七届全国人大一次会议关于设立海南省的决定以及国务院关于批准设立地级三沙市的决定中所确认的海南省及其三沙市管辖南海西沙、南沙、中沙群岛的岛礁及其海域这一条文用法律的形式予以明确确认，即授权海南省管辖中、南、西沙群岛的岛礁及其群岛水域、内水、领海、专属经济区及剩余水域，从而以法律的形式明确海南省管辖海域的范围。

第二，合理划分管辖事项。海南省是我国第一个经国家授权管辖特定海域

---

① 耿相魁. 实施海洋行政管理战略的几点思考［J］. 浙江海洋学院学报（人文社科版），2008（1）.

的省份。尽管国务院于1997年7月1日以国务院令的形式公布了香港特别行政区行政区域图，明确规定了香港特别行政区海上部分的行政区域，但是由于香港特别行政区实行高度自治，因此，香港特别行政区管辖海域的性质与海南省管辖海域的性质存在着根本区别。根据我国宪法，我国国家机构实行民主集中制原则。因此，尽管海南省经国家授权管辖特定海域，但并不排除国家其他涉海机构对该海域实施行政管辖权。根据国家法律，国家海洋局是综合管理我国管辖海域海洋事务的职能部门，环保部门、农业部门、交通运输部门等同样承担相应的涉海事务，地方政府不得自行行使未经国家授权的行政行为。但鉴于地方政府海域利用的实际需要，《海域使用管理法》明确指出，在中央统一管理的原则下，国务院可以授权地方政府负责对行政区毗邻海域使用活动的监督管理。因此，在南海海域行政管理上，可以充分利用这一法律规定合理划分中央政府与海南省政府的事项管辖。总体原则是，在海南省授权管辖海域范围内，海南省级政府及地方各级政府尤其是三沙市人民政府，可以提供一般性的公共管理与公共服务，而涉及全国或全局性的公共管理或公共服务，则由国家海洋局及南海分局以及其他涉海部门负责实施。

第三，重点抓好以下事项。海南省级政府可以在中央政府涉海职能部门的协助下，重点抓好以下事项的管理，以便在其管辖海域提供更好的公共管理和公共服务。一是海南省政府要在中央政府职能部门的协助下加强南海海洋环境监测系统的建设，主要是对海洋污染的监视，并扩大高新技术的应用范围，建立设备精良、技术先进的多方位、多功能、立体化、全天候的监测系统，防止对南海海域的环境污染与破坏；二是海南省政府要在中央政府职能部门的协助下加强南海海洋环境预报和灾害预警系统的建设，不断增加预报项目，提高预报时效和精度，为做好防灾减灾、抗灾救灾工作，最大限度地减少自然灾害造成的损失；三是海南省政府要在中央政府职能部门的协助下，加强南海海洋信息服务系统的建设，使得搜集信息的种类、数量质量、采集与处理能力、服务手段与效率等达到一流水平，为南海经济建设的发展提供信息支持；四是海南省政府要在中央政府职能部门的协助下，加强南海海洋救捞、潜水和水下作业的建设，不断完善海上搜寻、打捞、救助的组织体系；五是海南省政府要在中央政府职能部门的协助下，加强南海海洋测量服务系统（包括水深测量、海底地形地貌测量、各礁岛地形地貌的测量、南海诸岛资源的测量）的建设，建立海洋测绘数据库，为我国南海海域的各种活动提供服务；六是海南省政府要为到南海诸岛进行经营开发的人员，特别是渔民建立各种便民设施，如设立医院、学校等。当然，在三沙市人民政府挂牌成立后，海南省级政府的上述职能可以具体由三沙市人民政府承担。

（四）强化南海综合性监视执法队伍

1. 必须加强综合性海上监视执法队伍的建设

行政执法"是指国家机关执行适用法律的活动。行政执法是行政机关执行法律的行为，是主管行政机关依法采取的具体的直接影响相对一方权利义务的行为；或者对个人、组织的权利义务的行使和履行情况进行监督检查的行为"①。显然，行政执法既是行政机关执行法律的行为，也是行政执法机关针对行政相对人行使和履行义务情况所进行的监督检查行为，包括法律适用和监督相对人两个方面。海洋执法属于行政执法范畴，具有普通行政执法的共性。海洋行政执法"是政府的行政行为。任何社会活动和行为都有其主体，海洋行政执法的行为主体就是海洋行政执法机关和海上执法队伍"②。海洋行政执法机关偏重于法律的适用，而海上执法队伍则偏重于对海洋行政相对人的监督检查。

现代政治文明要求政府依法行政，其实质就是要求国家将政策转化为法律并由国家行政机关付诸实施。因此，国家海洋行政机关实施海洋政策的过程就是贯彻执行国家海洋法律法规的过程，实质上就是法律的适用过程。但是，海洋行政执法的领域是海洋，海洋权益被侵犯、资源与环境的违法违规事件基本都发生在海上，发现这些违法违规行为并获取证据必须在海上现场进行，由此决定了海洋行政执法具有不同于普通行政执法的特殊性，即：海洋作为特殊的

---

① 罗豪才. 行政法学［M］. 北京：中国政法大学出版社，1989：153.

② 鹿守本. 海洋管理通论［M］. 北京：海洋出版社，1997：294.

区域，缺乏装备优良并能适应这种环境的监视力量，就不可能发现和处理海洋行政相对人违法违规的事实，海上执法的行政行为也就不可能产生，海洋法律法规的实施也就没有保障。由此可见，海上监视执法队伍是开展海洋行政执法的载体，这种队伍"既是海洋行政执法主体的组成部分，也是海洋行政执法的海上巡视、侦查和事故、事件现场调查、取证和应急处理的执行力量"①。总之，国家海洋权益虽然是客观存在的，但是还需要通过国家职能的行使对其管辖海域实施有效监视、控制、维护和管理。对于无法看见物理边界的国家管辖海域而言，强有力的海上监视执法队伍是国家海洋权益和开发利用秩序的保证。相对于普通行政管理而言，海上监视执法队伍对于海洋行政管理具有特殊的重要性。

可见，海上监视执法队伍是作为海洋行政执法机关而存在的，是海洋行政管理体制的重要内容，其机构设置、职责权限划分、运行方式等受到海洋行政管理体制的制约。而综合性海洋管理体制要求建立一支集中统一、职责综合、装备准军事化的综合性海上监视执法队伍，只有这样，才能充分发挥其应有职能。无疑，综合性的海上监视执法队伍是实现海洋综合管理的保障。

2. 沿海国家对于综合性海上监视执法队伍的探索实践

目前，世界各沿海国家海上监视执法队伍的管理体制并不统一，但以集中方式组建综合性海上监视执法队伍为主要趋势，并呈现出三种类别。

第一种类别：国家海上监视执法队伍由政府某一部门主管，承担国家海洋法律法规的海上执法的全部活动。代表性的国家有日本、美国、韩国等。日本的海上监视执法队伍为隶属于国土交通省的海上保安厅，地位高于运输省内设各厅局，具有一定独立性。美国的海上监视执法队伍是隶属于国土安全部的海岸警备队，有权执行或协助执行美国管辖范围内的海洋和水域的所有可适用的法律，其具体执法行为主要包括：阻止海上非法走私、贩毒、偷渡等行为；防范海上非法捕捞；负责游船安全、船舶工业标准、海上交通管理等；战时必须

---

① 鹿守本. 海洋管理通论［M］. 北京：海洋出版社，1997：299.

时刻准备成为美国海军的一个部分。韩国的海上监视执法队伍是隶属于海洋水产部的海上警察厅，其职责主要包括警备救难、海上治安、保全海洋环境、海上交通安全管理、海洋污染防治等。

第二种类别：国家海上监视执法队伍由军事机关主管。由于国力等因素，一些中小沿海国家海上监视执法队伍由军事部门管理，执法任务由军队承担，这也是一种综合性海上监视执法体制。代表性的国家有瑞典、荷兰、约旦等。瑞典海岸警备队隶属于国防部；荷兰海岸警备队是荷兰皇家海军的一个部门，由皇家海军指挥；约旦没有海军，但建有海上治安和执行监督、救护工作的海岸警卫队，履行海上监视执法功能，具有海上武装力量的特征；菲律宾的海岸警卫队由国防部管辖，其司令由海军军官担任。唯一的例外是印度，其海岸警备队原隶属于印度国防部，由海军直接指挥，现为独立的准军事组织。

第三种类别：国家海上监视执法队伍由执法部门和军事部门共同领导和管理。有些国家的海上执法队伍，既不完全属于政府建制，也不完全属于军队建制，而是由双方共同领导。德国是典型代表，其海上监视执法队伍称为"联邦海疆警卫队"，由海军和政府运输部与农渔业部共同掌握，下辖三个执法船队，基本职责主要包括海上交通管制、管辖海域的治安维护和海难救助等。

3. 我国南海综合性海洋监视执法队伍的组建

我国现行海洋监视执法体制是分部门管理体制。中国海监是国家海洋局属下的行政执法队伍，主要职能是对中国管辖海域实施巡航监视。另外，目前中国海上执法力量还分散于其他部门，这包括隶属农业部的中国渔政，隶属海关总署的海关缉私局，隶属交通部的中国海事局，以及隶属公安部边防管理局的公安海警。这种体制的一个最大弱点是多头管理，各自为政，容易出现行业保护行为，难以形成综合管理的合力。借鉴发达国家海洋监视执法管理的成功经验，逐步集中海洋监视执法力量，统一监视执法管理，应当是我国海洋监视执法管理的发展方向。尽管 2013 年初的"两会"上已经明确了国务院的机构改革方案，其中包括重新组建国家海洋局，整合海上执法力量等重要决策，但还需要进一步理顺体制，逐步整合到位，形成新的海上执法体系和运行机制。

从全国海洋监视执法队伍现状来看，应建立起中央与地方分级管理的海洋监视执法体系，分别在各自管辖海域监视执法，应明确分工，分清职责权限。2011 年 7 月 10 日，中国渔政 46012 号渔政船驶离海口市秀英港，赴南沙海域执行护渔巡航任务。这是海南省海洋渔业部门第一次赴南沙进行护渔巡航。据了解，此次中国渔政 46012 号渔政船将赴南沙接替中国渔政 301 号渔政船，执行美济礁守礁及渔政管理任务，计划时间为 50 天。这次巡航执法为中央与地方监视执法队伍分级分海域监视执法启动了一个良好的开端。实际上，这一海洋监视执法体系的建立可以在地方先试先行。目前，部分省市根据地方实际，将海洋监察同渔政管理合二为一，可以说是朝着海洋统一监视执法迈出的第一步。如广西成立了全省统一的海洋监察大队；广东省在省级建立了海监渔政总队，市级成立支队，县级成立大队，个别重点的海湾渔港还建立了中队，形成了完备的四级管理模式。就海南省而言，由于渔政队伍经过多年执法，具有一定的海上监视执法经验，对海洋及其有关法规较熟悉，业务水平较高，执法船队等基本建设比较完整，可以以此为基础，组建全省统一的海洋监视执法队伍，在海南省所管辖的群岛水域、内水、领海、专属经济区及剩余水域内监视执法，这样既大大节省了基础设施投资，又解决了执法人员编制，还理顺了使用海域最大的行业同海洋监察之间的关系。在海南省先行先试的基础上，可以适时组建南海区域国家统一的海上监视执法队伍，主要负责南海断续线内海域的监视执法。

4. 大力提高海上监视执法队伍的综合素质

海洋行政管理人员是海洋行政管理的主体，肩负着我国管辖海域的海上管理、监督、执法等任务，是我国海洋良好秩序的创造者和捍卫者。实际上，海洋管理人员应该具有较高的海洋行政管理知识、海洋科技知识和技能、扎实的海洋法知识等，才能胜任复杂的海洋行政管理工作。因此，建设一支高素质、能力强的海洋行政管理队伍是维护我国南海权益的刻不容缓的一件大事。

而在所有海洋行政管理人员中，建设一支素质高、能力强的海上监视执法队伍具有特殊重要性。这是因为海洋事业既是一项国家事业，同时也是一项国际性事业。国家海洋管理工作中存在众多的涉外问题,这在海上监视执法中表现得尤为突出,因此,海上监视执法人员必须具有国际视野、国际法知识和对外语言交流能力。尽管总体来看,我国南海海洋行政管理人员的素质和能力有了很大提高,但与有效维护南海主权和海洋权益的要求相比依然存在着很大的不足。如人才结构不尽合理,知识结构偏窄,海洋综合管理人才相对缺乏,高素质人才更为匮乏等。因此,必须采取有力措施,努力提高我国南海海域海上监视执法人员的素质。

一方面,要严格依据《公务员法》,完善海上监视执法人员的管理体制。管理体制主要包括进口、使用和出口三个环节。在人才引进方面,要依据海上监视执法人员必备的素质完善考试录用机制,做到"公平、公开、公正",挑选那些能力强、素质高的人员。此外,还可以在全国公开聘任具有高素质的海洋科技专业人员,拓宽人才引进渠道,尽可能把优秀人员引进到南海海上监视执法队伍之中;在使用环节上,应该完善考核、奖惩与福利制度,激励海上监视执法人员发挥聪明才智,恪尽职守;在出口环节上,完善辞退辞职制度,保证海上监视执法人员的新陈代谢。

另一方面,要通过培训提升海上监视执法人员的综合素质。培训是公务员队伍建设的基础性工作,根据《公务员法》,培训的类别主要有对新录用人员的初任培训、晋升的任职培训、根据专项工作需要进行的业务培训和在职国家公务员更新知识培训。具体而言,可以从以下方面努力:一是要注重培训方法的多样性,既要有理论讲授,又要有研究讨论、实际操作、实地考察和案例分析等方法,从而在理论与实践的结合上提高学员的综合能力;二是要注重培训内容的针对性,既要使海上监视执法人员尽可能获得行政管理、法律、海洋方面的知识,又要突出重点,讲究实效,学以致用;三是应该把人员的培训与使用、奖惩结合起来,对学习好的人员给予晋升的机会,对学习不好的给予相应的处罚;四是借鉴国外的培训方法,积极开展国际化合作进行国际培训。当然,还必须在实践中不断培训海上监视执法人员,这是真正提高南海海上监视执法人员素质的有效途径。

（五）结语

目前，南海争端呈现出日益复杂化和国际化的趋势，我国所致力于通过和平手段解决南海争端的努力面临着越来越严峻的挑战。尽管 2002 年 11 月 4 日中国同东盟成员国签署了《南海各方行为宣言》，但由于其并不具有法律效力，我国南海主权和权益受到不断侵害的局面不仅没有被遏制住，反而愈演愈烈。虽然 2011 年 7 月 21 日举行的中国 – 东盟外长会上，中国同东盟国家就落实《宣言》指针案文达成一致，从而为推动落实《宣言》进程、推进南海务实合作铺平了道路。但由于该指针仍然不具有法律效力，其能否真正推进南海务实合作，实际上仍存在着巨大疑问。

历史昭示我们，在国家间存在海洋主权和权益争端之时，消极被动是没有出路的。尽管当今世界依靠武力解决海洋争端已经极为罕见，但武力威慑从来没有缺席过，而且保持一定程度的武力威慑有助于和平解决海洋争端。由于我国对于南海诸岛及其附近海域拥有无可争辩的主权，对于南海断续线内的水域拥有历史和国际法所共同赋予的权利，因此，我国必须在保持一定武力威慑的前提下，以一种积极主动的姿态致力于和平解决南海争端，其基本措施就是适时强化南海海洋行政管理，并有计划、有针对性地将海洋综合管理适用于我国所主张管辖的南海海域，从而使我国在解决南海争端中处于主导性和支配性的地位。

参考文献

［1］鹿守本. 海洋管理通论［M］. 北京：海洋出版社，1997.

［2］J. M. 阿姆斯特朗，P. C. 赖纳. 美国海洋管理［M］. 北京：海洋出版社，1986.

［3］夏书章. 行政管理学（第三版）［M］. 北京：高等教育出版社，2003.

［4］罗豪才. 行政法学［M］. 北京：中国政法大学出版社，1989.

［5］宋云霞. 国家海上管辖权理论与实践［M］. 北京：海洋出版社，2009.

［6］滕祖文. 海洋行政管理专题研究［M］. 北京：海洋出版社，2003.

［7］管华诗，王曙光. 海洋管理概论［M］. 北京：中国海洋大学出版社，2003.

［8］滕祖文. 海洋行政管理［M］. 青岛：青岛海洋大学出版社，2002.

［9］徐晓林，田穗生. 行政学原理［M］. 武汉：华中科技大学出版社，2004.

［10］李明春. 海洋权益与中国崛起［M］. 北京：海洋出版社，2007.

［11］伍启元. 公共政策［M］. 北京：商务印书馆，1989.

［12］王福生. 政策学研究［M］. 成都：四川人民出版社，1991.

［13］倪健中. 海洋中国(下册)［M］. 北京：中国国际广播出版社，1997.

［14］滕祖文. 海区海洋行政管理研究［M］. 北京：海洋出版社，2009.

［15］谭柏平. 海洋资源保护法律制度研究［M］. 北京：法律出版社，2008.

［16］［加］E.M. 鲍基斯. 海洋管理与联合国［M］. 北京：海洋出版社，1996.

［17］卓越. 比较公共行政［M］. 福州：福建人民出版社，2003.

［18］张宏声. 海洋行政执法必读［M］. 北京：海洋出版社，2004.

［19］林水波，张世贤. 公共政策［M］. 台北：五南图书出版公司，1991.

［20］宁骚. 试论公共决策的现代化［A］.//现代化进程中的政治与

行政（下册）［M］.北京：北京大学出版社，1997.

[21] 吴士存.纵论南沙争端［M］.海口：南海出版社，2005.

[22] 吴士存.南海资料索引［M］.海口：南海出版社，1998.

[23] 吴士存.民国时期的南海诸岛问题［J］.民国档案，1996（3）.

[24] 骆莉，袁术林.中国国家安全中的南海问题初探［J］.暨南学报，2005（1）.

[25] 侯强.民国政府对西沙群岛的鸟粪开发［J］.学术探索，2002（1）.

[26] 邢增杰.略述民国政府对西沙的开发［J］.新东方，1999（4）.

[27] 李亚明.南沙群岛历来就是中国领土［J］.岭南文史，1995（3）.

[28] 吕建华.论法制化海洋行政管理［J］.海洋开发与管理，2004（3）.

[29] 郑敬高.海洋管理与海洋行政管理［J］.青岛海洋大学学报（社会科学版），2001（4）.

[30] 滕祖文，朱贤姬.加强海区分局海洋行政管理的思考［J］.海洋开发与管理，2008（3）.

[31] 宋文杰.对完善我国海洋行政管理体制的思考［J］.齐鲁渔业，2008（7）.

[32] 郭渊.日本对东沙群岛的侵略与晚清政府的主权维护［J］.福建论坛，2004（8）.

[33] 李艳.南海问题浅析［J］.谈古论今，2009（9）.

[34] 朱凤岚.日本打造"冲之鸟岛"岩礁［J］.亚洲，2005（19）.

[35] 耿相魁.实施海洋行政管理战略的几点思考［J］.浙江海洋学院学报（人文社科版），2008（1）.

[36] 李金明.南沙海域的石油开发及争端的处理前景［J］.厦门大学学报，2002（4）.

[37] 高伟浓.国际海洋开发大势下东南亚国家的海洋活动［J］.南洋问题研究，2000（4）.

[38] 李国强.对解决南沙群岛主权争议的几个方案的解析［J］.中

国边疆史地研究，2002（4）.

［39］岳德明. 中国南海政策刍议［J］. 战略与管理，2002（3）.

［40］吕一燃. 近代中国政府和人民维护南海诸岛主权概论［J］. 近代史研究，1997（3）.

［41］Gerard Peer. Ocean management in practice［C］.// Paolo Fabri. Ocean Management in Global Change［M］. London：Elsevier Applied Science，1992.

［42］E L Miles. Concepts，approaches，and applications in sea‐use planning and management［J］. Ocean Development and International Law，1989，20（3）.

［43］Biliana Cicin‐Sain. Sustainable development and integrated coastal management［J］. Ocean and Coastal Management，1993，21（1‐3）.

第六章　强化南海海洋行政管理的基本策略与对策

随着南海问题的日益升温，南海在我国总体对外战略中的地位也在不断上升。因此，南海问题的妥善处理不仅涉及国内稳定发展的问题，而且涉及我国对外战略的有效实施，必须统筹内外两个大局，通过强化南海海洋行政管理，积极应对和妥善处理南海面临的各种矛盾和问题，维护我国在南海的主权、主权权利和管辖权。

一、制定和实施国家南海安全战略

（一）海洋安全战略再思考

长期以来，我国的安全战略可以说是防御性现实主义①和新古典现实主义②的混合。一方面，对外讲究韬光养晦，不当头，不称霸，营造周边的安全环境和维持国际和平秩序；另一方面，重视国内经济发展，维持社会稳定并推进国内改革。③ 在相当长的一段时间内，这一政策收到了良好

---

① 防御性现实主义是 20 世纪 90 年代以来现实主义发展的一个新的分支，主要观点有：（1）由于国家是有理性的，因而他们常常会通过权衡扩张行为的得失大小来决定自己采取何种行为；（2）国家获取安全的最佳途径是采取防御性的战略，或者说旨在维持现状的战略，这样会促使国家采取温和、慎重和有节制的行为；（3）在某些特定情况下，比如在"进攻—防御"的平衡关系有利于进攻一方时，即使同是追求安全目标的国家之间也可能会因"安全困境的加剧而彼此发生冲突。

② 新古典现实主义是指在国际关系的现实主义理论内部兴起的一个明确走对外政策理论建构路径的新分析方法。其代表性学者有：吉登罗斯、施韦勒、扎卡利亚、沃尔弗斯等人。他们不满于将考察国家对外政策的外部环境与国内要素分裂开来，非常关注对具体国家对外政策和行为的解释，这些政策和行为包括了国家的大战略、军事政策、结盟偏好以及危机处理等。

③ 唐世平. 中国的崛起与地区安全 [J]. 当代亚太，2003（3）. 该文中提到，"安全困境"的存在使得进攻性的安全政策对中国而言是不合适的。由于中国采取了强调温和、自我约束以及安全合作的防御性战略，因此中国的崛起并没有导致东亚地区的力量格局发生质变，它带来的只是量的变化，即把东亚地区的国际结构变得更加平衡。

的效果。实际上，中国的对外政策存在着三个长期性偏好，即非常重视领土与主权完整、经济增长与社会发展，以及国际地位与国际声望。可以说，三者之间的联系是密不可分的。一是领土与主权完整是对外政策决策应确保的核心利益，从国内层面看这种政策能够推动经济增长与社会发展，从国际层面看又是提高国家声望与巩固国家地位的基础。二是经济高速发展能为国家能力的部署提供保障，是维护领土与主权完整，提高国际地位与声望的必要条件。三是国际地位与国际声望能够对领土与主权完整（即国家安全）、经济增长与社会发展（即国家发展）两个方面都带来显著的效果。

由此可见，海洋安全战略是主权国家综合利用国家资源和国家手段，包括政治、经济、军事、外交等力量特别是海上力量，维护国家海洋方向生存与发展利益的全局性方略，也就是对海洋安全进行全局性筹划和指导。比如，美国将称霸海洋作为国家发展的长期国策，把国家海洋安全战略作为全球海洋经营战略的重中之重。美国于2005年9月发布的《国家海上安全战略》白皮书，这是美国在国家安全层面上提出的第一个海洋安全战略。21世纪初，美国海上安全战略态势发生了重大变化：全球海洋战略重点东移，大洋战略调整为近海战略，控制海洋成为美国全球海洋经营战略的重大选择。其主要策略包括：控制全球海上咽喉要道、控制重要岛屿、压制其他海洋强国、遏制中国走向海洋，等等。尽管美国称霸海洋的霸权思想暴露无遗，但海洋安全战略的核心无疑是确保美国的海洋安全。因而，海洋安全战略的制定和实施主体必须是主权国家，各个国家奉行的战略思想、国家制度、安全战略都具有明确的本国特色。海洋安全战略通常包括海洋安全形势、海洋安全战略目标、海洋安全战略力量和海洋安全战略手段等。海洋安全战略的影响因素也很多，包括国家海洋利益、海洋战略利益、国家海洋战略和安全战略、海洋综合实力和海洋文化传统等。

南海争端是世界上最复杂的争端之一。尽管中国为和平解决南海争端做出了极大的努力，但期望短期内解决并不现实。南海除了岛、礁、大陆架主权权益已形成多边重叠的争执外，大国对南海的实际争夺也一直在针锋相对，南海因此也成为各势力集团、各国力量交叉渗透的重点区域。南海问题的复杂性，不仅存在于《联合国海洋法公约》所导致的周边诸国主权要求重叠，以及各势力集团、介入国家对南海资源的争夺，有复杂的地域政治较量等因素。① 事实上，南海巨大的经济利益和战略重要性导致了该地区主权纷争与资源、航运、战略利益等纠结在一起，使南海成为世界上最具争端和最复杂的地区之一，尤其是这些问题也很难在短期内找到彻底解决的答案。

李克强总理在 2014 年 6 月 20 日与希腊总理萨马拉斯共同出席中希海洋合作论坛时发表重要演讲，明确指出海洋与人类发展息息相关，中方愿与各方共建和平之海，将坚定不移地走和平发展道路，坚决反对海洋霸权，在尊重历史事实和国际法的基础上，致力于通过当事国直接对话谈判解决海洋争端。中国坚定维护国家主权和领土完整，致力于维护地区的和平与秩序。中方愿与各方共建合作之海，积极构建海洋合作伙伴关系，共同建设海上通道、发展海洋经济、利用海洋资源、探索海洋奥秘，为扩大国际海洋合作做出贡献。中方愿与各方共建和谐之海，在开发海洋的同时，善待海洋生态，保护海洋环境，让海洋永远成为不同文明之间开放兼容、交流互鉴的桥梁和纽带，成为人类可依靠、可栖息、可耕耘的美好家园。② 李克强总理这次关于和平之海、合作之海及和谐之海的论述，被国际舆论界誉为是"中国 2.0 版海洋观"的正式发布。

事实证明，塑造良好的国际环境很大程度上取决于国家之间的相互信任，而明晰的对外政策正是建立国家之间互信的基础。当然，这并不意味国家之间的利益不会冲突，也不等于外交政策的软弱。长期以来，我们在

---

① 李鸿谷. 复杂的南海 ［EB/OL］. http：//news. sina. com. cn/c/sd/2010 - 11 - 12/120021460615. shtml.

② 李克强. 努力建设和平合作和谐之海——在中希海洋合作论坛上的讲话 ［EB/OL］. 国家海洋局网站，http：//www. soa. gov. cn/xw/hyyw_ 90/201406/t20140623_ 32289. html.

这方面的做法可能有所欠缺。一方面，因为政策的不公开而饱受指责和猜忌；另一方面，又由于缺乏强硬政策而导致国家利益受到损害。但从目前的发展势头看，中国政府在诸多海权争端问题上所采取的政策已有所转变。从建设永兴岛、重建国家海洋局、设立海警局，到设立三沙市，成立三沙警备区，再到南海舰队力量的迅速增强，以及实现中国海警的巡弋常态化，中国政府在海权争端中日趋强硬，又不乏公开性与自信心。在海权之争日益加剧的今天，中国在南海问题上采取的是怎样的政策？换言之，中国在这一系列争端中采取公开而强硬的措施到底意味着什么？又是否可以收到令人满意的效果？这些问题都值得认真思考。

（二）关于南海安全战略的思考

那么，到底如何思考中国南海的海洋安全战略呢？我们认为，可以从以下几方面来考虑：

1. 与争议国家寻求有限度的一致性

这里首当其冲需要解决的问题就是"和平共处五项基本原则"中的"互不干涉内政"。在过去，这一原则是保证国家安全和建立相互信任的重要原则，但是到了现在，当中国不再处于被干涉者的窘境，而被赋予实施可能干涉的权力和责任时，则需要重新对此原则加以审视。可以说，美国作为世界霸主，总是能够灵活地运用接触加遏制的战略，从容地进行两面下注，以攫取最大利益。可见，在处理国际事务上，问题不在于手段是否满足最普遍意义上的正义原则，而在于能够为手段的实行找到合适的理由，并能够有效地解决争端。因此，中国应根据南海事态变化的形势不断进行有效的调整，与争议国家寻求有限度的一致性，力求通过外交政策的调整能够化解危机，有所收获，特别是能够提高中国的国际地位和国际声望。

2. 必须强调在对外事务上的 "威慑能力"

美国的对外政策历来是"胡萝卜加大棒"的基本组合，这不仅是两种相互可替代的政策组合，同时也是相互促进的实施手段。比较而言，大棒由于胡萝卜的存在而使对方觉得自己的承受代价过高，即威慑效用增强；而胡萝卜则因为大棒的作用会让对方不得不接受，即奖励成本减少。这意味着，如果我们在外交政策中希望以最小的代价达到最佳的目的，那就需要增加自己的威慑能力，即将自身实力的强大与实力的展现意愿相结合，这当然也是威慑的应有之意。①

3. 提出并力推可行的国际秩序体系

中国安全战略的首要目标在于保证自身地区大国的身份和推动东亚地区性共同体的建立，避免德国式崛起的悲剧②，而不是与美国争夺全球控制权。换言之，我国的外交政策应该在防御性现实主义与新古典现实主义的基础上有所改善，而不是将其全部抛弃。有研究者认为，美国之所以能够维持世界性的统治，关键在于它是一个仁慈的霸主。③ 这意味着，全球性权力分配与国际公共物品的供给问题往往紧密相连。那么，中国现在是否已经做好了准备，在实现国内分配正义与维持社会稳定的同时，承担更多的全球性领导责任呢？冯维江等人认为，过去中国在"软权力建设"上存在着诸多战略性误导，如在无形的国际公共物品上过度投入实际资源，可能使本国经济增长低于应有水平；一厢情愿地提供无形国际公共产品，可能反倒降低了自身的软权力；创设一些无效的国际制度，反而会造成外

① 张敦伟. 海权争端下的中国安全战略：一种现实的外交政策选择［J］. 国际关系研究，2013（4）.

② 德国于 1870 年在铁血宰相卑斯麦的领导下走向统一，统一后的德国经济开始起飞，1910年其经济总量超过英国，仅次于美国，跃居世界第二位。当强大起来的德国碰到不利于自己的国际规则，并试图修改规则或者在规则内寻求与自己地位相称的利益时，它遇到了激烈的阻力和反弹，于是愤怒的德国人进行了两次改变不公平现状的努力，遗憾的是最后都以失败而告终，这就是 20 世纪前半叶的两次世界大战，它没有实现德国当西欧大陆霸主的愿望，也没有实现夺取英法海外殖民地的梦想，却使自己付出了惨重的代价，战败后德国被割地赔款，分裂成两个国家，并使得本该属于自己势力范围的西欧大陆被美苏任意划分，长期为两个超级大国冷战埋单，世界的经济和科技中心也由此从西欧转移到美国，美国趁机获取了影响自己未来 100 年国运的美元霸权。

③ 张敦伟. 海权争端下的中国安全战略：一种现实的外交政策选择［J］. 国际关系研究，2013（4）.

交资源的极大浪费。① 因此，在推进南海问题的解决上，中国应首先提出可行的区域与国际秩序体系，并尝试性地运行，以检测其可靠性与有效性，并进行适时调整和平衡。

实际上，中国可以采取一种竞争性策略以取代传统的制衡性策略。目前，中国正在积极地加入国际组织，承担相应的国际责任，力求在国际事务中扩大话语权，增加影响力。应当说，目前我国主导的亚洲基础设施建设投资银行的筹办，推动共建丝绸之路经济带和21世纪海上丝绸之路，就是对区域性国际秩序负责任的一种大国担当。这一切都表明，中国主张融入现在的国际社会，而不是与之相对抗。正如美国国务卿鲍威尔曾经所言，中国已不再是资本主义的敌人。② 因而，我们可以在一个多元化的国际社会中坚持传达自己的声音，而不是先试图让所有人都保持安静。这样一来，国家形象合法性的获取将不再受到意识形态的僵化束缚，外交政策与安全战略的制定与实施也会得到更大的迂回空间。与"坚决反对霸权主义、强权政治"一类的宣传口号相比，"中国可以比美国做得更好"这样的观点无疑更加合适有效，也易于让人接受。③

4. 设置底线有助于降低周边国家的恐惧感

众所周知，大国崛起的过程也是向外辐射实力的过程，极易引起周边国家的不安全感。而美国更是乐于也善于利用他国的转折时期进行战略渗透、经济封锁和军事打压，甚至在必要时组织起国家同盟，发动所谓的预防性战争，这在历史上早已屡见不鲜。因此，中国需要在美国主导的国际制度下避免被妖魔化，实际上，这是由国际事务议程设置上的劣势地位所决定的。同时，要在坚持维护国家主权的前提下防止冲突的升级。我国应

---

① 冯维江，余洁雅. 论霸权的权力根源 [J]. 世界经济与政治，2012 (12).
② [美] 江忆恩. 中国对国际秩序的态度 [J]. 国际政治科学，2005 (2).
　　Alastair Lain Johnston. Is China a Status Quo Power? [J]. International Security, 2003, 27 (4).
③ 张敦伟. 海权争端下的中国安全战略：一种现实的外交政策选择 [J]. 国际关系研究，2013 (4).

当表现为积极应对他国指责，尽量保证采取行动时师出有名，形成舆论上以多对少的局面。事实上，菲律宾与越南的主动出击为中国提供了一个巩固领海主权、强化政府管理、组织民间力量的机会，以及重申中国底线的机会。尽管菲律宾与越南在南海油气招标、岛屿开发、军舰巡弋定期化上占得先机，但中国的潜在实力要远远高于菲律宾和越南两国，因而采取后发制人的做法也能有效地完成中国在南海的战略部署，以保证南海的安全。这些已被我国近年来在应对南海问题的举措上所证明。

二、加快海洋立法和海洋强国战略制定

（一）加快我国海洋立法建设

改革开放以来，中国在海洋资源开发与养护、海岛开发与保护、海洋功能区划等方面的实践经验和相关法律规划的形成，已经为海洋基本法的立法工作打下了良好的基础。2012 年 6 月 1 日，国务院行政法规《海洋观测预报管理条例》正式施行，条例要求国家建立海上船舶、平台志愿观测制度。同时，确立了海洋观测资料统一汇交和公益事业使用资料的无偿取得制度，规定从事海洋观测活动的单位要向海洋主管部门统一汇交海洋观测资料，国家机关决策和防灾减灾、国防建设、公共安全等公益事业需要使用海洋观测资料的，由海洋主管部门无偿提供。这是我国历史上首部关于海洋观测预报活动管理的法律规范，对促进我国的经济建设、社会发展和国防安全具有重要意义，笔者认为制定海洋综合性法律的条件已趋成熟，应当尽快立法。有关海洋方面的规范性文件，应当由全国人大从国家层面统一制定，再由国务院制定相应的行政法规；而比较细化的实施细则等规章，应当统一由海洋综合管理部门——国家海洋局主持制定，再由执法部门组织实施。

事实上，我国开发利用海洋、维护海洋权益必须有完善的法律制度作保障。过去二十多年来，尽管我国在海洋立法方面取得了长足进步，

但是由于我国整体海洋意识相对淡薄、海洋领域立法实践经验少以及环境条件差等因素，我国海洋法制建设仍然比较滞后，涉海诸多领域还存在着法律空白，一些已出台的涉海法律由于缺乏理论指导、操作性差、法律适用性较低等原因，立法实践效果有待提升，执法方面也需要优化。因此，一方面，我国涉海管理部门应认真贯彻《海域使用管理法》《海岛保护法》《渔业法》《领海及毗连区法》《专属经济区和大陆架法》等已出台的法律法规，制定并优化相应的实施细则和执法程序；另一方面，应根据海洋管理工作的实际需要，推动《海洋基本法》《无居民岛屿开发利用条例》《西南中沙群岛旅游开发利用管理条例》等立法工作。尤其是近年来越南、菲律宾在我国南海侵权、侵渔力度加大，在南海维权形势日益严峻的形势下，我国亟待加强和细化海洋立法建设，通过法律手段维护我国的南海权益。①

（二）制定国家海洋强国战略和海洋基本法

海洋问题历来是国家的战略问题。21 世纪是海洋的世纪已经成为各国的共识，人类社会和经济发展将越来越多地依赖海洋。尤其是《联合国海洋法公约》的生效使得国际海洋秩序及其斗争方式和手段发生了深刻变革。21 世纪以来，众多海洋国家先后出台海洋战略，扩张本国的海洋战略利益，制定和实施海洋战略已成世界性潮流。这是因为国家海洋战略是一个国家用于筹划和指导海洋安全、海洋开发利用、海洋管理和海洋生态环境保护的总体战略。世界主要海洋大国如美国、俄罗斯、日本、加拿大、澳大利亚等都制定出台了国家海洋战略和政策，这对我国发展海洋事业有着很重要的借鉴意义。如美国海洋战略是依据国家利益和时代背景而制定的，尽管随着年代的变迁其侧重点有所不同，但目的只有一个，那就是获取国家利益最大化。因而，美国的海洋战略是全方位的，涵盖了政治、经济、军事以及软实力四大层面。政治上包括国家

---

① 吴士存. 南海问题面临的挑战与应对思考［J］. 行政管理改革，2012（7）.

海洋发展战略和发展规划的颁布与实施以及政府海洋管理体制的建立；经济上主要是海洋经济的发展以及海洋经济与海洋环境保护的协调；军事上是包括美国海军和海岸警卫队在内的海上力量建设，以维护美国的海洋安全；在海洋软实力建设上，美国在海洋科技、海洋教育、海洋文化和海洋意识等方面的注重与投入，为美国成为世界海洋强国奠定了基础。又如俄罗斯政府从 1998 年开始分三步走实施国家海洋战略发展规划，目的是通过建立相应的法律基础来保证俄罗斯实现海洋权利，调解同邻国的海上争端，巩固国家安全、地区安全和全球安全；获得可开发的工业级矿产资源，满足沿海地区的能源保障，对沿海地区进行综合开发，监测并预测气候和天气变化；并通过加强俄经济活力来巩固俄罗斯在世界商品和服务市场中的地位，通过使用全新技术强化深水能力，拓展国家空间和能力，保证自然界的平衡，保持国家经济、生态和社会协调有序稳定发展。无疑，对美俄海洋发展的历史经验进行考察，对我国建设海洋强国、实现和平崛起具有重要的参考意义。

随着经济全球化和区域一体化的进程加快，我国的发展与海洋政治、安全、经济、环境、生态等方面的联系日益紧密、不可分割，海洋利益已成为重要的国家利益。一方面，我国与海上周边国家和地区经济相互依存度越来越高，但同时也面临着一些周边国家争夺海洋权益，尤其是区域外势力介入的巨大挑战，我国海洋开发活动特别是争议海区海洋开发问题凸显。另一方面，尽管我国在海洋立法、海洋执法和海洋行政管理等方面都取得了相当的进展，但还存在着政出多门、职能交叉、权责不清等问题。[①] 这在宏观层面上反映出我国由于海洋战略缺失，一直面临着海洋领域的诸多问题和挑战，尤其是在与周边国家发生海上突发事件时，应对上多有被动之举。在当前美国、日本等域外大国介入南海问题力度逐步加大的背景下，我国应该首先制定并出台国家海洋战略，从而统筹南海各项事务，积

① 吴士存. 南海问题面临的挑战与应对思考［J］. 行政管理改革, 2012 (7).

极应对南海问题面临的严峻挑战。

早在 2003 年，国务院发布的《全国海洋经济发展规划纲要》，正式提出建设海洋强国的战略目标。① 事实上，近代的世界强国都是海洋强国，大国的政治家、战略家都是从战略全局上关注海洋的。因此，研究制定海洋发展战略和相关政策措施，不仅非常重要，而且十分紧迫。为此，我国必须正式制定海洋强国战略，调整和加强海洋决策和管理体制。有专家曾提出，要借鉴我国发展航天工程的经验，大力发展海洋工程技术，加强海上综合力量建设，争取在 21 世纪成为海洋强国，为中华民族复兴与和平发展做出贡献。但是，建设海洋强国是一项涉及政治、经济、科技、外交、军事等多领域的系统工程，需要精心谋划。为此，建议由国家政策研究部门，组织国务院有关部门、重要科技咨询机构，组成合作研究班子，制定我国的海洋强国战略规划。

与此同时，要尽快制定和出台我国的海洋基本法——《中华人民共和国海洋法》，因为一个国家的"海洋基本法"是为国家整个海洋活动和其他海洋立法提供基本准则的大法，可以有机协调海洋法律体系，有利于我国涉海法制的总体建设，尤其能为维护海洋权益、促进海洋经济发展提供强有力的法律保障，对我国海洋强国战略的推进具有非常重要的作用。中国周边的日本和越南都已先后颁布各自国家的海洋基本法。2007 年 4 月 20 日日本参众两院通过《海洋基本法》，明确了日本海洋政策的六大基本理念，即开发利用海洋与保护海洋环境相结合，确保海洋安全，充实海洋科学知识，健全发展海洋产业，综合管理海洋、国际合作。2012 年 6 月 21 日越南国会也审议通过了《越南海洋法》，日本和越南的海洋基本法均向中国东海与南海的主权提出了挑战。因此，从我国目前面临的海洋问题和国内国际形势看，可以说制定海洋基本法的时机已经成熟，我国已经具备了制定的社会基础和经济基础。

---

① 国家海洋局. 全国海洋经济发展规划纲要 [N]. 中国海洋报, 2004 – 02 – 06.

三、创新海洋行政管理体制与模式

（一）关于优化我国海洋行政管理体系的思考

随着我国海洋事业的快速发展，海洋行政管理的任务越来越重，海洋行政管理必须拥有一套严密的程序，加快海洋立法和制定海洋政策。实际上，世界上的海洋大国都设置了若干从事海洋管理的政府机构，有一支数量可观的公务员队伍，强化了管理活动中的执行、监督和控制能力，这就构成了一套政府海洋管理体制。因此，海洋行政管理是国家海洋行政主管部门依据宪法和与海洋有关法律法规所赋予的职权，对海洋事务组织的管理活动。海洋行政管理的职能主要包括海洋战略定位、海洋行政管理和在国际海洋领域活动中维护主权国家的海洋权益。然而，海洋行政管理体制作为国家行政体制的重要组成部分，是政府海洋管理职权划分、机构设置以及运行和保障系统等各种制度的总和。而政府海洋管理职权的划分是政府海洋管理体制的核心，包括政府海洋管理机构与外部政府管理机构之间、政府部门内部横向的各职能部门之间和纵向上下级部门之间，尤其是中央与地方之间行政权力的划分。可见，政府海洋管理机构是政府海洋管理体制的载体，包括国家海洋局、渔业局、海事局以及地方各级政府的海洋主管部门。其运行过程中的各种制度是政府管理体制发生作用的规则与驱动力，要实现海洋管理的有效性，就必须依靠体制的合力。

目前，由于政治制度、地理条件、海洋发展阶段上的差异，各个国家海洋行政管理体制不完全相同，从机构设置上来说，主要海洋国家的管理体制大致可以分为三种类型：即分散型、相对集中型和集中型。按照现行的法律规定，我国的海洋行政管理体制应该属于分散型。有研究者指出，我国的海洋行政管理体制是包括海洋战略、政府海洋管理机构、海洋管理政策乃至海洋文化教育在内的一种类似于大部制的"大体制"和"大体系"，即海洋行政管理体制是以政府的海洋管理机构为核心，包括海洋文化、海洋人才培育等在内的一个循环体系。① 因此，一国的海洋管理首先要从战略上来进行考量，也就是近海防御还是远海战略，其次才有政府部门的海洋行政管理体制服务于本国的海洋战略，同时，在本国海洋行政管理体制之外也有一系列服务于本国海洋战略的相关力量等。

2013 年 3 月 10 日，第十二届全国人大一次会议第三次全体会议审议通过了重新组建国家海洋局的议案，为推进海上统一执法，提高执法效能，将当时的国家海洋局及其中国海监、公安部边防海警、农业部中国渔政、海关总署海上缉私警察四支队伍和职责整合，重新组建了国家海洋局，仍由国土资源部管理。其主要职责是：拟订海洋发展规划，实施海上维权执法，监督管理海域使用、海洋环境保护等。国家海洋局以中国海警局名义开展海上维权执法，接受公安部业务指导。这次海洋管理机构改革有利于统筹配置和运用行政资源，提高执法效能和服务水平。同时，为加强海洋事务的统筹规划和综合协调，设立了高层次议事协调机构——国家海洋委员会，负责研究制定国家海洋发展战略，统筹协调海洋重大事项。国家海洋委员会的具体工作由国家海洋局承担。从近两年的运行效果看，尽管这次改革的实施已经收到良好的效果，对我国海洋行政管理和与周边国家海洋问题的解决产生了重要影响，但是同时，仍然面临着严峻挑战，而且整个管理体系与职能关系的理顺、机构职能的正常发挥、改革目标的真正实现等也需要有一个整合、磨合与优化的过程，同时也需要有一个不断跟进和完善的过程。因此，包括南海在内的我国海洋行政管理体系、体制和运行机制，需要认真总结这次改革后近两年来运转的经验与教训，正视存在的不足和问题，研究解决的思路与对策。

（二）进一步优化国家海洋管理的政府职能

1. 关于国家海洋委员会的职能优化

应该说，第十二届全国人大一次会议第三次全体会议审议通过的关于

---

① 刘光远. 我国海疆行政管理体制改革研究［D］. 大连海事大学, 2014.

设立高层次议事协调机构国家海洋委员会的决定，只是对该委员会的性质和基本职能进行了原则性规定，到目前为止还没有对参与国家海洋委员会的成员单位构成、职责分工、议事规则、协调机制等进行明确与细化，也没有就国家海洋局作为国家海洋委员会的办事机构进行明确定位和规范。因此，国家海洋委员会到底议什么事、协调哪些事项、怎样议事，都还没有形成明确的套路。这里不妨看看俄罗斯、日本等国的基本做法，笔者认为对我国有许多借鉴之处。

2001 年 9 月 1 日，俄罗斯第 662 号政府决议批准成立联邦政府海洋委员会。俄联邦政府海洋委员会是其海上维权力量的行动协调机构，是保障俄联邦海上权利的执行机构。根据《俄罗斯联邦海洋委员会条例》第 4 条的规定，海洋委员会的基本职责是：协调联邦各涉海部门、海上维权力量和其他相关部门之间的活动；研究国外海洋的发展和利用情况；解决海洋活动中遇到的其他问题；提供国际合作的法律保障，维护俄罗斯联邦在涉海领域谈判的利益；制定和执行海上维权活动的目标规划；审核其他机构为保障俄罗斯联邦在世界大洋、南北极的国家利益而使用的外交、经济、税务、金融、信息政策及建议；研究分析以保障海洋活动为目的的军事保障船舶的发展建议；为保护和发展科技及生产潜力创造条件并制定措施，以保障联邦的各项海洋工作等。同时，海洋委员会还要在以下问题上发挥作用：开展海洋活动合作领域，执行国际条约；制定海洋活动法律行为规范；解决在实施海洋活动过程中遇到的综合问题；确定联邦海洋活动经费；发展、管理和保障海洋活动；组织和实施与海洋活动、现代化的船舶修理以及民用海洋技术领域有关的国家采购。联邦政府海洋委员会的成员组成是：设主席 1 人，副主席 3 人，委员 29 人，由联邦副总理出任主席，副主席由运输部部长、工业贸易部部长、海军舰队总司令分别担任。委员主要由各涉海部门的高层领导、沿海地区州长、相关科研机构以及行业协会主席组成，其主要作用为充分协调各部门对海洋进行开发管理，最大程度确保俄罗斯的海洋权益和国家利益。

日本政府为了解决各海洋管理部门间的协调问题，2004 年设立了海洋权益相关阁僚会，由首相负责，相关省厅大臣参与，下设专门的干事会，通过共享信息、共同制定政策的方式实现各部门间的顺畅沟通和协调，加强日本对海洋的管理，更加有效地应对与海洋问题有关的紧急事态。为了把发展海洋科学技术与建立新兴的海洋产业和发展海洋经济更紧密地结合起来，日本在 20 世纪 70 年代初就把之前的海洋科学技术审议会改组为海洋开发审议会，负责调查、审议有关海洋开发的综合性事项，制定海洋开发规划和政策措施。该审议会先后提出日本海洋开发远景规划构想和基本推进方针咨询报告，明确海洋开发目标，并提出 21 世纪海洋开发远景规划构想。同时，为推动日本大陆架调查工作，2002 年 6 月日本内阁成立了由内阁官房、外务省、国土交通省、文部科学省、农林水产省、环境省、防卫省、资源能源厅、海上保安厅等组成的省厅大陆架调查联络会。2004 年 8 月，大陆架调查联络会改组，扩大为以官房副长官为议长的有关省厅大陆架调查海洋资源等联络会议，并制定了划定大陆架界限的基本构想，以便分阶段、按步骤地实施大陆架延伸战略。日本在 2007 年 12 月完成了大陆架地理数据勘测，2008 年对调查数据资料进行分类整理，2009 年 5 月向联合国递交了详尽的日本大陆架调查书面资料，为日本扩大其大陆架范围及开展周边海域的资源能源开发做了大量工作。

实际上，俄日的做法各有特色，都职责明确，协调有效，非常值得我国学习。中国科学院院士、厦门大学教授、海洋环境科学国家重点实验室副主任焦念志先生，曾经在当年的人代会上针对设置国家海洋委员会提出了很好的建议。[①] 在设置方面，一是建议设立一个国家海洋委员会的常设办公室；二是鉴于海洋事务的复杂性和特殊性，可以设立一个中央海洋工作领导小组，对国家海洋委员会的工作给予规划和指导、决策和裁定，尤

---

① 刘旭霞. 福建代表焦念志就国家海洋委员会的设置和运行提出八项建议 [EB/OL]. 人民网，http://lianghui.people.com.cn/2013npc/n/2013/0312/c357183 – 20767556.htm.

其是对于涉海的政治问题和外交问题以及军事方面的敏感问题给予引导和决策；三是国家海洋委员会的人员组成除了有关部门领导之外，也应该包括相应部门的科学家，充分发挥专家的作用，保障决策的科学性、严谨性和可行性，注重科技兴海、科技强国。在运行和履行职责上，一是国家海洋委员应该负责重大海洋事务的统筹规划，发挥指导作用、协调作用和监督作用；二要指导建立与联合国海洋法公约接轨的系统的海洋法律体系，从而实现依法治国、依法用海、依法管海、依法护海；三要研究制定我国海洋权益的维护战略，应对他国的海洋执法力量，既能体现维权的压力，同时又不会引发一些不必要的冲突；四要综合协调海洋经济发展和海洋生态文明的各项职能，使海洋资源的开发利用和海洋环境保护相互协调，科学合理的布局海洋产业，实现我国海洋经济的宏观调控；五要统筹规划海洋科技发展战略，依靠专家研究制定中长期的基础研究、工业研究、应用研究以及技术推广和总体规划，尤其是那些战略性和前瞻性的科学研究，必须在国家海洋委员会的层面上规定一个时间表和路线图。笔者认为，焦院士提出的八条建议基本覆盖了国家海洋委员会机构设置和职能履行的方方面面，具有非常明确的策略性和操作性。

当然，南海问题面临的突出矛盾和严峻挑战，主要还有与周边国家的岛礁和海域主权、主权权利和管辖权争议，而且面临的问题和矛盾极其复杂。因而，国家海洋委员会作为我国最高层次的议事协调机构，必须就南海问题进行分门别类的、区别不同国家与不同海域、岛屿的矛盾纠纷，制定国家层面的争议解决战略规划、实施方案以及议事规则和工作机制，为有序解决与周边国家的海洋争议问题，维护我国在南海的海洋主权与权益提供决策支持。

2. 关于国家海洋局的职能优化

从 2013 年 3 月 10 日第十二届全国人大会议审议通过重新组建国家海洋局以来，应该说重组的重要性日益凸显，管理职能得到加强，维权与执法效能逐步提升。尤其是将原国家海洋局及其中国海监、公安部边防海警、农业部中国渔政、海关总署海上缉私警察的队伍及其职责整合，稳步推进海上统一执法，明显提高了执法效能，初步形成了良性的运行机制，产生了良好的社会效应和国际影响。但是，重新组建的国家海洋局从职能上看，还存在重海洋经济、海洋环保和海洋科研，轻海洋战略、海洋争议和海洋安全；机构设置上也存在一些明显的问题，尤其是在与其他涉海部委的行政职能协调上需要进一步理顺。

首先，要把维护南海主权和海洋安全作为重要职能。在我国海洋争端日益加剧的情况下，国家海洋局作为国家层面的海洋管理行政机构，一定要在行政管理职能上做出进一步调整，把海洋强国战略细化为可实施的海洋管理战略规划与步骤，把海洋争端的解决作为自身的重要职能，把维护海洋安全作为行政管理的重要职责。应该说，这是陆域行政管理与海域尤其是南海海域行政管理的重要区别与特点，在相当长的一个时期内必须着眼于这一实际。

其次，在国家海洋委员会设立国家涉海事务部际协调小组，协调处理国家涉海相关部门之间的管理关系和工作机制。尽管在 2013 年 3 月全国人大会议后重组国家海洋局的工作正式启动，尤其是当年 6 月 9 日经国务院批准，国务院办公厅正式印发了《国家海洋局主要职责内设机构和人员编制规定》①，除了对国家海洋局的主要职责、内设机构和人员编制明确规定外，还对与公安部、国土资源部、农业部、海关总署、交通运输部、环境保护部的职责分工进行了原则规定。然而，国家涉海部门之间管理关系的协调、工作职能的细分、合作关系的构建、工作机制的形成等，仍然需要进一步加强。比如，国家海洋局以中国海警局名义开展海上维权执法，接受公安部业务指导，如何进行明确与细化；重新组建国家海洋局，由国土资源部管理，两者的职能关系如何定位细化与统筹衔接；如何参与农业部

---

① 国家海洋局主要职责内设机构和人员编制规定，国家海洋局网站：http：//www.soa.gov.cn/zwgk/fwjgwywj/gwyfgwj/201307/t20130709_ 26463.html。

主持的拟订海洋渔业政策、规划和标准，双边渔业谈判和履约工作，以及其他合作事项；中国海警如何与海关缉私部门建立情报交换共享机制，加强协作联动等；如何与交通运输部海事部门共同建立海上执法、污染防治等方面的协调配合机制；如何与环境保护部加强重特大环境污染和生态破坏事件调查处理工作的沟通协调，建立海洋生态环境保护数据共享机制，加强海洋生态环境保护联合执法检查，等等。所有这些都需要在实践中不断明确、细化和完善，这种多向度的管理关系也需要在实践中不断理顺和优化。

与此同时，国家海洋局的战略研究职能和海洋安全研究职能也要增强，综合利用国家层级的各种资源与本部门的内部资源，做好战略研究和安全谋划。国家海洋局内部还应提高海洋战略部门的权限与地位，海洋战略研究机构要在做好研究的同时积极参与国际海洋战略研究活动，努力汲取国际先进学术思想与成果，调整好中国海洋战略定位和海洋争端处理策略。

（三）正式成立中国海警局和中国海岸警卫队

2013 年 3 月，国务院在重新组建国家海洋局的方案中明确指出，国家海洋局以中国海警局名义开展海上维权执法，接受公安部业务指导。尤其将国家海洋局的中国海监、公安部边防海警、农业部中国渔政、海关总署海上缉私警察等四支队伍和职责整合，推进海上统一执法，提高执法效能，两年来的确产生了明显效果。同时，在机构设置上，在国家海洋局设立海警司，与海警司令部、中国海警指挥中心合署；将人事司与海警政治部合署，财务装备司与海警后勤装备部合署。但从国家海洋局以中国海警局名义开展海上维权执法的实际情况看，尤其从世界上管理海洋事务经验比较丰富的国家看，我国的这一体制和管理方式还是存在一些问题的，难以很好地适应国家维护海洋权益的需要。

因而，整合与统一海上执法力量，这不仅是时代发展的潮流，也是我国当前海上形势发展的需要。中国应贯彻大海防战略,形成岸上、岛上和海上作战能力强,支持保障机制健全的海防体系。同时,要建立科学的海上安全预警机制,以西沙群岛为基点和依托,加大海、空巡视力度,不间断地宣示我国南海诸岛主权。尤其是正式组建中国海岸警卫队管控海上统一执法事务,既可以充分体现海上维权执法行为的民事特征,也可避免海军介入引发冲突升级的问题,并可以保持外交方面应有的弹性空间。[1] 事实上,美日等世界海洋强国在这方面的做法对我国有许多可借鉴之处。

美国海洋管理的基础则是庞大的海上力量,美国的海岸警卫队承担了这项责任。美国海岸警卫队隶属于美国国土安全部,致力于保护公众、环境和国家经济利益,以及辖区海域内的国家安全。其工作范围包括美国海岸、港口、内陆水域和国际水域,是负责沿海水域、航道的执法、水上安全、遇难船只及飞机的救助、污染控制等任务的武装部队。当然,在国家发生紧急情况时,海岸警卫队的指挥控制权归海军掌握。美国海岸警卫队拥有 36000 名军官和征募人员 12000 人,还配备有 8000 名预备队,34000 名全部由志愿者组成的辅助海岸警卫队。辅助海岸警卫队是非军事性自愿组织,主要帮助人们提高小型船只操作的安全性与效率;同时负责检查轮船上的安全设施,协助救援工作。美国的海岸警卫队有一支庞大的舰队,具体包括破冰船、巡逻艇、航标敷设船、货船、内河船和各种拖船。此外,还有掌管飞机和直升机的飞行部门。海岸警卫队的职责是负责美国海岸线、公海和国内航道的安全、联邦执法和监督条约义务的执行情况,目的是保证安全。尤其是还在世界范围内广泛活动,以控制海上交通、渔业和游船引起的人员伤亡和财产损失。

日本海上自卫队是日本自卫队的海上部分,成立于 1954 年 7 月 1 日。日本 1945 年战败投降后,军队被解散,军事机构被撤销。1950 年朝鲜战争爆发后,美国基于其自身需要指令日本 1952 年成立“海上警备队”,并

---

[1]　吴士存. 南海问题面临的挑战与应对思考 [J]. 行政管理改革,2012 (7).

提供军备支援。1954 年新建防卫厅，将海上警备队改称为海上自卫队，其主要任务是防卫日本领海。日本海上自卫队目前兵力约 44000 人左右，拥有各式舰艇 152 艘。日本海上自卫队非常重视反潜与扫雷，训练也集中在这两个方面，应该说这两项是日本海上自卫队的长处。但其弱点是空中力量显得脆弱，必须依赖航空自卫队，而航空自卫队的主要任务是防卫日本岛屿。近几年来，日本自卫队一方面不断突破和平宪法的约束，向海外派兵参加联合国维和行动，以促进日本自卫队的实际作战能力，在国际上重新塑造日本的军事形象。另一方面，在日本政府内阁部分成员的支持下，积极推进自卫队军队化。从战略上看，将自卫队作为国家军事力量的核心，参与美国导弹防御计划等；从战术上看，大量采购高技术装备，推行军队士官化，打造一支具有一定规模、在战争期间可以快速扩充的国防力量。据英国《简氏防务周刊》的评估，在海上力量方面日本有三个"世界第一"，分别是反潜能力、扫雷能力和常规潜艇战斗力。

因此，基于我国拥有 300 多万平方公里的海域面积，而且大部分海域面积遭遇一部分周边国家的长期觊觎和侵占，形成错综复杂的岛礁与海域争端，故正式成立中国海警局或海岸警卫队已是大势所趋，必须高度重视，精心策划，完善建制，常态运作。同时，要进一步完善以国家海洋局牵头的管理体系和运行机制，及时总结经验与不足，及时调理管理关系，加强海上统一执法体系的建设。关于这个问题，全国政协委员、军事科学学会副秘书长罗援少将的观点非常明确[①]，他认为，组建国家海岸警备队将使中国在领海的执法维权斗争中有更大的回旋余地和有为空间，同时也可更好地与国际接轨。国家海岸警备队属于准军事部队，与国家的海军力量在任务上既有重合又有分工。前者主要执行非战争军事行动；后者主要执行军事威慑和反侵略作战军事行动；前者主要担负领海执法任务，后者

① 专家：中国应设南海特别行政区 军方要做好准备，中工网·军事：http://military. workercn. cn/c/2012/03/06/120306090941010374326. html.

主要担任领海维权任务；前者活动区域主要在领海、专属经济区和大陆架，后者活动区域可延伸至大陆架以外，担负着维护海上战略通道安全和海外国家利益安全的任务。进而，他将国家海岸警备队的职责定义为：保卫国家的内海水域、领海、专属经济区和大陆架及其海洋生物资源，并对海洋生物资源保护领域的活动实施国家监督和保护。本书非常赞同罗援少将的观点。

四、设置南海特别行政区

关于我国设置南海特别行政区的问题，在第三章中已经进行了比较细致的论述。实际上，这一话题在学界、政界和军界都有人曾多次谈论过，但进行深入探讨的并不多①。值得一提的是全国政协委员、军事科学学会副秘书长罗援少将关于设立南海特别行政区的观点。他强调，解决领土问题，不能完全依靠军事解决，但军事可以做后盾，中国要用"五个存在"突显主权归我。第一是行政存在，在南海地区设立特别行政区，同时在东沙、西沙、南沙设县，任命行政官员，这样就能体现我国的行政管辖权。第二是法律存在，南海九条断续线，要尽快确立其法律地位。第三是军事存在，要在能够驻军的地方驻军，不能驻军的地方要设立我们的主权标志，让军舰对这些地方进行巡逻，表明中国在海疆领土的国防存在。第四是经济存在，要鼓励渔民到南海去生活生产，中海油和中石油应去南海开展勘探和生产作业。第五是舆论存在，一个岛屿的归属，在国际法上要明确具备四大要素，即谁最先发现、最先命名、最先管辖，以及国际上是否

---

① 设立南海特别行政区，强化国家对南海诸岛的管理［EB/OL］［2009 - 03 - 24］. http：// blog. iyaxin. com/？ uid - 3044 - action - viewspace - itemid - 17126；

设立南海特别行政区宣示主权，央视天气预报增加钓鱼岛，海洋财富网：http：// www. hycfw. com/Knowledge/knows/no13/2012/03/09/118118. html；

专家：中国应设南海特别行政区 军方要做好准备，中工网·军事：http：// military. workercn. cn/c/2012/03/06/120306090941010374326. html

予以承认。① 事实上，我国在四大要素上的依据是充分的，毋庸置疑的。

（一）设置南海特别行政区的基本依据

从周边国家近 40 年来对我南海主权的大肆侵犯和不断加快资源开发的态势看，我国需要进一步提升对南海权益维护的战略定位和实施新的组织载体创新。因此，设立"南海特别行政区"已成为非常现实的国家选择，因为南海是我国目前行政建制中除香港、澳门之外最为特殊的一个行政区域，担负着维护南海主权的各种挑战，解决争议岛屿与海域的现实要求，强化海洋行政管理的迫切需要，发展海洋经济和南海区域有序开发的战略需求，以及协调复杂的周边关系的使命等特殊职能。因而，用一般法意义上的普通行政建制来履行上述这些特殊的职能是有很大难度的，甚至是不现实的。

1. 设置南海特别行政区具有坚实的法理基础

《中华人民共和国宪法》第 31 条规定："国家在必要时得设立特别行政区。在特别行政区内实行的制度按照具体情况由全国人民代表大会以法律规定。"② 可见，特别行政区制度是我国宪法所规定的国家政治制度，从一开始就是中国政治制度、宪政体制的有机组成部分。尤其是特别行政区制度所体现的法益是国家主权和领土完整，维护的是中华民族的根本利益。因此，南海特别行政区作为维护我国南海主权、强化海洋行政管理、发展海洋经济、推进南海有序开发、解决海岛海域争议、协调周边关系等重要职能的一级特殊的行政组织机构，无疑是符合宪法等法律规定的，同样属于特殊法意义上的特别行政建制。这里需要特别强调的是，特别行政

---

① 专家：中国应设南海特别行政区，军方要做好准备，中工网·军事：http://military. workercn. cn/c/2012/03/06/120306090941010374326. html

② 根据 1988 年 4 月 12 日第七届全国人民代表大会第一次会议通过的《中华人民共和国宪法修正案》、1993 年 3 月 29 日第八届全国人民代表大会第一次会议通过的《中华人民共和国宪法修正案》、1999 年 3 月 15 日第九届全国人民代表大会第二次会议通过的《中华人民共和国宪法修正案》和 2004 年 3 月 14 日第十届全国人民代表大会第二次会议通过的《中华人民共和国宪法修正案》修正。

区建制是有多种类型的，并不局限于香港和澳门这种特殊形式。实际上，这两个特别行政区的行政管理职能甚至超过了联邦制国家中成员单位的权力，已经使我国的国家结构形式成为世界上的一种新范式，即复杂单一制的国家结构形式。因而，南海特别行政区是特别行政区建制的另一种类型，是与香港和澳门特别行政区具有相当差异的属于狭义的特殊法意义上的特别行政建制。当然，要做出法理基础和制度基础的解释，还需要进一步消除法律层面上的一些障碍，完善宪法和相关的法律规定。

2. 设置南海特别行政区具有充分的现实依据

南海问题主要指中国与南海周边国家围绕南海的岛屿主权归属、管辖海域划界、专属经济区划界、外大陆架划界、海洋资源开发等海洋权益所产生的分歧和争议。南海问题的核心和关键是岛屿主权的归属，其焦点就是南海诸国围绕南海的岛屿主权与中国形成的矛盾和冲突，并主要集中在西沙群岛、中沙群岛和南沙群岛及其海域，其中南沙群岛和海域的分歧和争议最大。因此，从设置南海特别行政区的现实依据看，主要表现在以下几个方面：

一是岛礁和海域争议不断加剧。根据有关资料统计，到目前为止南海周边国家声索的争议海区总共超过150万平方公里，大约要占我国南海总面积的四分之三。周边国家一直没有放松对声索海区的觊觎，接连不断地发生侵害我国主权的行径，而且越来越趋于加剧，形势非常严峻，问题非常复杂，解决的难度也相当大。

二是周边国家不断加快油气资源开发。有关资料显示，越南、菲律宾、马来西亚、文莱等国，都是通过利用外资方式对南沙海域油气资源进行掠夺式开发的。目前南海周边国家已在我国南海"U形"线两侧钻各类探井1800多口，售出的合同区块达到143个，区块总面积26万平方公里，共发现约240个油气田，其中在南海九条断续线以内的至少有53个。

三是周边国家企图联合对我以及国际化趋势明显。南海争端所涉及的国家不仅有区域内的直接利益相关者，也有区域外的间接利益相关者，这些直接或间接的利益相关者包括中国、越南、菲律宾、马来西亚、文莱、印度尼西亚、美国、日本、印度和中国台湾地区等，并围绕南海争端形成了"四国五方"进行军事占领、"六国七方"发生主权争议、"九国十方"产生利益争端的复杂局面。同时，中国在同越南、菲律宾、马来西亚、文莱、印尼等国解决争端时，又不可避免地要直面东盟这一区域性国际组织，甚至区域外的欧盟、澳大利亚也可能参与其中，使得南海问题形成了多元利益主体和多方利益格局，明显加大了南海问题解决的难度。

3. 基于南海海洋行政管理的特殊需求

事实上，海域行政建制与陆域行政建制是有很大差异的，南海特别行政区的建制是强化南海海洋行政管理的创新性战略举措，因为这一建制面临着一系列特殊使命。

一为南海地理位置和战略地位特殊。在我国现行的行政区划建制中，这是唯一的一个海洋面积最大、三面与别国为邻的区域，其特殊性不言而喻。尤其是南海周边国家对我国南海的许多岛屿和海域提出了主权要求，各争议国声索的面积已超过 150 万平方公里。正是由于我国南海地理位置的特殊性及其重要的战略地位，美日印俄等区域外大国积极介入，越来越关注南海的发展态势，觊觎南海的海洋战略权益。因而，正是由于我国南海的战略地位和区位优势非常明显，一般行政建制的行政区划组织难以履行这种特殊的战略使命和管理职能，只有通过建制南海特别行政区才能适应这种特殊的战略需求。

二为履行对南海的管理职能非常特殊。南海的海洋行政管理职能不能简单套用内地其他省份、直辖市、自治区的管理职能，因为南海面临的行政事务和问题确实有其特殊性。作为维护南海主权、强化海洋行政管理、发展海洋经济、推进南海有序开发、解决海岛海域争议、协调周边国家关系等重要职能的一级特殊的行政组织，既涉及与中央政府的关系，也涉及与国家涉海职能部门的关系，尤其是还面临相当一部分涉外事务和争议事项的协调与处理，以及维护南海主权权益、国际航道安全、海区国际秩序等重要职能。

三为内部层级与机构设置、运行机制与管理方式特殊。从内部行政建制看，南海特别行政区内部的行政建制需要依据海洋管理的实际，不能完全套用陆域行政层级建制和机构设置的模式。南海特别行政区内部到底应该设置哪些机构和职能部门，必须依据海洋管理职能的实际要求和面临要解决的重要现实问题来确定；同样，能否依据南海四大群岛中我国实际控制的岛礁情况，选择适宜的岛礁作为南海特别行政区的基层政权驻地，修筑人工礁盘和相关基础设施，集管理、维权、服务、应急、救助、军地合作于一体的海上基层组织？从运行机制和管理方式来看，由于南海的特殊性，尤其是面临着复杂的周边国家关系以及牵动着多个大国的关系，在运行机制和管理方式上尤其需要处理好与中央政府的关系。在这一点上，南海特别行政区不仅与我国其他省级政府有所不同，而且与香港和澳门特别行政区的运行机制和管理方式也是有很大差异的。

四为需要应对各类特殊、复杂的涉外事务。南海区域的突发事件可以大到国家之间的主权争执，因为南海本身就涉及"六国七方"争执的现实，以及"九国十方"产生利益争端的复杂局面。这些突发事件的政治敏感度非常高，要么涉及国家之间的关系，要么涉及南海航道的安全，要么涉及渔民的生产生活安全等。尤其是南海周边国家不断突破《南海各方行为宣言》的规则，持续不断地强化军事力量和频繁地举行联合军事演习，采取扩张式的资源勘探与油气开发，以及区域外大国的主动介入，这些行为都使得南海区域问题越来越复杂，越来越敏感。

总而言之，南海区域的战略地位决定了其在今后相当长的一个历史时期内都是国际上关注的热点区域，这种特点将会一直伴随着南海区域的发展历程。而所有这些情况都表明，只有设置南海特别行政区，进一步强化南海海洋行政管理，才是维护南海领土主权和海洋权益的长久之计。

（二）组建南海特别行政区的基本思路

南海特别行政区作为维护我国南海主权、强化海洋行政管理、发展海洋经济、推进南海有序开发、解决岛礁海域争议、协调周边关系等重要职能的一级特殊的行政组织机构，无疑是符合宪法等法律规定的，属于特殊法意义上的特别行政建制。然而，正如前文已经论述的，特别行政区建制是有多种类型的，并不局限于香港和澳门这种特殊形式。可以说，南海特别行政区是特别行政区建制的另一种类型，是与香港和澳门特别行政区具有相当差异但却同样属于狭义的特殊法意义上的特别行政建制。

1. 要制定 《中华人民共和国南海特别行政区基本法》

《中华人民共和国宪法》第 31 条明确规定："国家在必要时可设立特别行政区。在特别行政区内实行的制度按照具体情况，由全国人民代表大会以法律规定"，并曾依此先后制定了《中华人民共和国民族区域自治法》《中华人民共和国香港特别行政区基本法》《中华人民共和国澳门特别行政区基本法》。特别是香港和澳门两个特别行政区基本法，明确规定了两个特别行政区的制度和政策，包括社会、经济制度、有关保障居民基本权利和自由的制度、行政管理、立法和司法方面的制度，以及有关政策等，无疑开创了国际上特别行政区设置的崭新模式。同样，鉴于南海特别行政区的特殊性，必须通过全国人大制定南海特别行政区基本法，对设置南海特别行政区的一系列问题做出明确的法律规定，从而依法设置并行使管理职权。同时，还要制定南海特别行政区其他相关的配套法律规定与文件。笔者认为，南海特别行政区既不同于香港、澳门两个特别行政区，也有别于国内的民族区域自治制度。香港、澳门两个特别行政区的设置目的是解决国家统一、两地回归祖国的问题，其解决路径是"一国两制"，而民族自治区的设置目的是解决少数民族地区建立区域自治制度和繁荣发展的问题。南海特别行政区的设置目的则是解决我国对南海的主权、主权权利和管辖权问题，维护南海区域的和平与稳定发展。

2. 具体组建方式选择

从目前的实际情况看，南海特别行政区的组建方式有两种路径可供选择，一是在三沙市的基础上进行组建，二是在海南省的基础上进行组建。

关于第一条路径的选择，即在现设三沙市的基础上组建南海特别行政区。相对而言，这一路径选择的目的比较明确和专一，完全是出于围绕南海区域的维权和稳定发展考虑的，没有其他问题的干扰。但这一路径选择又涉及与海南省的行政管辖权划分及关系协调问题，加之三沙市作为新建的地级市，建市基础和管理基础都相对薄弱，要进入特别行政区状态需要有一个适应、摸索、规范和成长的过程。而香港、澳门由于原来的建制基础和市政管理比较规范，进入特别行政区的状态就相对容易一些。另外，这一路径还涉及三沙市行政级别升格的现实，几乎等于要新建一个特别行政区。

关于第二条路经的选择，即在海南省的基础上组建南海特别行政区，这一选择可行性较强。这是因为：一是海南省已走过建省办经济特区27年的历史，尤其是具有长期对西南中沙群岛管理的实践经历，具有管理海洋、组织渔业生产、处理涉海事务、协调海事关系的经验教训，相对容易进入状态。二是海南省现行的管理基础有利于向特别行政区设置转型，可以按照全国人大未来颁布的南海特别行政区基本法进行组建和改造。需要强调的是，无论从组织架构和管理基础看，还是从多方面的条件看，海南省的现行基础都是组建南海特别行政区的重要铺垫。三是海南省所管辖的海南岛不仅是我国的第二大岛，更重要的还是南海特别行政区的战略基地，无论从政治、经济、军事和区域治理角度看，其重要性不言而喻。因此，笔者认为，作为治理南海的南海特别行政区，有无海南岛这一战略基地尤为重要，故第二条路径比第一条路径具有更大的选择余地和可行性。

当然，若选择第二条路经组建南海特别行政区，海南省军区同时更名为南海特别行政区军区（或南海军区），已设立的三沙警备区可作为中共三沙市委的军事工作部门兼三沙市人民政府的兵役工作机关，继续履行三沙市辖区国防动员和民兵预备役工作，协调军地关系，担负城市警备任务，支援地方抢险救灾，指挥民兵和预备役部队遂行军事行动任务等。三沙市管辖的海域、岛礁，有条件驻军的地方一定要派兵驻守，暂时没有条件驻军的地方要设主权标志，如立界碑、悬挂国旗等。我们的军机、军舰要定期不定期地巡逻警戒，决不允许出现外国舰船和军用飞机肆无忌惮地侵犯我国领海、领空的行径，在警告无效的情况下，我国防力量和海上执法力量应根据《中华人民共和国宪法》大胆实施执法与维权。①

（三）关于南海特别行政区基层政权建制的考虑

南海特别行政区的管理机构和基层政权设置，必须适应南海海洋行政管理的实际需要，尤其要把对海域的行政管理也像对陆域的行政管理一样，使国家的行政管理触角切实深入到南海广袤海域的每一个角落，这对南海的有效管理非常重要。

1. 根据南海四大群岛实际条件设置相应市县基层政权

应该说，海域管理与陆域管理既有相通之处，也有各自的特点，甚至存在极大的差异。我们认为，应依据我国南海四大群岛中实际控制的岛礁情况，选择区位适宜的岛礁作为南海特别行政区市县基层政权的驻地，通过修筑人工礁盘和相关基础设施，建成集管理、维权、服务、应急、救助、军地合作于一体的海上基层组织。比如，可选择永兴岛、七连屿、永乐群岛、永暑礁、美济礁、赤瓜礁、华阳礁、东门礁等进行重点建设，建立相应的市县基层政权。南海特别行政区到底下设多少个市县政府，要根据实际条件有序推进，条件成熟能够设置的一定要设置；条件暂不成熟的要进一步创造条件，待条件具备后再行设置。尤其先要做好市县政权设置的规划和论证工作，确保设置的科学性和实效性。同时，要做好对外舆论宣传工作，对个别大国借南海问题大肆渲染"中国威胁论"要给予强硬回击，坚持正面引导与维权维稳相结合。市县政权内部机构部门设计要打破传统模式，坚持职能明确、协调有效、机制灵活的原则，动态运作，动态管理，动态建设。

---

① 罗援．我国在三沙市设军事机构天经地义［EB/OL］．新浪网．http：//mil. news. sina. com. cn/2012－06－29/0731694300. html.

近几年来，中国在南海的岛礁建设取得了较快进展。南沙群岛中美济礁的吹填工作一直在继续，永暑礁和赤瓜礁上的设施建设也正在有序进行。特别是永暑礁上最终有望铺设成一条长3000米左右的飞行跑道，可供包括"运−8"型飞机正常起降、补给甚至是简单的维修保养；永暑礁上的港口也在进一步疏浚清淤，未来可供数千吨级的渔政船只停靠。这说明，永暑礁上的基础设施具有极大的使用灵活性。一方面，这里具备建设规模可观的机场的条件，可以供诸如搜救、科学研究、海洋执法等各种用途的飞机起降，在南海区域执行各类人道主义活动；另一方面，礁盘上的港口既能为执行各种任务的海事、渔政船舶提供出发基地和后勤补给，又能在台风等恶劣天气来临时，为周边的渔船提供一个避风港，更不用说大型岛礁上还能够方便地开展海洋科研、气象观察、环境保护等工作。特别是机场相关服务的辐射范围可以大大提高，若在南沙群岛腹地能够建成一个拥有这种机场的大型基地，则从该基地起飞的搜救飞机可以比从大陆起飞的搜救飞机减少2000多公里的飞行距离，还可以为大半个东南亚地区提供快捷救援。与此同时，南沙各岛礁上的基础设施建设也在全面展开，驻守人员的工作和生活条件将在岛礁建设的基础上会有很大的改善和提升。

关于在市县政府之下是否还要统一设置乡镇和居委会的问题，还需根据四大群岛实际综合考虑，不能一概而论。比如在西沙群岛，鉴于永兴岛的实际，可考虑设置永兴镇以及下辖居委会的设置；在中沙群岛，南沙群岛，可考虑在县市以下直接设置渔民委员会、渔业生产组等组织。实际上，在南海特别行政区建制后，整个基层政权体系的建设需要有一个设置、调整和优化的过程。

2. 有序设立人民武装部并强化其功能

根据三沙市新闻报道，2014年12月三沙市委决定在永兴岛、七连屿、永乐群岛及南沙分别设立人民武装部，主要负责民兵工作，包括战备值勤和军警民联防、加强民兵武器装备管理、组织民兵配合综合执法部门维权执法等。2015年1月6日，三沙市委又在三沙市驻地永兴岛举行了挂牌仪式，宣告永兴镇人民武装部正式成立，七连屿、永乐群岛、南沙人武部也同时宣告成立。实际上，广袤的南沙群岛仅仅设立一个南沙人民武装部，是远远不够的，还需要根据南沙群岛基层政权设置和岛礁建设的实际，进一步考虑人民武装部的设置，使之能够满足战备值勤和军警民联防、加强民兵武器装备管理、组织民兵配合综合执法部门维权执法等工作的实际需要。从南海特别行政区的实际需要看，必须强化人民武装部的功能，要与南海四大群岛中县市基层政权设置的实际需要相配套，进一步完善海域人民武装部的职能作用，尤其在民兵组织、战备执勤、军民联防、配合执法、维权维稳等方面的重要作用。同时，要在海域人民武装部的建设过程中，摸索出一套海域人武部建设的科学体系和运行机制。

五、创新南海争议问题解决思路与对策

事实上，南海问题主要指中国与南海周边国家围绕南海的岛屿主权归属、管辖海域划界、专属经济区划界、外大陆架划界、海洋资源开发等海洋权益方面所产生的分歧和争议。南海问题的核心和关键是岛屿主权的归属，其焦点就是南海诸国围绕南海的岛屿主权与中国形成的矛盾和冲突，并主要集中在西沙群岛、中沙群岛和南沙群岛及其海域，其中南沙群岛和海域的分歧和争议最大。我们认为，面临这样错综复杂的矛盾与争议，必须创新南海争议解决思路和策略，明确我国应该采取的解决对策（而且是系列性对策），以便尽早推进争议问题的有序有效解决。

（一）依据对国家利益重要性程度分海域推进解决

现实主义代表人物汉斯·摩根索认为，国家利益应当包括三个重要的方面，即保护国家的物理存在、政治存在和文化存在不受他国侵蚀①。摩根索认为，一个国家的生存是其核心利益，是最本质的，其余都是次要

①　Morgenthau H J. Another "Great Debate": The National Interest of the United States [J]. The American Political Science Review, 1952, 14 (12): 972.

的。结构现实主义者肯尼思·华尔兹通过分析表明，核心利益是国家安全，即国家的生存。①新自由主义学派代表人物罗伯特·基欧汉和约瑟夫·奈认为，国家利益包括国家的生存、独立、财富。②建构主义代表人物亚历山大·温特则认为，除了生存、独立和财富外，还有一种利益，即集体自尊。③可见，无论这些学派的观点存在多少分歧，但都认为国家的生存也就是国家的物理存在、政治存在和文化存在是国家利益的核心概念。

实际上，国家利益是有多个层面的，按照利益的重要性程度，可以将国家利益划分为核心利益、重要利益和一般利益等。④所谓国家核心利益，就是指国家利益结构中处于核心位置的部分，涉及国家的生存、独立和发展三个方面的利益需求。中国政府发表的《中国的和平发展》白皮书指出，中国的核心利益包括"国家主权，国家安全，领土完整，国家统一，中国宪法确立的国家政治制度和社会大局稳定，经济社会可持续发展的基本保障。"⑤而对国家物理、政治和文化存在不造成威胁和侵蚀的，但关乎国家发展的利益则是重要利益；一般利益就是核心利益与重要利益外围那些能推动国家在国际体系结构、权力排列组合中发挥更大作用的利益。因此，为了确保核心利益，国家在特定的形势下可以不惜牺牲一般利益甚至某些重要利益。⑥

为了有效管控和有序解决南海问题，避免南海成为某些大国的博弈场，鉴于南海问题的复杂性，需要依据与南海周边相关国家争议问题对国家利益的重要性程度对不同情况进行区别，有针对性地制定相关的解决方

---

① Waltz K. Theory of International Politics ［M］. New York：Random House, 1979.

② Keohane R, Nye J. Power and Interdependence：World Politics in Transition ［M］. New York：Little Brown and Company, 1997.

③ Wendt A. Social Theory of International Politics ［M］. Cambridge：Cambridge University Press, 1999.

④ 王公龙. 国家核心利益及其界定 ［J］. 上海行政学院学报, 2011（6）.

⑤ 中国政府发表《中国的和平发展》白皮书, http：//www. fmprc. gov. cn/ce/cgvienna/chn/zxxx/t855782. htm.

⑥ 陈险峰. 分而治之：南海问题管控路径研究 ［J］. 国际观察, 2014（1）.

案。这样可以确保核心利益不受侵犯，缩小问题海域的范围，把问题限定在特定海域，以避免将争议问题"整个南海化"，这样有利于更好地管控争议。上海政法学院陈险峰教授的研究提出了一些非常有见地的看法和解决思路，我们觉得国家在制定南海问题解决方案时应给予高度关注。① 他认为，坚决维护西沙、中沙、东沙三大群岛的主权是我国的核心利益，而且由于我国实际控制着这三个海域，在这些海域内要坚决维护我国主权的完整性，使国家的物理、政治和文化存在的这三大海域内不容分割、争议和妥协。这样一来，使南海问题只限于南沙海域，这样有利于我国集中精力解决南沙争议。鉴于南沙群岛已经形成"四国五方"占领、"六国七方"开发的现实局面，而且目前各方关注的焦点是经济利益尤其是能源利益，博弈的重心也不在安全与政治利益方面。因而，可以将南沙群岛作为"重要利益"区域，我国可以继续实施"搁置争议、共同开发"战略，建立多边合作开发机制，在机制的有效管控下积极开发南沙资源，追求经济利益的最大化。那么，除核心利益和重要利益之外的利益就是一般利益，一般利益的获取是以核心利益和重要利益为基础的，三者互为支撑。当然，为了确保核心利益，国家在特定的情势下可以不惜牺牲某些一般利益甚至重要利益。笔者认为，尤其要把握好争议解决的原则与策略：一是坚持有关争议由直接当事国通过谈判协商解决，始终致力于同有关国家一道维护地区和平稳定，推动互利共赢合作；二是坚决反对域外大国介入及多边化，建立争议双方的双边风险管控机制；三是支持东盟主导东盟，挤压域外势力介入南海的空间；四是重点协调好与美国的关系，建立一种不冲突、不对抗、相互尊重、合作共赢的中美新型大国关系。

（二）依据争议岛礁和海域的性质和复杂程度实施相应的解决对策

南海问题的核心和关键是岛屿主权的归属争议，并主要集中在西沙群岛、中沙群岛和南沙群岛及其海域，其中南沙群岛和海域的分歧与争议最

---

① 陈险峰. 分而治之：南海问题管控路径研究［J］. 国际观察，2014（1）.

大，问题也最为复杂。那么，到底如何解决岛屿主权归属的纠纷和重叠海域的划界？台湾海洋大学海洋法律研究所高圣惕教授的研究提出了非常有意义的见解。①

1. 厘清周边国家与我国存在争议问题的性质

我国政府曾多次重申，中国对于南海九段线（"U形"线）以内诸岛及其附近海域拥有无可争辩的主权，并对相关海域及其海床和底土享有主权权利和管辖权。中国政府的这一一贯立场为国际社会所周知。② 然而，南海周边各声索国并不认同中国的南海主张，各声索国彼此之间也有矛盾。这些声索国与我国的主要争议表现在以下四个方面：

一是对我国南海九段线内岛屿的主权归属提出挑战。周边一些国家认为，中国政府的声明不能满足国际法中关于"国家取得领土主权"规范的构成要件。实际上，周边这些国家是企图从根本上否定中国政府对南海岛礁的主权。在这一争议问题上，越南提出了对包括整个西沙群岛和南沙群岛在内的主权要求，菲律宾提出了对南沙群岛一大部分岛礁和海域（菲律宾称卡拉延群岛）和中沙群岛中黄岩岛的主权要求。

二是对我国南海九段线内的岛屿与礁石"在《联合国海洋法公约》制度下具备产生海域的法律能力"提出挑战。也就是说，对中国主张的南海所有岛屿与礁石都能产生领海、毗连区、专属经济区和大陆架的主权、主权权利和管辖权提出质疑。实际上，这一争议问题是周边国家设想在第一个争议问题不成立而中国处于优势的情况下提出的第二道防线，即假若一些岛屿和礁石主权归属中国，但按照《联合国海洋法公约》第121条第3款的规定，还不能够产生领海、毗连区、专属经济区和大陆架，南海周边的越南、马来西亚、印度尼西亚都在这一问题上与中国有很大争议或分歧。

---

① 高圣惕. 论南海争端及其解决途径 [J]. 比较法研究，2013（6）.
② http：//www. un. org /Depts /los /clcs_ new/submissions_ files /mysvnm33_ 09 /chn_ 2009re_ mys_ vnm. pdf.

三是对我国南海九段线内的海域"存在历史性权利或水域"提出挑战。即质疑中国政府对南海"历史性权利或水域"①的要求是否满足了国际习惯法所要求的条件。实际上，这是南海周边一些国家与中国博弈过程中所设置的第三道防线。若这道防线失守，即便是九段线内的岛礁主权归属于中国，也能产生领海、毗连区、专属经济区和大陆架等海域，但就"剩余水域"②而言，仍不能归属中国政府管辖。这样一来，九段线的形状及轮廓（"U形"线）则无法维持，中国政府在线内行使主权、主权权利及管辖权，就必须严格遵守《联合国海洋法公约》所规定的限制。进而，在无法确保中国对九段线内历史性水域实施管辖权的情况下，九段线作为一种断续国界线在法律上就站不住脚了。

四是在我国南海九段线内纯粹属于海域划界重叠的争议问题。比如马来西亚、印度尼西亚与中国在南沙群岛周边海域存在重叠海域划界的争端，其中印度尼西亚与我国并不存在领土主权归属上的争议。应该说，此类争议问题比较单纯，解决的难度相对较小。

2. 依据争议问题的复杂程度制定相应的解决对策

既然南海周边国家与中国在我国九段线（"U形"线）以内存在上述四种争议问题，那就需要根据四种争议问题的复杂程度以及解决的难度制定相应的解决对策，有序推进争议问题的有效解决。台湾海洋大学高

---

①　历史性权利是指一个国家通过一个较长时期的宣称、占有和实际管理等国家行为取得和实现对某一陆地或海洋区域的主权权利。其权利内容主要涉及国家陆地或海洋领土的主权权利；其性质是已得到国际社会和国际法广泛承认的合法性权利；其"历史性"体现在，历史性权利存在于一个较长时期逐渐强化和巩固的历史过程，是主权国家在历史上长期对某一区域的宣称、占领和管辖等事实行为而取得；其法理基础源于习惯法，对历史性权利和利益的承认与尊重正是习惯法的核心。历史性水域是历史性权利的具体化，即一国历代以来宣称和保留对某一水域的主权，认为这些水域是至关重要的，而并不太关心对一般国际法所做的有关领海的规定及其变化。历史性水域的主要构成因素有以下三个方面：一是主张"历史性权利"的国家对该海域行使权利；二是行使这种权利应有连续性；三是这种权利长期以来获得其他国家的默认。

②　我国1999年修正的《海洋环境保护法》第2条规定，本法适用于中国之内水、领海、毗连区、专属经济海域、大陆架以及中国行使管辖权的其他海域。这里所讲的"行使管辖权的其他海域"实际上包括了南海九段线内中国无法主张领海、专属经济区及大陆架的"剩余水域"。

圣惕教授曾明确提出，"当中国以既有的南海主张来面对这四种不同的海域时，也就面对不同程度的质疑与困难……可行性亦有所差异"①。

第一，针对岛礁主权争议、产生相关海域的法律地位争议以及历史性水域的法律地位争议三种争议集合于一体的解决对策。应该说，这类争端是最具挑战性的争议，解决的难度相当大。这方面的争议问题要区别不同情况，采取相应的解决对策。

首先，对于我国政府（包括台湾地区）"有效控制的岛屿"而言，主要应该强化防卫措施，维护主权，决不妥协，并援引《联合国海洋法公约》与习惯国际法进一步主张周边水域的主权、主权权利及管辖权，消除他国企图侵占及使用周边水域的机会。若为争取更大利益，即使我国政府愿意做出某种妥协，也要朝着"划出周围水域、成立临时性安排、给予特殊法律地位"的方向进展。同时，鉴于南海周边国家具有大陆或大岛为其产生《联合国海洋法公约》规范的各种海域，南海岛礁对其则无关紧要，故这些国家将致力于"极小化"我国南海岛礁产生海域的能力，主张这些岛礁不能产生任何《联合国海洋法公约》架构下的海域，包括领海、毗连区、专属经济区、大陆架，以及习惯国际法规范下的海域——历史性权利及海域。因而，中国政府与南海周边国家就此种岛屿及其周边海域进行谈判的重点，应该在于决定此类岛屿的周边"临时性水域"的"面积"，强调《联合国海洋法公约》第121条的解释及适用，强调享有相应领海、毗连区、专属经济区、大陆架宽度的"临时性海域"。要坚决维持南海九段线的完整性和内部所有海域的海域权利，这样在对外谈判时才能主张更多水域纳入"临时性海域"。

其次，对于南海周边国家侵占我国南海的岛礁及周围海域而言，南海周边国家一定会反对"临时性海域"的概念适用于南海；即便存在"临时性海域"的概念，但实际面积也可能是零，这将大幅减少中国在南海可以

① 高圣惕. 论南海争端及其解决途径［J］. 比较法研究，2013（6）.

主张的海域。还有一种可能，就是占领我国岛礁的南海周边国家主张该岛礁产生《联合国海洋法公约》规范下面积很大的海域，然后与其他存在重叠海域的周边国家之间进行重叠海域划界的谈判，并将我国政府排除在外。在这种情况下，我国政府必须以强硬的态度阻止这种情况的发生，在主权问题上必须寸土必争，绝不容许讨价还加。当然，在争议当事国回到谈判桌的前提下，可以根据实际情况"有伸有屈"，从长计议。

笔者认为，在解决这类问题时，可以借鉴俄国与日本谈判北方四岛以及韩国与日本谈判独岛的临时性安排的经验。比如，俄国在北方四岛大力发展基础设施建设，实施了专项发展计划，兴建了众多大型项目，包括建设空港、热力发电站，投资鱼类加工厂等，如今已居住一万多人，大多数是俄罗斯军人，几乎完全实现了对北方四岛的实际控制。俄高层多次强调："俄罗斯的土地是我们用鲜血和汗水换来的，我们不会将它送给任何人！""俄罗斯是世界上领土最大的国家，但却没有一寸领土是多余的。"[1]尤其是为了向国际社会强调北方四岛是俄罗斯的重要组成领土，俄国一再向日本亮出这是维护"二战"胜利成果的强硬立场，甚至俄罗斯总统登岛视察，使得日本在北方四岛问题上的种种努力大打折扣。同样，韩国在独岛上建设海洋旅馆、渔民宿舍等设施，将独岛"有人化"对策从"有效管辖"提升到"守护领土"；同时加强军队警卫工作，建立海洋科研中心，实施军事演习，改变外交对策，执行"四大方针"和"五点对策"[2]。韩国还采取了三大对策：一要根据日本历史认识程度重新评估两国关系；二

---

① 这两句话分别是由俄联邦委员会主席斯特罗耶夫和时任俄罗斯总理的普京发表的重要言论，充分表明了俄罗斯政府和人民在领土主权方面的坚定立场和决心。

② 韩国政府的"四大方针"是：一、日本必须清算侵略历史，并进行彻底反省；二、日本在独岛和历史问题上，出现了企图将殖民侵略正当化的趋势，韩国将坚决反对；三、为伸张正义，将向国际社会宣传韩国的正当立场；四、为实现东北亚的和平与繁荣，将继续增进与日本的交流。韩国政府的"五点对策"是：一、采取措施坚决捍卫独岛主权；二、纠正日本岛根县对历史的歪曲，营造共同的正确历史认识；三、从人权的角度，正确处理遭日本帝国主义侵略和迫害的受害者，政府将解决韩日协定范围外的其他受害者的赔偿问题；四、日本必须得到邻国的信任，才能在联合国等国际社会赢得尊敬；五、韩国并不放弃对日本的信任和希望，因此将通过相互理解，奠定消除历史问题的基础。

是暗示在日本真诚谢罪与反省之前，不支持日本成为联合国安理会常任理事国；三是将支持个别受害者要求日本政府做出战争赔偿。

第二，针对存在岛礁主权争议，但不存在《联合国海洋法公约》规范下产生海域的争议。可以看出，这类争议问题比第一种争议问题解决的难度相对小一些。

在这种情况之下，可以依据相关国家解决海疆划界的方式，在主权有争议的岛屿周围划出一片海域，并在此海域建立临时性安排。因为对于岛屿在《联合国海洋法公约》第121条的法律地位并无疑义，因此，这一"划分出来的海域"的外部界线与面积应该没有争议，同时，这种海域也不可能在海疆划界时被忽略。然而，这片"划分出来的海域"比较大的问题在于该海域的"临时性安排"的法律性质。其实，《联合国海洋法公约》第74条第3款以及第83条第3款，都提供了在专属经济区及大陆架海疆划界的架构下有关"灰色地区"的法律地位及其基础。实际上，"灰色地区"中的特殊规范就是一种具有"务实性"的"暂时性安排"，仅适用在问题最终解决之前的一段时间，而非永久性适用，其目的在于避免当事国做出妨碍最终解决的行为。一般而言，"暂时性安排"有以下几种模式：一是暂时性的疆界；二是针对当事国渔业管辖权的区分做出安排；三是针对矿产的共同开发做出安排；四是针对当事国与第三国间的关系做出安排；五是对在尚未划出海疆的海域中当事国协调执法船的公务行为做出规范。

第三，针对争议海域仅牵涉到"特定岛屿是否有能力产生《联合国海洋法公约》架构下的海域"的争端，而并不存在主权归属的争议。这种争议比第二种情况要单纯一些。

值得注意的是，台湾地区管理东沙群岛并主张主权，大陆也主张对东沙群岛的主权，再没有其他国家主张对东沙群岛的主权，因此，东沙群岛没有主权归属上的争端。当中国与南海周边国家就这种岛屿周边所产生的海域进行海疆划界谈判时，其核心问题则是这个主权没有争议的岛屿或群岛在《联合国海洋法公约》第 121 条规范下的地位如何，因为要藉此主张其专属经济区及大陆架，以及在习惯国际法规范下还要在该岛屿周围海域主张历史性水域。在这种情况下，笔者建议两岸一定要联合声索以便极大化这种岛屿周围的主权、主权权利及管辖权的范围，主张《联合国海洋法公约》架构下的专属经济区及大陆架，包括超过 200 海里的外大陆架，以及在可能的范围内主张历史性水域。

第四，针对仅仅牵涉两个或两个以上的国家在南海存在重叠海域的划界问题，而上述三种争端皆不存在。可见，这是最为单纯的一种划界争议，相对而言容易解决。

这方面的争议主要表现在印度尼西亚与我国在南沙群岛周边海域存在重叠海域划界的争议，应该说通过友好协商还是容易解决的。但可能出现的状况是，当第三国也有利益牵涉在内的状况下，这两个国家可能会不顾我国的利益而进行协商确定。在这种情况下，类似于日本与韩国在东海划定大陆架的共同开发海域，不顾中国政府的反对那样；还有马来西亚与越南、菲律宾与越南在南海也存在这样的海域划界争议。我国政府一定要对这种可能发生的事态给予高度关注，通过外交、政治乃至军事途径阻止这种情况的发生。

事实上，要解决好上述这些问题，难度是非常大的，除了对争议问题的性质与复杂程度要有充分的有理有据的把握之外，还应具备一整套科学的理论体系与强有力的技术支撑。令人欣喜的是，在 2014 年度海洋工程科学技术奖颁奖大会、海洋工程装备产业政策及标准化建设交流会上，"中国海大陆架划界关键科学技术研究及应用"获得特等奖，这一突破性进展将为我国开展海洋维权提供强有力的理论体系和技术支撑。这一开创性研究历经 13 年，来自国家海洋局三个海洋研究所、国家海洋信息中心、中科院地质与地球物理研究所等机构的上千名海洋科技工作者共同参与、协同攻关，系统开展了划界地质理论和技术方法的研究，有效解决了初始扩张弧后盆地划界地质理论及其海底划界探测技术等国际难题，创建了我国大陆架划界技术理论体系，在理论和技术上都实现了重大创新。同时，在海底探测装备研发、测量标准编制等方面也取得了突破，研发了一系列针对海底复杂地区的精确探测的设备，编制了全球首份海洋地形地貌调查标准。无疑，这项研究成果实现了海底科学在海洋维权领域的拓展应用，引领我国大陆架划界科技步入国际领先行列，为我国的大陆架权利主张提供了强有力的技术支撑，被国际上视为"初始弧后盆地大陆架划界的范例"，得到联合国大陆架界限委员会的高度评价。[①] 相信这一重大成果的应用，不仅将为我国与南海周边国家解决岛礁主权和海域划界争议发挥重要作用，而且还将为国际上相关国家解决这类争议提供经验借鉴和技术支持。

六、有序加快南海资源开发

（一）周边国家对南海资源的掠夺式开发不容忽视

中国是一个宽大陆架国家，在东海、黄海、南海都拥有丰富的大陆架资源。据专家预测，中国黄海和东海大陆架的石油资源达 77 亿吨，很可能成为继里海之后又一个重要的石油产区。而整个南海的石油储量高达 418 亿吨[②]，天然气储量为 75539 亿立方米，海底可燃冰储量非常丰富，有专家预测可供人类使用上千年，属于世界四大海洋油气聚集中心之一，有"第二波斯湾"之称，是我国的重要战略资源。

在油气资源开发方面，南海周边国家非法在南海海域进行油气资源的商业开采，已经形成了相当大的规模和生产能力。其中越南、马来西亚、菲律宾、印度尼西亚、文莱等国在我国南沙群岛及其附近海域已投入开采的油井达 1800 多口。[③] 仅 2001 年，越南、马来西亚、菲律宾、文莱四国在中国传统"U形"线两侧的原油开采量就高达 3746.9 万吨，约等于中

---

① 中国大陆架划界技术获突破 开启世界新纪元，西陆网：http://keji.xilu.com/20150421/1000010000792793.html。

② 萧建国. 国际海洋边界石油的共同开发 [M]. 北京：海洋出版社，2006：165 - 167.

③ 薛桂芳. 新形势下我国海洋权益面临的挑战及对策建议 [J]. 行政管理改革，2012 (7).

国近海原油产量的 2.1 倍；天然气 384.2 亿立方，大体等于中国近海天然气产量的 9.3 倍。① 目前，南海周边国家在南海的年产油量大约在 5000 万吨到 6000 万吨左右。② 越南在南沙开采石油获利已超过 250 亿美元，相当于当年清政府和日本签署的 4 个马关条约，而且这个数字仍在增长之中，越南因此成为南海争端中最大的既得利益者；马来西亚近年来也划出多个深海油气区块进行国际招标，其出口石油的 70% 来自我国的"九段线"以内；菲律宾由于面临的能源问题最为严重，也是最早在南海"动手"的国家；文莱依靠开采南海的油气资源已成为东南亚国家中最为富裕的国家之一，人均 GDP 位居东盟国家之首。从目前的发展趋势看，假若等到我国解决了南海问题再去进行南海资源的开发，那时，油气资源可能已经被周边国家开采殆尽。

在渔业资源方面，由于得天独厚的自然地理条件和气候条件，南海已经成为天然的大渔场。我国从 1999 年起开始在南海实行夏季休渔制度，但越南、菲律宾等国不但声称中国"无权宣布休渔"，而且趁我国渔民休渔之机大肆捕捞，而我国渔民在该海域的合法作业常常被周边国家非法干扰，甚至扣押和处罚。

鉴于此，中国必须在高度重视南海周边国家在占岛礁、掠海域的同时，不断加大对我南海资源的掠夺性开发。我国应在加大自身南海资源开发力度的基础上，有效地推进与周边国家在争议海域的"搁置争议、共同开发"政策，多途径提升我国在南海资源开发中的主导地位和大国效应，扭转长期以来在南海争议管控上的被动局面。

（二）有序加快我国南海资源开发的力度

笔者认为，中国在南海的被动局面很大程度上与开发进程缓慢有关，

① 张桂红. 中国海洋能源安全与多边国际合作的法律途径探析 [J]. 法学，2007（8）.
萧建国. 国际海洋边界石油的共同开发 [M]. 北京：海洋出版社，2006：167.
② 安应民，刘廷廷. 论南海争议区域经济合作开发模式的构建 [J]. 亚太经济，2011（5）.

面对周边各国对南海油气资源的大肆开采，中国必须加快开发速度，为争议的化解提供技术支持与主导实力等条件。假如中国实现了对九段线内诸多海域的海洋资源进行有效开发和有效管理，在行政区划、机场、渔场、人口规划、油气资源开发等方面都取得了实质性进展，那么，南海争议恶化的可能性就相对小得多，甚至有些摩擦就不会产生。① 事实上，如果要等到南海争议解决了再去开发油气资源，我国可能就拿不到南沙的油气资源。目前，中石油、中石化、中海油可以与国际大石油公司共同合作到世界主要海域开发油气资源，当然也应该在我国的南海尤其是南沙争议海区的一些海域开发那里的油气资源。

因此，我国在采取适当措施加强执法维权的同时，一定要大力推进南海海域油气和渔业资源的开发利用，这才是更具实际意义的做法。这是因为：第一，这是我国能源需求的急剧增长和渔业发展的必然需要；第二，南海周边争议国家不断加大油气开采的力度，并已有区域外多国公司参与，使得南海海域的油气资源开发已经完全处在"无政府状态"；第三，根据既往经验，资源之争虽然难免引起摩擦，但不至于导致严重对抗和军事冲突，岛礁争夺才是关键的导火线；第四，相对于其他一些方式而言，加大资源开发是显示我国主权及管辖权存在的一种更为实际和有效的方式，同时也能够起到迫使越南、菲律宾等争议国重新思考其南海政策，乃至最终接受与我国"共同开发"的策略。② 正如吴士存先生所言："只有加强了存在，积累了谈判筹码，才能真正促成共同开发。"③ 为此，要制定我国南海油气等资源开发规划，包括五年规划、三年规划、年度计划等，并有序推进开发目标的实现。

---

① 李良. 南海：加快开发才能化解争议［EB/OL］. 能源经济网，http://www. inengyuan. com /fmgs/article /2010 – 05 – 04/0000000475s. shtml.
② 杨光海. 寻求利益平衡——关于我国南海政策的几点思考［J］. 新东方，2013（4）.
③ 毛凌云. 南海争端：搁置争议的关键在于共同开发——专访中国南海研究院院长吴士存［J］. 南风窗，2011（17）.

　　令人十分欣喜的是，我国最新研制的"海洋石油981"深水半潜式钻井平台，最大钻井深度为12000米，最大作业水深为3000米，配备了国际最先进的动力定位系统，主要用于南海深水油田的勘探钻井、生产钻井、完井和修井作业，并可在东南亚、西非海域进行钻井作业。"海洋石油981"成功建造和使用，填补了我国在深水钻井特大型装备领域的空白。到目前，"海洋石油981"南海开钻已两年有余。"海洋石油981"于2014年5月在我国南海北部深水区陵水17-2井测试获得高产油气流，这是中国海域自营深水勘探的第一个重大油气发现，距海南岛150公里，测试日产天然气5650万立方英尺，相当于9400桶油量，这是"海洋石油981"平台建成以来的首次测试作业，测试的成功标志着中国自主研发的深水模块化测试装置第一次成功运用。之后，又先后在我国西沙群岛中建岛海域、孟加拉湾、缅甸安达曼海进行了钻探作业，取得了良好效果，尤其在孟加拉湾的钻探海水深度已达5030米。鉴于我国南海油气资源极为丰富，占中国油气总资源量的三分之一，其中70%蕴藏于153.7万平方公里的深海区域。按照"981号"钻井平台的最大作业水深3000米，基本可以覆盖整个南海地区。有关专家预测，油气地缘政治冲突是中国今后10年与南海周边国家关系最严峻的挑战。因而，"海洋石油981"钻井平台的成功测试无论在宣示主权，还是介入南海油气资源竞争的姿态上，其意义甚至大于技术上的意义。同时，也为中国与南海周边国家合作勘探开发深水油气资源提供了坚实的技术基础。笔者认为，非常有必要把钻探和开采区域进一步向南沙群岛海域推进，因为在这一大片海域我国的油气开发依然是空白。

（三）切实推进"搁置争议，共同开发"

　　既然我国在20世纪80年代前期已经提出"搁置争议、共同开发"的战略构想，历经30年仍然效果甚微，那就必须反思造成这种状况的原因，创新合作开发的思路与模式，突破重重困难探索与南海周边国家共同开发南海资源的可行路径和做法。

首先，要建立一系列组织机制，协调与管控"共同开发"。如与周边争议国家以合资公司形式成立"南沙能源开发组织"，实现南沙群岛能源的有序开发；成立"南沙渔业管理组织"，协调各方渔业纠纷；成立"南沙海洋环境保护组织"，共同保护南沙海洋环境与海洋资源。退一步讲，假若在南沙群岛短期内无法达成"共同开发"的统一认识与行动，也可暂时"搁置开发"，在南沙海域建立"自然保护区"，各国停止在南沙海域的单方面开发，实现海洋环境与资源的双重保护，因为在这一问题上，时间掌握在中国政府手中。①

其次，共同开发会刺激各相关国家追求"相对利益"，即一方最大限度地获取比他方更多的利益。根据现实主义的观点，这是国家间互动的正常属性。中国应充分发挥在国际社会中的这一属性，增强自身能力，最大限度开发南沙资源，最起码不能落后于周边国家。值得欣慰的是，我国"海洋石油981"将成为南海勘探开发的主力军，南海深水的石油天然气年产量将在2015年达到2500万吨，并在2020年前实现"深海大庆"的目标，即年产5000万吨油气当量。②"海洋石油981"在南海的第一钻也将从此打破和扭转中国搁置主权、他国占领开发的不利局面。

那么，中国在南海争议海域的共同开发到底应该选择哪种开发模式呢？笔者认为，需要根据争议海域的实际情况划分相应的开发类型和区块，并借鉴国际上有关争议区域共同开发的成功案例，选择和确定以下几种共同开发的管理模式。③但鉴于如何确定共同开发海域的位置和具体范围是双方关注的焦点，因此，设立南海争议海域共同开发的区块就是一个涉及国际法中解决国际争端的基本原则问题，即共同开发海域的范围就是做出特定"承认"的地域范围，也就是一国同意与对方共享资源主权权利

① 陈险峰. 分而治之：南海问题管控路径研究［J］. 国际观察，2014（1）.
② 林威. 航母级钻井进南海开发油气，深海大庆十年内崛起［N］. 中国证券报，2011-02-18.
③ 安应民. 论南海争议区域油气资源共同开发的模式选择［J］. 当代亚太，2011（6）.

的范围。① 可见，南海争议海域共同开发位置和具体范围的确定非常重要，然后才是共同开发管理模式的选择问题。实际上，2012 年 6 月 23 日，中海油对外公布了位于南海西部我国九段线以内的 9 个招标区块，8 月 28 日又公布了第二批共 26 个招标区块，其中有 22 个区块位于南海。

1. 联合经营管理模式下的共同开发

联合经营管理模式是指国家通过颁发许可证将特定海域石油勘探开发的权利租让给石油公司，由石油公司对该区域内的石油资源进行勘探开发。一般双方政府授权的石油公司均要进入共同开发区域，其相互间通过订立联合经营合同的形式对共同开发区域内的石油资源进行勘探开发。在这种模式下，共同开发双方政府也要派出人数相等的官员组成联合管理委员会，对共同开发活动进行审查、监督及咨询等。而共同开发许可证颁发的实质性权力是由参与共同开发的国家拥有的，具体的经营管理则是由作为租让权人的双方联合经营的石油公司全面负责的。可见，共同开发机构既没有颁发许可证的权力，也没有签订或执行协议的权力，只能依据职权对共同开发活动的有关问题进行协调或咨询。笔者认为，尽管联合经营管理模式下的共同开发机构的权限是有限的，但可以划定南海九段线两侧一定距离内的争议海域的某些区块，采用这种开发模式对其进行共同开发。

2. 代理制模式下的共同开发

代理制模式是指共同开发协议的一方代理另一方，对共同开发区域内的石油资源进行勘探开发，或对该区域内石油资源的勘探开发活动进行全面的管理，并在该区域内适用代理一方国家的法律。截至目前，代理制模式进行的共同开发案例相对较少，这种模式一般是由于特殊原因而采用的，或在共同开发区域的部分区域内采用。如澳大利亚与印尼、越南与马来西亚都有这种共同开发的成功案例。在这种模式下，设立共同开发机构的意义已经不再重要了，因为实际进行勘探开发活动的仅为一个国家，法

---

① 宋婷，高亨超. 界定中日东海共同开发海域的法律问题［J］. 世界经济与政治，2006（4）.

律适用也仅涉及一国，即便在此模式下设立联合开发机构，其职能也与联合经营管理模式下的联合开发机构一样，没有实质性的权力，仅负责协调与咨询而已。中国可以与南海周边相关国家协商确定就南海九段线以内的争议区域的某些区块，采用这种"以我代理"的共同开发管理模式。

3. 超国家管理模式下的共同开发

超国家管理模式是指两国政府委派对等数目的代表组成超国家的管理机构，并同意将本国对共同开发区域的管辖权转让给该机构，由该机构全权负责包括招标、颁发许可证在内的共同开发的全部管理工作。一般来说，超国家管理模式下的共同开发机构拥有广泛的权力，具有独立的法人资格，可以作为一个经营实体直接参与共同开发活动。这种共同开发机构代表共同开发的两国政府，承担勘探开发石油资源的全部权利和责任，拥有特许权发放和管理权限，并负责资源开发的招标工作，有权决定最后中标的石油公司，有权授予经营人在特定区域的经营权，有权确定经营人对资源及其利润拥有的所有权份额。笔者认为，南海争议区域的非核心区域（即一般利益）或边缘地带可以考虑选择这种共同开发模式，但要充分考虑和协调好这种模式的法律地位、运作规则和运行机制。

参考文献

［1］唐世平. 中国的崛起与地区安全［J］. 当代亚太，2003（3）.

［2］张敦伟. 海权争端下的中国安全战略：一种现实的外交政策选择［J］. 国际关系研究，2013（4）.

［3］冯维江，余洁雅. 论霸权的权力根源［J］. 世界经济与政治，2012（12）.

［4］吴士存. 南海问题面临的挑战与应对思考［J］. 行政管理改革，2012（7）.

［5］刘光远. 我国海疆行政管理体制改革研究［D］. 大连海事大学，2014.

［6］王公龙．国家核心利益及其界定［J］．上海行政学院学报，2011（6）．

［7］陈险峰．分而治之：南海问题管控路径研究［J］．国际观察，2014（1）．

［8］高圣惕．论南海争端及其解决途径［J］．比较法研究，2013（6）．

［9］薛桂芳．新形势下我国海洋权益面临的挑战及对策建议［J］．行政管理改革，2012（7）．

［10］张桂红．中国海洋能源安全与多边国际合作的法律途径探析［J］．法学，2007（8）．

［11］安应民、刘廷廷．论南海争议区域经济合作开发模式的构建［J］．亚太经济，2011（5）．

［12］杨光海．寻求利益平衡——关于我国南海政策的几点思考［J］．新东方，2013（4）．

［13］安应民．论南海争议区域油气资源共同开发的模式选择［J］．当代亚太，2011（6）．

［14］李克强．努力建设和平合作和谐之海——在中希海洋合作论坛上的讲话［EB/OL］国家海洋局网站，http：//www. soa. gov. cn/xw/hyyw_90/201406/t20140623_ 32289. html.

［15］国家海洋局主要职责内设机构和人员．国家海洋局网站，http：//www. soa. gov. cn/zwgk/fwjgwywj/gwyfgwj/201307/t20130709_ 26463. html.

［16］萧建国．国际海洋边界石油的共同开发［M］．北京：海洋出版社，2006.

［17］Morgenthau H J. Another "Great Debate"：The National Interest of the United States［J］. The American Political Science Review, 1952（12）：972.

［18］Keohane R, Nye J. Power and Interdependence：World Politics in Transition［M］. New York：Little Brown Company, 1997.

第七章 海南省在南海海洋行政管理中的
重要地位与体制创新

海南是我国在海上唯一进行行政区划的省份。1988 年 4 月 13 日，第七届全国人民代表大会第一次会议通过的《关于设立海南省的决定》中明确规定：海南省管辖海口市、三亚市、通什市、琼山县、琼海县、文昌县、万宁县、屯昌县、定安县、澄迈县、临高县、儋县、保亭黎族苗族自治县、琼中黎族苗族自治县、白沙黎族自治县、陵水黎族自治县、昌江黎族自治县、乐东黎族自治县、东方黎族自治县和西沙群岛、南沙群岛、中沙群岛的岛礁及其海域。根据中央的决定，海南省对我国南海的管理主要包括西沙群岛、南沙群岛、中沙群岛的岛礁及其海域。海南作为我国最年轻的省份和最大的经济特区，中央从法理上确立了其作为南海 200 多万平方公里海域行政管理的主体，管辖面积大约占全国海域面积的三分之二。面对南海问题越来越紧迫的发展态势和海南国际旅游岛建设上升为国家战略的实际，海南省在南海管理中的地位越来越重要，强化海南对南海海洋的行政管理同样也显得越来越重要。

一、海南省在南海海洋行政管理中的重要地位与作用

（一）维护海洋权益的迫切需要

海洋的自然特征和海洋开发利用的特殊性使得海洋管理的范围已超出了国内管理而走向国际海洋管理，国与国之间的海洋利益纠纷已成为造成区域不稳定的重要因素。南海海区拥有丰富的油气资源，被誉为"第二个波斯湾"，区域外大国和南海周边国家争相争夺南海资源，使得南海权益

的争夺空前加剧。近年来，越南、菲律宾等南海周边国家频频挑起事端，美国等区域外大国与南海周边国家多次联合举行军事演习，我争议海区内的油气资源已遭到长期非法开采，严重损害了我国的海洋权益。然而，海南省作为对南海具有行政管辖权的地方政府，在南海行政管理中具有天然优势，但现实是海南省在南海权益维护上发挥的作用十分有限，与其海洋大省的地位不相匹配。因此，强化海南省在南海行政管理中的地位和作用十分重要，海南迫切需要加强海洋行政管理职能，创新海洋行政管理体制，切实把南海管理和权益维护落到实处。

（二）发展海洋经济的迫切要求

俗话说：靠山吃山，靠海吃海。海南是陆地小省，却是海洋大省。国家授权管辖海域面积达 200 万平方公里，是陆地面积的 60 多倍，约占全国海域面积的三分之二，为南海资源利用和开发提供了绝佳的自然条件。据统计资料分析，海南海洋经济经过 20 多年来的发展，取得了持续快速增长。2012 年，海南海洋生产总值 612 亿元，占全省生产总值比重高达 24%，位居沿海各省区市中游水平，海洋经济已经成为海南经济快速发展的重要支撑。但不可回避的事实是，海南的生产总值总量偏小，24% 的比重含金量并不高。与上海、山东、浙江、广东等省份相比，海南海洋经济还存在相当大的差距。2012 年上述三省的海洋经济产值占全国的比重近50%，而海南海洋生产总值仅占全国的 1. 34%。从相关研究来看，虽然海南省这几年海洋经济发展较快，但在全国沿海 11 省市中的综合实力排名并不理想（见表 7 - 1、表 7 - 2），海洋经济推动力也排在第三梯队（见表7 - 3），与其海洋大省的地位很不相称。

表 7 - 2   2006 - 2011 年我国 11 个沿海省市海洋科技创新水平及排名①

	2006 年	2007 年	2008 年	2009 年	2010 年	2011 年
上海	0.7756 (2)	0.7921 (2)	0.9336 (1)	0.9825 (1)	1.0333 (1)	1.0062 (1)
山东	0.9491 (1)	0.9345 (1)	0.7935 (2)	0.6634 (2)	0.4866 (2)	0.5136 (2)
广东	0.6330 (3)	0.6154 (3)	0.7340 (3)	0.5854 (3)	0.4488 (3)	0.4170 (3)
江苏	0.1335 (5)	0.1090 (5)	0.0875 (4)	0.0670 (5)	0.1756 (4)	0.1400 (4)
天津	0.2177 (4)	0.2261 (4)	0.0820 (5)	-0.0051 (6)	0.0852 (6)	0.1337 (5)
辽宁	-0.4149 (8)	-0.3889 (8)	-0.3797 (8)	0.0897 (4)	0.1319 (5)	0.0921 (6)
浙江	-0.1434 (6)	-0.1612 (6)	-0.1569 (6)	-0.1839 (7)	-0.1750 (7)	-0.0948 (7)
福建	-0.2955 (7)	-0.2876 (7)	-0.3283 (7)	-0.2882 (8)	-0.3163 (8)	-0.2770 (8)
河北	-0.4460 (9)	-0.4346 (9)	-0.4642 (9)	-0.5014 (9)	-0.5306 (9)	-0.5210 (9)
广西	-0.7269 (11)	-0.7296 (11)	-0.6856 (11)	-0.6841 (10)	-0.6765 (11)	0.6863 (10)
海南	-0.6822 (10)	-0.6753 (10)	-0.6160 (10)	-0.7253 (11)	-0.6630 (10)	-0.7235 (11)

说明：括号前数字为水平系数，括号中数字为排名。

表 7 - 2   2012 年我国沿海 11 个省市区综合经济实力得分与排名表②

省市区	综合经济实力得分系数	排名	备注
上海	1.043	1	综合经济实力最强
广东	0.894	2	较强
江苏	0.673	3	较强
浙江	0.363	4	较强
天津	0.186	5	中等水平
山东	0.033	6	中等水平
辽宁	-0.033	7	中下水平
福建	-0.416	8	中下水平
河北	-0.588	9	中下水平
广西	-1.031	10	中下水平
海南	-1.125	11	中下水平

---

①　谢子远. 沿海省市海洋科技创新水平差异及其对海洋经济发展的影响 [J]. 科学管理研究，2014，32 (3).

②　杨山力. 基于主成分分析法的沿海 11 省市综合经济实力评价 [J]. 中国集体经济，2014 (22).
该研究结合我国沿海 11 个省市的经济发展特征，选取以下 8 项指标：X1 地区生产总值（代表该地区的经济总量水平）、X2 固定资产投资总额（代表该地区的基础设施建设水平）、X3 地方财政一般预算收入（代表该地区财政能力）、X4 商品出口总额（代表该地区的国际开放程度）、X5 资本形成总额（代表该地区经济发展潜力）、X6 人均地区生产总值（代表该地区综合经济水平）、X7 居民消费水平、X8 居民人均储蓄存款指标（X7 和 X8 代表该地区人民生活水平）。

表 7 – 3　　沿海省市海洋经济推动力梯队划分①

第一梯队	上海
第二梯队	广东 天津 江苏 山东 浙江
第三梯队	福建 辽宁 海南 河北 广西

如何实现海南由海洋面积大省向海洋经济大省、强省转变，既有外在因素，也有内在因素，关键还在海南要有清晰的海洋行政管理思路和策略，创新海南省海洋行政管理体制与机制，激发内在活力。

（三）促进南海资源开发与保护的需要

尽管南海拥有丰富的油气资源和独特的海洋、海岛旅游等资源，但这些资源优势都还没有转化为海南的经济优势，近年来，越南、菲律宾、马来西亚、印尼和文莱等国已在南海建起 200 多个钻井平台，其中有 11 个油田和 15 个气田在我国"九段线"以内②，而我国目前在南沙还没有一口油井，眼睁睁看着周边国家在我海区内大肆掠夺资源，如若还不能加强有效管理，几十年后南海石油资源将被掠夺殆尽。因此，强化海南省在南海的海洋行政管理，最重要的就是要对南海资源进行合理开发、利用与保护。同时，作为海洋旅游大省的海南，拥有独特的海洋旅游资源以及区位、生态和政策上的优势，若能有序推进，就能显示出中国对拥有南海主权的决心和行动，体现出强化海洋行政管理的举措。尤其是海南国际旅游岛建设已上升为国家战略，南海旅游资源的开发利用既能为海南经济发展注入新的活力，也能充分显示国家主权所在，同时也是对南海独特旅游资源的有效利用和保护。

（四）融入国家海洋开发战略，服务于国家改革发展全局的需要

有人说，21 世纪是海洋的世纪。也有人说，强于世界者必先盛于海洋，衰于世界者必先败于海洋。这些话都揭示了当今世界的海洋发展趋

---

① 殷克东，李兴东. 我国沿海 11 省市海洋经济综合实力的测评 [J]. 统计与决策，2011（3）.
② 范进发. 解决南海问题最终还得靠海上实力 [J]. 今日中国论坛，2011（1 – 2）.

势。放眼全球，沿海各国纷纷把建设海洋强国作为长期发展战略，海洋经济已成为许多沿海国家经济发展的支柱和新的增长点。统计资料显示，全球直接投资走向最强劲、所占份额最多的前 10 位国家和地区，全部地处沿海。挪威通过开发海洋石油成为北欧富国之一，新加坡陆地面积虽小，却是全世界第三大油气加工基地。放眼全中国，大力发展海洋经济已被置于国家深化改革开放的高度，国家层面的海洋战略已经启动。

党的十六大报告明确提出"实施海洋开发"战略，党的十七大和十八大报告都对我国海洋事业的发展做出了进一步战略部署，这对未来我国海洋经济和海洋事业发展必将产生深远影响。实际上，"十二五"开局之年就充满了"海洋气息"，国务院连续批复山东、浙江、广东三个海洋经济发展示范区规划，标志着我国进入了开发利用海洋和发展海洋经济的新时代。这三省将用 10 年时间，为全国海洋经济发展探索路径，提供经验示范，而其他各沿海省市也正蓄势待发。

近年来，围绕党中央、国务院提出的建设"海洋强国"目标，沿海各省市纷纷确立"海洋强省""海洋强市""科技兴海"的发展战略，沿海地区，特别是近海海域在提升我国对外开放和产业创新能力方面发挥出前所未有的积极作用，已成为我国经济社会发展中最具活力、最有实力的先导性区域。在这样的大趋势下，海南只有顺应潮流，加快发展海洋经济，才能跟上时代发展步伐，顺利推进国际旅游岛建设。与此同时，作为全国海洋面积最大的省份，海南有责任也有能力在国家海洋战略实施中担负起相应的责任。中央对海南发展海洋经济也寄予了殷切希望，并指明了发展方向，海南必须勇于创新，加快改革步伐，才能不负中央的重托。

二、国外海洋管理的主要模式及其启示

他山之石，可以攻玉。尽管各国的政治制度不同，地理条件各异，以及海洋发展阶段不同，导致了海洋管理行政管理体制也不尽相同，但对其

进行探讨和分析了解，对海南省海洋行政管理必然有借鉴和启发意义。

（一）国外海洋管理的主要模式

目前，一些主要海洋国家的海洋行政管理体制大体可以分为三种类型：分散型、相对集中型和集中型。

1. 分散型管理模式——以日本为代表

日本国土面积狭小，资源贫乏，对外贸易的 99.7% 依赖于海上运输，40% 的食物蛋白质依靠海产品。同时，由于日本四周被海洋包围，所以，为维持社会生存和经济文化等方面的发展，重视海洋开发、利用海洋资源和保护海洋是日本的必然选择[①]，海洋管理因而显得至关重要。在日本，中央政府并没有集中负责海洋管理事务的职能部门，其海洋管理工作主要由国土交通厅、通商产业厅、农业水产厅、文部科技省和环境省负责，海洋执法统一由海上保安厅负责。其中文部科技省主要负责海洋、地球、环境等领域的科学技术综合发展，促进整体研究和开发，制定国家新的科学技术综合发展战略；通商产业厅涉及海洋资源能源领域、海洋空间利用领域、海洋环境领域、海洋基础和尖端技术领域 4 个方面；环境省担负着 200 海里专属经济区海洋环境的保护和保全的管辖权；国土交通省负责海洋开发规划的制定，沿岸海域的保护和开发利用，沿海空间利用，管理全国海洋国土的开发，制定有关的国土开发利用法规，以及统一海上执法[②]；海上保安厅负责具体的执法任务，其职能主要有海上治安管理、海上交通安全管理、海难救助和海洋环境保护以及海上防灾。[③] 为了协调各政府部门、政府部门和企业之间、管理部门和研究机构之间的工作，加强政府对全国海洋活动的宏观管理，日本于 2007 年成立了以首相为本部长的综合海洋政策本部。

---

① 金永明. 日本最新海洋法制与政策概论［J］. 东方法学，2009（6）.
② 崔旺来. 政府海洋管理研究［M］. 北京：海洋出版社，2009：51－52.
③ 高昆. 日韩海洋执法实践初探［J］. 工程·经济与法，2009（9）.

2. 相对集中型管理模式——以美国为代表

美国是一个海洋大国，也是一个海洋强国，这与美国有力而高效的海洋行政管理体制是密不可分的。应该说，世界主要海洋国家的海洋行政管理体制都或多或少地借鉴了美国的经验和做法。

在美国联邦政府中，海洋管理的主要职能部门是美国商务部下属的国家海洋大气局，负责美国海域的海洋管理、海洋科学研究和海洋环境保护与服务，海洋资源管理、开发和利用，空间和海洋资源的管理和保护等工作。除此之外，还参与主要的国际海洋活动。除了国家海洋大气局，商务部参与海洋管理的机构还有海事管理局，负责管理航运补贴计划以及有关海洋研究。其他涉海部门还有总统科技办公厅，负责制定有关海洋政策。国务院主管国际渔业规划，负责对外进行渔业谈判，以及向外围分配渔业捕捞配额。国防部的陆军工程兵负责管理通航水域，主管这类水域中的建造物、污染和海洋倾废，保护港湾设施、海岸线、航道等。海军从事海洋资料的收集、服务、海洋科学、海洋工程、潜水医学研究以及海底地形调查、海图测绘等。运输部负责领海外深水港的选址、建造以及使用管理，海上油气管线的施工和安全标准的制定。内政部的土地管理局和地质调查局主管外大陆架石油、天然气等的出租、调查和收集有关海区的地质及地球物理资料，对出租区域的环境条件和制约因素进行分析，与海岸警备队一起实施近海作业安全规则和条例；内政部的鱼类及野生动物局和国家园林管理局，负责内陆鱼类和湖畔滨海的资源管理；能源部负责公布外大陆架地区石油和天然气指标和生产速度的规划①；隶属于美国交通部的美国海岸警备队负责美国的海上执法，其管辖水域包括美国内陆的水域、沿海港口、美国 9.5 万多英里长的海岸线及美国的领海和 340 万平方英里的专属经济区水域，以及对美国有重要影响的一些国际水域。其主要职能有：

---

① 崔旺来. 政府海洋管理研究 [M]. 北京：海洋出版社，2009：52 – 53.

海上执法、海上协助、海上安全、保护海上自然资源和保护国防。① 此外，国家科学基金会、环境保护局、国家航空与航天局、卫生教育与福利部、能源部等都有不同的海洋管理职能。

3. 集中型管理模式——以韩国为代表

韩国作为一个半岛国家，由于国土和资源的匮乏，历来重视海洋事业。早在1995年，韩国就成立了海洋管理部门"海洋管理局"。1989年，成立了由总理主持的海洋开发委员会，以协调和推动国家海洋政策和研究开发项目。1996年8月，韩国将水产厅、海运港湾厅、海洋警察厅以及科技、环境、建设、交通等十个政府部门中涉及海洋工作的厅局合并，成立了直属国务总理的海洋水产部，对海洋实行高度的集中统一管理，下属各个局级部门各司其职，分别从宏观政策制定、海洋资源、海洋环境、渔业资源、海上交通、港湾管理等方面对海洋的相关产业进行管理。在海上执法方面，韩国同日本一样借鉴了美国海岸警备队的模式。

韩国海洋警察厅作为一个独立厅进行统一的海上执法，下辖以下几个部门：②

警务局：负责海上执法政策的制定和调整、组织机构和预算编制、船舶的建造和维修、装备和设备的管理以及教育培训。

警备救助局：负责海上警备、船舶和飞机的使用、海上违法和犯罪活动的预防、海难救助以及救助的指挥和协调。

情报搜集局：负责海上犯罪的调查、刑事业务、国际刑事警察机构以及国际合作。

海洋污染管理局：负责防止海洋污染的监视和管理、海洋污染的防治和消除、污染防治的教育和训练以及消除污染事故的指挥和协调。

海洋警察署：负责海上巡逻执法和污染的防治和消除。

① 周放. 美国海洋管理体制介绍［J］. 全球科技经济瞭望——政策与管理，2001（11）.
② 高昆. 日韩海洋执法实践初探［J］. 工程·经济与法，2009（9）.

维修工厂：负责舰艇和船舶的维护和修理。

（二）国外海洋管理对我国的重要启示

国外海洋管理的先进经验，如重视宣传教育，提高全民海洋意识；实现政府与民众共同管理和维护海洋；加强环境控制，制定环境规划和标准；加大海洋管理与环境治理资金的投入以及重视海洋科研、调查、监测和人才的培养等，这些成功经验都是我国的海洋管理工作可以学习和借鉴的地方。

1. 各国都十分重视海洋管理

当下，人们越来越认识到海洋在解决人类面临人口、资源、环境三大危机中起着决定性的作用，实施海洋综合管理在国际上越来越受到重视。1990 年第 45 届联合国大会通过决议，敦促世界各沿海国家把开发海洋、利用海洋列为国家发展战略；1992 年第 47 届联合国大会提出把海洋管理和管理机构列入国家的管理体系中去；1993 年第 48 届联合国大会做出决议，敦促世界各国把海洋管理列入国家发展战略中去，要求各国加快海洋管理立法的步伐；1993 年世界海岸大会宣言要求沿海国家开展海岸带综合管理，建立综合管理制度；1994 年第 49 届联合国大会通过了把 1998 年定为"国际海洋年"的决议；随着时间的推移，2001 年 5 月联合国缔约国大会报告首次明确提出：21 世纪是海洋世纪。

面对国际社会的不断呼吁，各沿海国家无一不在加快本国海洋开发利用和海洋管理的步伐。例如，美国于 1998 年召开了第一次全国海洋工作会议，克林顿总统亲自到会并发表了重要讲话。近年，美国国会又通过海洋法案，成立了国家海洋政策委员会，重新审议和制定了美国新的海洋战略，从而使美国继续引领世界海洋管理。加拿大于 1997 年通过了《加拿大海洋法》，确立了"渔业与海洋部"为加拿大海洋综合管理的牵头部门，建立了一种全新的海洋综合管理体制。韩国自 1996 年实行海洋体制改革以来，确定了该国 21 世纪海洋政策蓝图，促进了海洋经济的迅速发展，使韩国的远洋渔业和水产业产量居世界第 10 位，出口额居世界第 4 位。日本于 2001 年对海洋管理职能部门进行了改组，加强了高层次海洋咨询和协调机构，采用先进手段进行的区域性海洋综合治理和海上执法管理已取得显著成效。

2. 注重海洋立法工作

为使《联合国海洋法公约》在更大程度上得到实施，许多沿海国家正通过新的立法或修改现有法律以便与《联合国海洋法公约》相适应。如 2001 年 3 月，斯洛文尼亚通过综合性的《海洋法典》；挪威也在 2001 年 3 月通过《关于外国在挪威内水、领海、经济区和大陆架进行科学研究的条例》；2000 年美国通过了海洋法案等。与此同时，我国通过建立领海、大陆架、专属经济区的法律制度和《海域使用管理法》，使整个海洋管理有了基本的法律框架，但是我国尚未形成完善的、配套的海洋法律体系。因此，要从国家总体利益出发，调整权益、资源、环境之间高层关系的宏观性和战略性，从历史的经验教训和目前形势与未来的综合分析而形成的预测中，强化国家对管辖海域的权益主张，找出那些最重要、最普遍、适用于全部领域、具有指导性和强大制约力的海洋法原则，建立一套与海洋强国相适应的海洋法制体系。

3. 注重海洋管理体制创新

美、加、法、日、韩等国各具特点，各国较为合理的管理体制所形成的成效与经验对于我国的海洋管理体制的改革和完善具有一定的借鉴作用。如在海洋管理方面，中央和地方分权明确，很好地协调了中央与地方的管理范围及权限，从而保证了中央与地方在各自的职权范围内有效地实施海洋管理。美国拥有的具有海上综合执法能力的海岸警备队，是一支强大、高效、权威的海上执法队伍。又如，加拿大通过强化海洋管理部门的职权提高海洋管理的权威和管理能力，从而保证了海洋管理的协调与统一。再如，日本在濑户内海的治理与维护中，在内海沿海的 13 个府县和 5 个市建立了有知事和市长参加的环境保护工作会议制度，形成了一种例会式的组织机构，会议分为全体会议和干事会。全会通常每年召开一次，必要时随时召开，干事会根据需要可随时召开。经过多年实践，进一步证实了建立这种形式的联席会议制度，可以在濑户内海治理保护中发挥非常重要的作用。另外，韩国对海洋管理体制进行了改革，海洋水产部把原来松散型的海洋管理转变为高度集中型的管理，尤其克服了行业管理存在的弊端，实现了海洋发展战略、政策和规划的统筹制定，加强了海洋立法的综合与协调，推进了海洋环境保护管理工作，促进了海洋科技产业化，推进了重点项目的落实和实施，提高了行政管理和服务质量。1983 年法国成立了海洋国务秘书处后，结束了原来 12 个与海洋有关的部门之间的相互竞争状态，对法国的海洋事业发展起到了促进作用。海洋国务秘书处直属法国总理领导，可直接向总理请示和汇报工作，可参与内阁会议，提出和讨论重大的海洋问题。

从各国海洋管理的先进经验看，建立良好的海洋管理体制，确立海洋管理部门的地位和权威，实行统筹协调、明确分工、职权到位等有效的管理机制与制度，是顺利开展海洋管理，尤其是开展区域海洋管理的关键。当然，以上主要是国家层面在海洋管理上的一些经验，从地方政府层面来看，国外的经验也还处于探索阶段。

三、海南海洋行政管理的机构设置及其职责

我国现行的海洋管理体制是以行业条条管理为主，根据海洋自然资源的属性及其开发产业划分管理权限，海南省也不例外，同样以条条管理为主。中央及海南省涉及南海海洋管理的主要相关部门有：国家海洋局南海分局、隶属于国家交通运输部的中华人民共和国海南海事局、农业部南海区渔政局、海南省海洋与渔业厅、武警海南边防总队、海南海防口岸办公室等。

（一）中央垂直管理机构及其职责

1. 国家海洋局南海分局

国家海洋局南海分局成立于 1965 年 3 月 18 日，是国家海洋局在广州

设立的南海区海洋行政管理机构，并对中国海监南海总队实施管理。国家海洋局南海分局主要任务是按照国家有关法规和规定，代表国家海洋局履行在南海区的海洋行政管理职能，在海区组织开展海洋行政管理、执法监督和公益服务等项工作，其主要职责如下：

第一，监督国家有关法律法规、条例在本海区的实施，根据国家海洋发展战略和全国海洋功能区划，会同地方政府，制定本海区海洋发展规划、开发规划，划定海洋功能区，负责本海区省际海洋发展规划、功能区划和开发规划的协调工作。

第二，负责本海区海洋权益维护工作，监督本海区涉外海洋科学调查研究活动和海洋设施建造、海底工程及其他海洋开发活动。

第三，组织拟定本海区及重点海域的海洋环境保护规划并负责实施整治工作，管理审批本海区陆源污染物排海的总量和浓度，负责本海区防止石油勘探开发、海洋倾废、海洋工程和其他海洋开发活动造成的污染损害的海洋环境保护工作，参与本海区重大污染事件的评估与查处，负责发布海洋污染通报。

第四，组织本海区海域使用管理工作，负责管理本海区海砂勘探和开采工作，负责地方管理海域以外、涉及港澳和跨省（区）海底电缆与管道的铺设、海上人工构造物设置的审核与监督工作。

第五，负责履行对本海区各省（区）海洋管理部门海洋管理工作的指导、协调、监督，协调本海区省（区）间的海洋开发活动。

第六，组织实施本海区的海洋基础与综合调查，管理本海区海洋监测、观测、灾害预报警报、信息资料和标准计量工作，建设和管理海洋环境监视、监测网和海洋灾害预报预警系统，组织灾情评估，发布海洋环境预报和海洋灾情预报警报，为发展海洋经济提供服务。

第七，建设和管理本海区中国海监队伍，组织协调本海区中国海监队伍的巡视、监视和执法监察工作，查处违法活动，对本海区三省（区）的中国海监队伍履行监督、指导，领导中国海监南海总队。

第八，承办国家海洋局和本海区省（区）政府交办的其他工作。

2. 中华人民共和国海南海事局

海南海事局是交通部派驻海南的海事行政管理机关，隶属于中华人民共和国海事局，为交通部直属行政正厅级单位。内设通航管理处、船舶监督处、危管防污处、船员管理处、法规规范处等14个机关处室，下设中华人民共和国海口、三亚、八所、洋浦、清澜等5个分支海事局和航标、通信、船队、交管中心等基层单位，其中包括马村、金牌、琼海等8个派出海事处，管辖海口、三亚、八所等3座国际海岸电台，木栏头、临高角等7个航标站和全岛通航水域的水、陆灯塔（标）。

海南海事局辖区海域约占全国海域的三分之二，目前有效管理水域主要包括海南沿海、琼州海峡、西沙、南沙等海域以及全省所有港口、渡口、江河、湖泊、水库等通航水域。海事局作为代表国家负责行使水上安全监督和防止船舶污染、航海保障管理的行政执法机关，其中心工作就是保障辖区水域水上交通安全，使"航运更安全，海洋更清洁"。同时，在中国海上搜救中心和海南省政府的直接领导下，承担着全省海上搜救协调指挥的任务。

3. 农业部南海区渔政局

农业部南海区渔政局（对外称中华人民共和国南海区渔政局）是中央驻穗正厅级单位，直属农业部。其主要职责是：对内依照国家法律法规实施南海区域渔业执法管理，保护本区域渔业资源及其水域环境，维护渔民合法权益，促进渔业可持续发展；对外代表中华人民共和国行使渔政渔港监督管理权，维护国家海洋与渔业权益。具体职责如下：一是参与研究并贯彻执行国家渔业发展的方针政策和法律法规，拟定区域性渔业资源保护及合理利用的措施、办法，并组织贯彻实施；二是负责组织、指导、协调辖区内渔政渔港管理工作，监督、检查渔业法律法规及国际公约、双边或多边渔业协定在辖区内贯彻执行的情况，会同有关部门依法调查处理重大渔业纠纷和涉外事件；三是组织实施渔业许可制度，审核、发放和注销渔业捕捞许可证、限额捕捞指标，征收渔业资源增殖保护费；四是组织辖区内渔业资源监测和渔业水域生态环境监测，开展水生野生动植物保护工作；五是负责南沙海域的综合管理，组织落实南沙守礁、渔场管理、养殖开发工作的实施；六是执行国家无线电通信管理工作的方针、政策，组织实施渔业无线电管理和南海区渔业信息系统建设工作；七是贯彻执行国家渔港监督、渔业水上交通安全管理的法律法规及国际公约等；八是组织、指导地方开展渔政渔港监督管理人员的业务培训，加强渔业执法队伍建设；九是完成农业部交办的其他工作等。

（二）海南省海洋管理机构及其职责

1. 海南省三沙市政府

2012 年 6 月 21 日，国务院批准设立地级三沙市，这是我国唯一以管辖海洋为主的地方政府。三沙市下辖南海西沙群岛、中沙群岛、南沙群岛的岛礁及其海域。涉及岛屿面积 13 平方千米，海域面积 200 多万平方千米，是中国陆地面积最小、总面积最大、人口最少的地级市。海南省三沙市人民政府驻地位于永兴岛，是西沙群岛同时也是整个南海诸岛中最大的岛屿。三沙市的设立，不仅是加强海南行政管理体制的一个重要举措，也是中国主权范围内的一个重大抉择，这是中央把海南管辖南海诸岛，即西、南、中沙群岛及其海域的权力明确落到实处。因此，三沙市的成立有利于海南海洋经济发展，同时有助于保护南海的渔业资源，切实保护渔民生命财产安全，统筹协调南海渔业资源的开发与管理。

2. 海南省海洋与渔业厅

海南省海洋与渔业厅为主管全省海洋经济、海洋事务和渔业行政工作的省政府组成部门，其主要职责如下：（1）贯彻执行党和国家有关海洋与渔业工作的方针政策、法律法规与规章；依法拟定并组织实施全省海洋与渔业工作的政策、法规和规章，以及发展战略、规划、计划等。（2）负责全省海洋经济运行监测、评估及信息发布；实施海洋综合管理，协调各涉海部门、行业的海洋开发活动；会同有关部门提出优化海洋经济结构、调整产业布局的建议。（3）参与本省海域勘界工作；监督管理全省海域（包括海岸带、无居民海岛）使用，按规定颁发海域使用许可证，实施海域有偿使用制度；管理海底电缆、管道的铺设。（4）负责全省渔业资源的管理。组织实施海洋捕捞强度控制方案、伏季休渔制度和指导渔业资源监测工作；负责本省水产养殖种苗的管理；管理内陆水域、浅海滩涂渔业开发利用工作；拟定和颁发水产品加工产品的质量标准。（5）负责海洋环境与渔业水域生态环境保护工作；组织拟定污染物排海标准和总量控制制度；组织、管理全省海洋环境的调查、监测、监视和评价；监督陆源污染物排海、海洋生物多样性和海洋生态环境保护；负责防治海洋工程项目和海洋倾废对海洋污染损害以及渔业水域生态的环境保护工作，核准新建、改建、扩建海洋工程环境影响报告书；监督管理海洋自然保护区和特别保护区。（6）管理海洋观测监测、灾害预报警报、信息综合、标准计量等公益服务系统，负责发布海洋灾害预报警报和海洋环境预报；配合有关部门做好渔业海上搜救工作。（7）根据国家规定，对本省行使海洋监察、渔业船舶检验和渔政、渔港监督管理职能，管理全省海监和渔业执法队伍。（8）负责海洋与渔业基础数据和信息管理工作。（9）组织指导本系统工作人员的教育培训、队伍建设和有关海洋与渔业的科学研究和技术推广。（10）负责对所属事业单位贯彻执行党和国家的方针政策、法律法规规章的检查监督，协同有关部门监管其非经营性国有资产。（11）承办省政府和上级部门交办的工作，检查指导各市县海洋与渔业工作。

3. 海南海防与口岸办公室

海南省海防与口岸办公室，于 2005 年 8 月由原省口岸管理办公室、省打击走私领导小组办公室与省海防委员会办公室合并成立，为省政府办公厅副厅级内设机构，内设海防管理处（打私管理处）、海港管理处和空港管理处等 3 个处级机构。其主要职责有：负责制订本省海防管理与基础设施建设、口岸管理与建设，打击走私的法规规章、发展规划和实施细则并组织实施；负责本省海防委员会、打击走私领导小组办公室日常工作；负责本省海防、打击走私与口岸工作的综合管理和协调工作；负责组织验收和审查上报本省口岸的开放与关闭；组织协调开辟国际航线和临时航班（含包机），协助报批外国籍交通运输工具临时进出非开放口岸事宜；督促检查口岸查验单位按照各自的职责，对出入境人员、交通运输工具、货物和行李物品进行检查、检验、检疫、监管；指导监督本省各级口岸管理机构的工作。

涉及南海管理工作的机构还有海南省国土环境资源保护厅，负责海岸环境监督保护工作；武警海南省边防总队，负责南海区域海上治安稳定工作，下设大队、中队、支队和边防派出所；渔政系统沿海各市县和重点乡镇都设立了以块块为主的渔政、渔监和船检机构；海口还设有海事法院，负责审理海洋经济案件；沿海各开放口岸均设立了海关；海军除保卫国家海洋主权、参与海上抢险救生外，还参加海洋开发建设，并负责军用船舶排污的监督和军港区域环境的监视，等等。

四、海南省在南海海洋行政管理中的职能定位

（一）海洋行政管理的基本理念

海洋行政管理理念表现为人类在开发利用海洋漫长的活动过程中所形成的基本的观念形态、价值形态，通常以一些基本观念、基本原则、指导思想的形式表现出来，以海洋行政管理主体的价值观为基础，以海洋的自然属性和物质循环为依托，在海洋管理行为人意识中形成具有广泛影响力和可接受性的价值信条，并影响、指导人们的涉海行为，同时对海洋行政管理研究具有导向功能。目前，已达成共识的主要有依法整治、公共治理、系统整合、生态行政等基本价值理念。

1. 依法整治理念

在国家海洋行政管理中，各国所依据的是《联合国海洋法公约》，以

及本国依据《公约》所制定的基本海洋法律体系。就近代意义上的海洋法律体系而言，是伴随着主权国家和国际公法的兴起而产生的，在西方的海洋争霸和割据中形成了海域划定的各种原则、规则和标准。在海洋行政管理中，就是要以公认的国际法为准则，制定具体的国内海洋行政管理规范，做到依法管理。

2. 公共治理理念

20世纪90年代以来，"治理"与"善治"逐渐成为公共管理的核心，过去狭隘的行政管理理念正逐渐被更加广泛的公共治理理念所取代，人们越来越意识到公共管理的主体不仅仅只有政府，而且包括社会上众多为公共利益服务的非政府组织。公共治理不再是政府单方面的施政行为，而是一个社会整体互动的过程，尤其强调顾客导向和结果导向。在海洋行政管理中，政府、企业、公民个人作为参与者有着共同的利益诉求，彼此间相互制约、相互影响，所以，应合理界定各主体的权限以及权利行使方式。

3. 权变管理理念

权变理论是20世纪70年代美国为解决企业面临瞬息万变的外部环境而形成的理论体系，所谓权变，就是权益通达、应付变化。权变管理理论以系统观念为基础，力图研究组织的各系统内部之间的相互关系与所处环境的联系，寻求解决组织外部不稳定因素的管理模式和方法。海洋本身是复杂的环境系统，具有很大的不确定性。人类的涉海行为促进了人们对海洋的认识，同时也对海洋造成了不利的影响。权变管理理念要求从观念到制度运作各个方面都要适应不断变化的环境。实际上，现代海洋管理手段已向柔性、互动的方向发展，注重对涉海主体的利益调节和服务意识，以及促进环境成本的内在化，改变以往涉海行为主体被动接受的局面。

4. 生态治理理念

19世纪60年代，美国科学家肯尼斯·舍曼（Kenneth Sheman）和路易斯·亚历山大（Lewis Alexander）率先提出了"大海洋生态系统"的概念。20世纪90年代末，基于生态系统的管理理念迅速被世界各海洋大国应用于海洋管理领域。生态行政理念所依据的是生态边界而非行政边界，人类对海洋的开发利用的关键在于对自然规律的把握程度，保持海洋生态系统中各结构要素的普遍联系和结构、功能关系的相对稳定性，是协调人与海洋环境相和谐的基本准则。

（二）海南省在南海行政管理中的职能定位

美国 J. M. 阿姆斯特朗和 P. C. 赖纳在合著的《美国海洋管理》一书中，将政府对海洋活动的管理分为十项职能：组织海洋研究，制定法规，制定规范，从事海洋资料收集、存储与分配，财政赞助，税收，检测，实施法律，解决冲突，制定政策等，这些是从国家整体层面分析政府对海洋的行政管理的基本职能。事实上，地方政府在海洋行政管理的职权依赖于中央政府的授予，以及利益关系的调整中地方政府占据的主动性程度。

目前，我国海洋管理体制逐渐摆脱了由中央政府统一管理的模式，但相对来说，中央政府并没有赋予地方政府开发海洋资源的权利。海南省在法律上作为南海行政管理的主体，但事实上在南海管理与资源开发上的实际权力十分有限。海南省在南海的行政行为是为了服务于海南省国际旅游岛建设和国家管理南海的发展战略，其职能主要围绕着对海洋的经济调节、海洋市场监管、社会管理以及海洋公共服务的提供等方面进行的。南海海洋行政管理是海南省政府职能拓展的新方向，在建设国际旅游岛的背景下，按照政府管理公共性的要求进行梳理，主要应有以下职能：

1. 海洋经济调节职能

政府的主要行为在很大程度上是经济性的，随着政府对社会经济生活干预程度的加深，政府在经济调节方面的功能大大强化且日益技术化，而政府对市场的干预是弥补市场本身的缺陷和不足的表现。海洋经济具有很强的外部性特征，诸如环境污染、资源浪费等由于各涉海主体的经济理性难免会存在"公地"式的悲剧。建设国际旅游岛、开发南海资源需要在充分发挥市场机制的作用下，坚持和进一步完善政府对经济的宏观调控，实现由海洋大省向海洋强省的跨越式发展。

（1）海域功能区划

尽管海洋的开发与管理是一项复杂的活动过程，但根据海洋的自然属性和社会经济发展的地域性，可将海洋划分为相对意义上的功能各异的区域进行管理。现代经济发展日趋规模化、专业化、集约化，区域海洋功能规划是一切涉海主体进行活动的依据，通过对海洋空间资源的合理分配实现对海洋开发利用的有效调控，实现海洋产业的合理布局和结构调整。

海南省在南海海域进行区划时应在统一认识的基础上，经过充分的科学论证，依据南海资源开发后方战略基地的基本构想，可将南海海域资源划分为滨海综合开发区、近海综合开发区和远洋综合开发区。在滨海开发区中主要发展砂矿、滨海休闲运动、热带高效农业、港口建设、盐化工和海水综合利用等相关产业；在近海综合开发区重点发展渔业、油气、游艇等项目；在远洋综合开发区形成以远洋运输、油气开发、海岛观光旅游为主体的系列产业，形成远、中、近相互衔接的产业体系，将丰富的南海资源转变为社会财富，避免南海开发管理过程中的盲目性和无序性，在开发和利用中有效地保护好南海的海洋资源。

（2）区域整合职能

海洋区域的划分不仅仅是中央与地方之间职能、利益的分配，同时也是地方与地方之间利益的协调。关于海南省在南海资源开发后方战略基地的定位，不仅要求人们对于海南省在南海资源开发中的地位、作用和任务有明确的认识，而且必须明确仅仅依靠海南省自身的力量是无法实现功能定位目标和国际旅游岛建设目标的。海南省目前的经济状况不足以形成足够的经济力量和执法力量用于南海资源的开发与管理，南海资源的开发必须依靠外部的支持。珠三角地区是目前我国主要经济增长中心之一，但长期以来国家能源战略倾向于优先保障华东、华北地区的供应，广大华南、西南地区缺乏长期的能源保障，这一战略势必影响到未来经济的持续、健康、稳定增长。海南省作为岛屿型经济体，其经济的发展不可能独善其身，因此，政府在南海行政管理中必须具前瞻性和导向性，立足于泛珠三角地区和环北部湾地区，甚至与台湾地区加强海洋经济的合作以及整合执法队伍。在策略上，对内以开发利用南海资源实现互动增长为共同愿景，对外以"搁置争议，共同开发"为前提积极创造条件，建立广泛的对话合作机制和协调机制，实现环北部湾省区、泛珠三角省区之间的深度合作，将海南省建设成为面向南海油气资源共同开发、高度开放、以精品旅游业为主的自由贸易港。同时，要站在国家发展战略全局的高度，建立相应的合作机制、协调机制和分享机制，整合广西、广东、海南三个省区的资源和海上执法力量，成立一支统一、高效的快速反应执法队伍，共同维护好南海的主权。

（3）涉外海洋经济管理职能

南海海域的复杂局势随着南海资源的不断探明而加剧，形成了"六国七方"的局面，并且美日印等国不断涉足南海的意图日益明显。目前，南海海域的冲突和争端主要是通过国家外交层面来处理的，很容易造成地区之间矛盾的激化和冲突的升级。为了避免南海问题的进一步恶化，国家可将部分涉外海洋经济职能下放给海南省，立足于中国—东盟之间的合作，将原来国与国之间的协商交涉转变成区域性的协商与合作。这样，不但有利于南海局势的稳定，而且还将有利于促进区域间的交流与合作，不断提升海南省处理涉外经济的能力。

海南国际旅游岛建设需要有一个稳定的外部环境，岛屿型经济的发展更离不开"开放"二字。未来5-10年是我国全面参与推动东南亚一体化进程的重要时期，投资和现代服务业将成为中国—东盟贸易自由化的重要领域，"10+1"自由贸易区的建设与海南国际旅游岛建设同步，海南省应抓住机遇，利用博鳌亚洲论坛的品牌优势和影响力，全方位开展区域性、国际性经贸文化交流活动，以及高层次的外事活动，使海南成为我国与东

南亚国家加强区域经贸合作的桥头堡。① 实际上,海南国际旅游岛建设和
"10＋1"自由贸易区建设都绕不开南海开发,所以,一部分涉外海洋经济
管理是海南省在未来发展中必须具备的职能。

(4) 海洋科技发展职能

科学技术是第一生产力,通过对美国、欧盟、日本、韩国等海洋大国
的经验进行研究可以发现,各海洋大国都将海洋科技作为推动海洋事业发
展的关键因素,纷纷确立了以高新技术提高海洋竞争能力的发展战略,政
府在海洋行政管理中承担着促进海洋科技发展的基本职能。目前,我国各
沿海省份纷纷确立了"科技兴海"发展战略,经过多年的探索和发展,海
洋科技工作积累了丰富的经验,大大增强了海洋开发的能力。

从总体上看,海南省的"科技兴海"政策在运行过程中仍然无法适应
海洋经济发展的形势和需要。首先,海南省海洋产业边界突出,各产业缺
乏有机联系;其次,海洋经济发展不平衡,产业规模差距明显;最后,科
技兴海战略缺乏统一的组织实施,政策制定缺乏前瞻性,海洋科技发展对
产业发展的贡献明显不足。针对目前海南省大多数企业自身偏小偏弱以至
无法成为海洋科技发展主体的现状,海南省政府应通过积极的引导措施和
政策扶持,加大开放力度,以建设海洋强省为目标,以促进海洋科技成果
转化和产业化为主线,提升海洋经济的发展水平。通过政府的政策措施带
领海南省做到传统产业支持新兴产业,新兴产业带动传统产业,逐步实现
海洋经济产业优化升级。同时,重点扶持一批掌握核心技术、拥有自主知
识产权、技术创新活跃、规模效益突出的海洋高新技术企业,要鼓励高新
技术企业家洽购合作,形成一批拥有较强科研开发实力和国际竞争力的大
型高新技术企业集团,以科技创新带动海南省海洋资源开发和海洋经济向
高端化发展。

---

① 中国(海南)改革发展研究院. 关于海南国际旅游岛中长期发展规划的建议(18条)
[C]. 2010－03－11.

2. 海洋市场监管职能

海洋经济的发展引起了政府社会治理与公共管理范围的扩大，海洋经济健康发展的关键在于政府的科学管理。海洋市场是正在形成中的新型市场，作为地方政府，海南省在海洋市场监管中应突出地方立法和海洋秩序管理。

（1）制定地方海洋法规

法治是现代政府公共管理的基本特征。从国家层面来说，维护海洋权益、规范海域分配必须加强国家海洋法律体系的构建，形成与《公约》相适应的国内海洋法律体系。从地方层面来说，规范各类涉海行为、发展海洋经济，必须强化海洋法律法规的作用，在国家海洋法律体系的框架内，根据本地区海洋管理的需要和立法权限，制定与国家海洋法律体系相衔接的本辖区海洋法律法规。长期以来，由于海洋综合管理在海南一直处于比较落后的状态，很多涉海项目的开发存在违规操作的问题，各海洋执法部门之间的不协调导致的行政真空和多重行政的问题，以及在海域使用问题上因产权关系模糊而导致的地方政府在海洋行政管理中缺乏积极性的问题。面对日益增多的海洋事务纠纷，实现海洋开发管理过程的有法可循、依法保护各涉海主体的合法权益就显得非常必要和重要。总体来说，海南省的地方海洋立法工作逐步推进了海域规范化管理，但立法还缺乏必要的综合性和协调性。随着海洋产业经济链条化的发展，迫切需要打破传统的行业限制，应从战略角度制定适合区域海洋经济发展的地方性海洋法律法规。

（2）海洋秩序管理

良好的开发秩序是实现南海资源良性开发，建设和谐海洋的基础。当前存在的制度安排不合理、公共参与缺失及利益分配不协调等问题，是海南省海洋公共政策无序运行的根源所在。长期的无政府管理状态造成了沿海居民和部分组织的先占为主的观念、执法力量的缺乏无法实现对各类违法用海行为的有效打击等，都影响了南海海域行政管理的有效性。依托于高效、统一的海上执法力量，严厉打击各类违法行为，通过利益整合规范各利益主体的利益关系，完善社会公众的海洋参与机制和监控机制，实现政策制定的科学化、民主化，避免海洋政策制定、执行过程中的盲目性、随意性和专断性，实现良好的海洋开发与管理秩序，促进海洋经济的和谐运转，保障海洋事业的健康、稳定、有序的发展，是海南省在南海管理中的应有职能。

（3）海洋产业引导

产业政策是政府为了实现一定的经济和社会目标而对产业形成、发展进行干预的各种政策的总和，包括规划、引导、促进、调整、保护、扶持、限制等各种手段。由于海洋产业具有特殊、不成熟及产业环境不稳定性的特点，需要政府政策加以规范、扶持和引导。海南建省办经济特区27年来初步实现了以海洋渔业、水产品加业、海洋盐业、海洋采矿业、交通运输业为主的产业群。依托于南海资源开发以及国际旅游岛建设的推动，海南省应实现上述传统海洋产业的集群化和现代化发展，并在政策带动下大力发展海洋油气业、海洋服务业、海洋旅游业、海洋生物医药业以及海水综合利用等产业，加大对海洋产业的宏观调控力度，进一步优化海洋产业结构，实现全省海洋产业规范、有序的发展。

3. 社会管理职能

在海南省海洋事业的发展进程中，政府的关键性角色在于促进公民海洋观念的养成和实现海洋事业主体的多元化，积极推动非政府组织、企业、公民个人参与到南海开发与管理建设的过程之中。

（1）海洋意识宣传教育职能

中华民族的陆生观念比其他沿海大国都要强烈一些，由于"重陆轻海"观念严重，海洋长期以来只作为人们谋生的一个附属领域，并未形成真正的海洋观念和社会财富。同时，由于在思想上并未对海洋的开发与管理形成足够的重视，导致海南省在发展过程中未能真正认识到自身的优势所在。因此，提高公众的海洋国土观念，增强公众的现代海洋意识和参与海洋管理的观念，是当前海南省在南海行政管理中的现实需要。公民参与是信息时代政治社会生活不可或缺的一部分，是政府和公共管理者必须面对的环境和情形。政府不仅要将海洋经济发展与海洋环境保护、资源的合理开发有机地结合起来，还要建立广泛参与、高效、灵活的海洋社会管理体制。海南作为一个陆地面积小省和海洋大省，公民的海洋意识还极为欠缺。政府首先要提高各级领导干部的海洋意识，率先树立海洋发展观念；其次要进行全方位的社会宣传和教育，努力提高全省人民的海洋意识，形成全民自觉保护海洋环境、维护海洋发展、参与海洋管理的局面。

（2）海洋利益调配

事实上，海洋管理也是对全社会的价值实施有权威的分配。在南海的开发过程中，各涉海组织、团体以及个人对海洋的利益诉求，以及南海周边国家对海洋权益的要求，都是造成南海行政管理复杂性和不稳定性的原因。长期以来的传统观念导致了沿海近岸的部分海域被非法圈占和开发，造成了海域资源的浪费和海洋秩序的混乱，不科学的开发行为更使得海洋的生态环境受到严重破坏，这在海南省沿岸海域显得特别突出。在现行体制下，尽管地方政府在海域管辖上有不可推卸的责任，但却没有与之相匹配的权力，海南省在法律上是南海海域行政管理的主体，但在南海油气资源开发利用中没有相应的利益分享机制。海南省在南海的利益调配不仅涉及各涉海主体之间的利益协调与分配问题，而且涉及海南省作为地方政府与中央政府在南海资源开发过程中的利益分享，最大限度地为海南人民谋取福利，将南海资源转化为海南的社会财富。因此，在海洋利益调配职能上，海南省一方面要积极向中央争取在南海开发中的利益分配，另一方面，要合理划分省内机构在南海开发中的利益分配，以便充分调动各方面的积极性。

（3）海洋文化建设

海洋文化是与陆地文化相对应的一种概念，是人们认识、开发、利用海洋过程中形成的一系列的物质成果和精神成果的统一体。具体表现为人们对海洋的认识、观念、思想、意识、心态，以及由此形成的海洋开发利用方式。海洋事业的发展离不开海洋文化这一深层次的人文意识观念、社会组织制度和民众生活方式等系统的支撑。海洋文化的构建不同于物质建设，其投入与产出之间并不能用简单的经济效益来衡量，因为海洋文化的构建必须依赖于政府的投入和主导作用。在国际旅游岛建设过程中，海南要深度发展和不断创造独具魅力的海洋文化，在立足于休闲度假、保护海岛资源的前提下，营造具有海岛文化的特色文化氛围，努力把海洋文化建成海南国际旅游岛的一大特色。

4. 海洋公共服务职能

海洋公共服务是指以政府为主体的公共组织为满足各类海洋事业的发展，保证沿海人民的生产、生活而向各涉海主体提供公共服务的过程，是满足人们基本共同需要所采取的公共行为。

（1）海洋公共产品的供给

海洋公共产品是由政府提供用于海洋资源开发、海洋权益维护与海洋开发状况密切相连的各种政策制度、服务项目和基本设施建设等。由于这些基本服务的公共性、政治性特征的存在，从而要求该类产品的供给由政府主导。海洋公共产品的供给涉及政府职责分配的问题，比如在南海铺设事关国家整体利益安全的海底电缆等必须由国家负责，而诸如气象预测、灯塔、航道航标、海难救助等完全可以形成以海南省为主体的供给制度。因此，作为地方政府，海南省首先要搞清楚海洋公共产品供给的范围，尤其是弄清楚中央与海南省在南海公共产品供给上的界限，既不能重复供给，也不能无人供给。其次是要建立海洋公共产品供给的运行机制，确保海洋公共产品供给的有序进行。最后，要建立完善的海洋公共产品供给体系，提高海洋公共产品供给的有效性。

（2）海上安全服务

海上安全是政府作为海洋管理主体确保国家海洋主权及各类涉海行为主体的安全。大致可从两个方面来进行分析：首先是国家海洋主权的维护，这主要是中央政府的职责，但海南省在南海权益维护上也有义不容辞的责任，要坚决执行中央的维权政策，时刻和中央保持高度一致。其次是保障涉海主体的安全。海南省涉海管理机构在诸如海洋气象服务、海上交通安全、海洋防灾减灾、海难救助等基本职责范围内提供基本的公共服务，保障涉海行为主体的人身财产安全，建立相应的应急方案，加强应急处置的基础设施建设和海洋灾害应急演练，为海南省海洋事业的发展提供安全保障。

（3）海洋环境保护

各海洋开发主体的逐利行为会导致对海洋环境产生负的外部效应。长期以来，海洋作为人类的天然垃圾场和净化场，使得海洋环境日益面临着严峻的考验。南海海域的环境问题随着南海资源的进一步开发会不断显现，大部分的珊瑚礁已开发殆尽，大规模的填海造陆导致海岸侵蚀、海水污染，以及渔业资源枯竭的问题等，这些问题昭示着南海海洋环境问题不容乐观。南海环境恶化的直接受害者就是海南人民群众，因此，海南省必须履行海洋环境保护的职能，强化措施，全面推进海洋工程和海洋环境评估管理，加强海上执法检查，有效打击和遏制破坏海洋环境的违法活动。

综上所言，海南省要加强对南海的行政管理，首先要弄清楚管什么，管到什么程度，也就是要弄清楚海南省在南海行政管理中的职能。目前，对地方政府海洋行政管理职能的研究还不够，以上关于海南省在南海海洋行政管理中的职能定位研究，只是从政府一般职能的经济调节、市场监管、社会管理和公共服务四个方面分析的，结合海洋行政管理特殊性的分析还不够透彻，还需要进一步结合实际进行研究，以实现海南省对南海的有效管理，充分发挥南海对海南发展的重要作用。

五、海南省在南海海洋行政管理中的体制创新

（一）海南省海洋行政管理体制存在的主要问题

1. 管理力量薄弱

海南省海洋行政管理力量薄弱，主要表现在：一是行政管理机构人员编

制少，素质不高。在海南建省之初，是按照"小政府、大社会"的模式进行机构和人员的编制改革的，加之以前对海洋行政管理重视不够，现在所有县市虽然都成立了海洋行政管理机构，但是这些机构的人员编制偏少，难以担负起如此繁重的海洋行政管理任务，而且现有人员中真正了解海洋、懂得海洋、精通海洋的人并不多。从整体上看，人员素质还不能适应当今海洋行政管理工作的需要。二是装备和管理手段比较落后。在南海上行驶的渔政船，主要是农业部南海区渔政局和广东、广西、海南三省区的渔政船轮流值班，即使汇集了四方力量，也往往会造成时间和空间上的盲点。能到南沙进行护渔的中国渔政310、311等装备较先进的船只，都属于农业部渔政局，海南的渔政船还无法到南沙执行公务。三是海洋执法力量薄弱。除海南省海洋执法装备不足外，执法机构较为分散，不能及时、有效地进行整合，也导致执法力量薄弱，在海洋行政管理中缺乏力度和权威性。四是涉及海洋管理的研究力量不足。与其他沿海省市相比，海南省海洋基础科研机构明显不足。以浙江省为例，浙江有涉海院校19家，涉海科研院所13家，国家级海洋研发中心4家，国家科技兴海示范基地7家，省海洋科技园区4家，海洋科技创新平台15家，与高校院所、企业共建的海洋科技创新载体52家，省级海洋高新技术企业48家，涉海科技企业3900多家，从事海洋科技研究人员1.32万人。[1] 可见，海南省不仅在机构和人员编制上远远无法与之相比，而且现有研究机构也缺乏整合，有限的信息无法共享。

2. 管理职责划分过细

目前，海南省实行综合管理与行业管理相结合、中央与地方管理相结合的海洋行政管理体制。海洋既作为一个区域由海洋与渔业部门统一管理，现在又有一个地级三沙市，同时又根据行业分工由交通、水利、国土、环保、科技、旅游、气象等部门分别对海洋航运、沿海堤防和滩涂、海洋矿产资源、海洋环境保护、海洋科技、海洋旅游等实行行业管理，存

---

① 浙江省编委办课题组. 我省海洋行政管理体制现状、问题及对策 [J]. 海洋经济, 2012 (3).

在一定程度的职责交叉。比如，在沿海滩涂管理上，围垦前由海洋与渔业部门管理；围垦立项由水利部门审批；而围垦后的利用，国土部门要列入土地使用审批，海洋部门则仍要作为滩涂使用审批，手续繁杂，审批难度大，周期长，影响滩涂的开发利用。在海洋环境管理上，存在着海洋部门与环保部门的"一事两管"问题。根据现行法律，环境保护部门承担着海岸工程建设项目环境影响评价文件审批、入海排污口设置许可等职责；海洋与渔业部门承担着海洋工程建设项目环境影响报告书核准、海洋工程建设项目环境保护设施验收、废弃物海洋倾倒许可、渔港水域内除污及排污许可等职责。另外，在船舶污染海洋环境管理上，可划分为渔业船舶和非渔业船舶，分别由渔业部门和海事部门管理。在海洋资源开发上，对海洋矿产开发企业，海洋与渔业部门承担着开采海矿、海砂、海洋油气的海域使用许可的职责，国土资源部门承担着海矿和海洋油气开采许可的职责。

3. 管理范围不够清晰

根据《海域使用管理法》的规定，国务院代表国家行使海域所有权。国务院海洋行政主管部门负责全国海域使用的监督管理。沿海县级以上地方人民政府海洋行政主管部门根据授权，负责本行政区毗邻海域使用的监督管理。虽然国家明确了海南省在海洋上的行政区划，但海南沿海各市县，向海一侧的界线并没有完全划定。近年来，随着沿海经济的快速发展，各地在滩涂、海域、海岛等方面的开发建设需求以及由此产生的权益纠纷日益增多。同时，海洋经济发展需要充分激发社会各方面开发投资的积极性，促进海陆经济联动，但目前大量的海洋管理权限都集中在中央政府，企业等市场主体涉海开发投资活动面对中央政府部门与地方政府海陆分割管理的问题，这在一定程度上制约了沿海地区推进陆海联动的发展。

4. 执法机构设置过多

当前，我国的海洋执法纵向上分为国家、省、设区市、县四级，除《渔业法》外，相关法律法规对各级海洋执法机构的执法范围和执法事项没有明确界定，造成各级政府海上执法机构重复执法或执法缺位等问题。横向上，海洋执法职能分散在海洋与渔业、海事、边防、海关等诸多部门，各部门海洋执法自成体系，存在多头管理、形不成合力、执法效率不高等问题，面临同一执法对象违法行为需要不同执法主体执法的困境。比如，按常规渔船从事渔业生产，但同样可以用于偷渡或走私，若渔业执法队伍碰上此类问题，由于没有海上治安管理权，就不能及时有效地进行处理。同时，由于海洋执法力量分散，政府投入用于改善海上执法装备的有限资金被分散到各个执法系统，难以集中财力持续改善海上执法的技术装备。同时，海上活动的主要载体船舶更趋多样化，现行的按渔船和运输船分别登记管理的模式，不能适应新情况和新要求，在管理上留有空白。而未登记的船舶或新兴发展起来的休闲海钓船只、海上工程船，由于没有明确相应的管理部门，发生问题后责任追究难以落实。另外，由于船舶分不同部门管理，海上定位等信息技术在船舶管理中不能得到更有效的运用。

5. 军地关系不顺

历史上，在国家层面上，国家海洋局曾由海军代管；在南海，西沙驻军主要领导曾兼任西南中沙工委书记，导致在南海军地职权没有明确界定。时至今日，军地对南海管理仍有不同理解，驻军认为应该以军管、军控为主；地方认为西南中沙群岛及其海域是海南省的行政区划之一，应由地方党政部门依法行使行政职权。军地认识上的差异和历史形成的惯例，致使军地在南海管理上仍不够协调，尽管三沙市成立后该问题有所缓和，但还需要进一步理顺。

（二）海南海洋行政管理体制创新的路径选择

1. 将三沙市设置为海南省海洋综合管理组织，统一全省海洋管理

三沙市本身就是专门进行海洋管理的地级市政府，虽然组建不久，其职能还没有完全明晰和理顺，但若不及早科学设计，今后必将与其他海洋

管理机构职能产生冲突。根据目前海南省海洋管理存在的问题及国际海洋管理的经验来看，海洋行政管理的统一化是海南省海洋行政管理改革的必然方向。这就要求改革中必须打破海洋管理部门职能分割的局面，改变海洋管理政出多门，实现统一管理、统一执法。在新的形势下，统一综合的管理模式是发挥海洋行政管理体制优势的前提条件。具体的设想如下：一是依据三沙市两年多以来运转的情况，争取国务院更多支持，如将隶属于国家交通部的海南海事局、农业部的南海渔政局、国家海洋局南海分局中关于南海区域的管理职能划归海南三沙市行使，比如涉及南海地区的船舶污染、渔政保护等由三沙市管理。二是可将海南省海洋厅的海洋管理职能与三沙市合并，两块牌子，一套人马，统一管理南海资源与渔业。将省海洋厅的渔业管理职能划归农业厅，与农业部对口设置，负责陆地水面的渔业管理，海洋渔业由三沙市与海洋厅管理。三是将涉及南海的公安边防、资源开发、环境保护、旅游开发与管理、气象服务统一由三沙市行使。三沙市的成立，是海南省全面推进海洋综合管理与综合执法的大好时机，机不可失，时不再来。通过综合规划，使三沙市建设成为南海高度集中统一的综合决策、综合管理、综合执法的地方政府。同时，以三沙市为试点，在全国率先建立海洋综合管理与执法的地方管理机构。

2. 着力培养海洋文化，增强岛民的海洋意识

海南省四面环海，管理着中国三分之二的海域。历史上，海南人民最早对南海进行了开发，创造了丰富的海洋文化。人们在从事海洋活动或海洋性社会生活中产生了独具海南特色的海洋风俗、宗教信仰、海洋传说。如海南羊栏回族地区有些居民仍保留着以海滨椰壳为碗碟、以海贝壳为勺子的习俗；海南椰子岛、西沙永兴岛、甘泉岛、晋卿岛等岛屿上立有海洋神庙，其中暗含着保佑海上活动平安的宗教文化意蕴。海南还流传着不少海洋神话和传说，如《涨海图的传说》《南沙镇妖庙的故事》《西沙白鲣鸟的故事》《渔童的故事》，以及民间文学《螃蟹精》的流传等，这些均

是海南海洋文化不可或缺的组成部分。① 但即便如此,海南的海洋文化依旧不成熟,海南人民的海洋意识依旧薄弱,这与整个国家的文化大环境有很大的关系。作为一个传统的陆权国家,海权一直以来都被忽视。近年来,随着产业结构的调整和经济的转型,海南省对海洋资源的开发正全面铺开,《海南省海洋功能区划》和《海南国际旅游岛建设发展规划纲要》得到国务院和国家发展改革委员会的批复,各项工作已经全面展开。因此,当务之急不仅要加大投资、大力开发南海丰富的资源,还必须花大量的精力培养人民群众的海洋意识。具体可以从以下几方面做起:

第一,将海洋知识教育纳入国民教育体系,从小培养海洋意识。在海南各个中小学开展海洋基础教育,并将海洋知识作为学生素质考核的重要指标。

第二,引进和培养高水平的海洋教育师资队伍,大力开展海洋职业教育。一方面在沿海市县建立专门的海洋职业教育机构,另一方面,在现有的职业教育体系中加入海洋教育的相关专业,培养专业的海洋开发技术人才。

第三,加强舆论宣传。充分运用广播、电视、报纸、网络等媒体通过各种渠道普及海洋知识,宣传海洋权益,培养公众的海洋意识,建立和完善海洋管理的公众参与机制。

第四,加强海洋文化遗产的保护和挖掘,开展海洋文化基础设施建设。② 例如,加强对海南省妈祖文化的恢复和保护,并大力做好宣传工作。

第五,联合高校培养高素质的海洋综合管理人才。目前我国海洋人才培养"重理轻文"现象严重,各海洋院校多开设的是基础学科专业和传统专业,大多数海洋科研机构均以技术研究为主,没有设立专门的海洋战略

---

① 陈智勇. 海南海洋文化及其与海南海洋产业发展关系的几点思考 [J]. 海南师范学院学报(人文社会科学版),2001(1).

② 崔旺来,闫莉娜,李有绪. 我国海洋行政管理体制的多维度审视 [J]. 浙江海洋学院学报(人文科学版),2009(4).

研究部门，同时国内的海洋类高校都没有设立培养海洋综合人才的专业。[①]
为此，海南省政府可以以海南大学海洋学院为依托，以海南大学建设
"211 工程"大学为契机，联合教育部和国家海洋局共同建设海洋综合人才
培养体系，从国外引进相关专业、教材和师资。与此同时，借鉴国家培养
师范生的模式，招收优秀高中毕业生，并签订相关协议，培养一批师资骨
干，然后逐步扩大招生规模，最终设立海洋研究生院，形成良性的海洋综
合人才培养机制。虽然初期投资会很大，但从长远来看，这一措施将为海
南省乃至整个国家带来巨大的战略利益。

3. 强化地方政府海洋经济管理职能

根据《海南省海洋经济发展规划》《海南省"十二五"规划纲要》
《海南国际旅游岛建设发展规划纲要（2010—2020）》的战略定位，按照
"权责统一、事财匹配"的原则，进一步加强各级政府及其各部门的海洋
经济管理职责，强化各级政府推进海洋经济发展的价值取向，着力构建省
市县政府权责清晰、协调有序、共同应对的海洋经济管理体系。一是加强
省政府海洋开发宏观调控能力。从海洋航运、海洋渔业、海洋资源、沿海
产业带、海洋环境的整体利益出发，通过方针、政策、法规、规划的制定
和实施，以及组织协调、综合平衡有关产业部门和沿海市县在开发利用海
洋中的关系，达到合理开发海洋资源，保护海洋环境，促进海洋经济持
续、快速、协调发展的目的。二是强化市县政府海洋经济发展的具体管理
职责。按照地方能管的尽量下放，地方管不了、管不好的由上一级管理的
原则，将领海、内水及潮间带等离海岸较近而且开发利用较密集的海域授
权市县政府管理，同时强化围填海管理、海洋生态环境保护、防灾减灾体
系建设和渔业安全管理职责。三是推进各级政府在海洋管理开发中的合
作。充分借助中央有关部门（单位）海洋管理开发的人才、科技和资源优
势，扩大海洋合作交流，促进海洋管理信息和科技平台的共享，全面推进

---

① 周达军，崔旺来. 海洋公共政策研究［M］. 北京：海洋出版社，2009：106.

海南省海洋资源开发。四是创新海洋开发投入机制，健全海洋开放平台，鼓励民营经济积极参与海洋开发；加大财税扶持力度，增强金融服务扶持，保证资本进出海洋经济领域畅通有序，海洋投资权益依法受到保护。①

4. 加大投入，快速提高海洋管理能力

南海的有效、高效管理，除了强有力的军事保障外，还需做好技术、设备和人力支持。从现有的条件来看，我国海洋勘探、开发和设备制造的技术及能力已经具备，经过多年培养，海洋管理可谓人才济济。在目前和今后相当长一个时期里，关键是要加大投入，以实现技术转化，实现基础设施和设备的现代化；通过加大投入改善海洋管理人员的生活条件和待遇，吸引更多的优秀人才加入海洋管理队伍。南海开发需求资金巨大，而海南又是财政收入小省，2012 年全省全口径财政收入刚过 770.87 亿元，还不如一个经济发达的地级市，仅靠财政资金远远不可能完全满足南海开发的资金需要。因此，海南省在大力争取中央投入的同时，可以创新海洋开发融资方式，比如可以成立海洋产业信托基金，积极向社会募集闲散资金，引导和扶植民间资金进入南海开发，从而为南海开发能够持续提供资金支持。

5. 明确地方政府海洋管理范围及职责，积极理顺军地关系

我国可以借鉴美国等海洋大国的做法，海南省可以明确县市政府（除三沙市外）海洋管理范围，即县市政府管理 3 海里范围以内的海洋事务，3 海里以外由新成立的三沙市统一管理，这样便于集中力量，统一海洋管理，统一海上执法。

在南海管理上，军队是保障，发挥着极其重要、不可或缺的作用。建议从国家层面理顺军地关系，坚持"两手抓、两手都要硬"，形成经济发展与国防建设相辅相成、互为作用的良性关系，最终形成法理维权与军事

---

① 浙江省编委办课题组. 我省海洋行政管理体制现状、问题及对策 [J]. 海洋经济，2012 (3).

保障相结合的良好格局；进一步推动西南中沙群岛蓝色国土的土地确权，进行军事划界，划定军事禁区和军事管理区，将永兴岛上的军用机场改为军民合用，开通民用航线，为推进西南中沙群岛的开放开发奠定基础。

6. 整合涉海研究力量

海上维权、海洋开发与管理离不开理论和智力支持。目前，海南应把有限的现有涉海研究机构联合起来，划定各自的研究范围，避免研究内容重复；实现研究成果与信息共享，以节约资源和成本。通过联合与整合，壮大海南涉海研究力量，以便更加有效地为南海的海洋管理提供智力和技术支持。

参考文献

［1］海南南海研究中心．南海问题译文集（一）（二）［C］．海口：南海研究院．

［2］韩立民．海域使用管理的理论与实践［M］．北京：中国海洋大学出版社，2006.

［3］王琪．海洋管理的制度安排及其变革［C］．中国海洋学会第三届海洋强国战略论坛，2006.

［4］吕建华．论法制化海洋行政管理［J］．海洋开发与管理，2004（3）．

［5］王诗成．海洋管理的理论与实践［EB/OL］．海洋财富网，2008 – 10 – 17.

［6］萧玉田．日本海洋管理之主要施政纲要［N］．水产经济新闻，2007 – 03 – 13.

［7］孙冰，李颖．海洋经济学［M］．哈尔滨：哈尔滨工程大学出版社，2005.

［8］张蕴岭．未来10 – 15年中国在亚太地区面临的国际环境［M］．北京：中国社会科学出版社，2003.

［9］史春林．近十年来关于中国海权问题研究述评［J］．现代国际关系，2008（4）．

索 引

后 记

经过三年多的努力，南海课题组终于完成了课题的研究任务，这部书稿是整个南海课题研究的最终成果。在此书稿形成之前，课题组已先后发起召开了两次有关南海安全战略与强化海洋行政管理的全国性会议，出版了阶段性研究成果《南海安全战略与强化海洋行政管理研究》专著，以课题组成员为主体编写出版了《南海区域问题研究》（第一辑）文集，而且课题组成员围绕课题研究公开发表了 30 多篇相关的阶段性研究论文。在这部书稿中，我本人作为课题负责人主要承担了课题研究总体框架的设计、实施推进和组织协调，全部稿件修改与审定等工作，并承担了第三章和第六章的研究任务；吴朝阳副教授承担了第一章的研究任务；张晶副教授承担了第二章的研究任务；沈德理教授承担了第四章的研究任务；江红义教授承担了第五章的研究任务；张礼祥副教授承担了第七章的研究任务。

在此，我要再次向课题组的各位成员表示衷心感谢！没有各位的精诚合作，就没有该成果的最终问世！

安应民

2015 年 4 月 28 日于北京